カラー図解　進化の教科書

第2巻　進化の理論

カール・ジンマー
ダグラス・J・エムレン　著

更科　功
石川牧子　訳
国友良樹

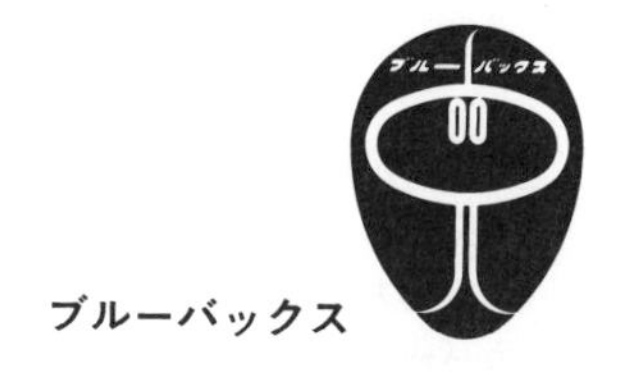

ブルーバックス

EVOLUTION : MAKING SENSE OF LIFE
by Carl Zimmer and Douglas J. Emlen
Copyright ©2013 by W.H.Freeman and Company

カバー装幀／芦澤泰偉・児崎雅淑
本文デザイン／長谷川義行（ツクリモ・デザイン）
編集協力／飯田全子
カバー写真／吉野雄輔

進化の教科書　第2巻　進化の理論 目次

第5章　進化のメカニズム——遺伝的浮動と自然淘汰　7

第6章　量的遺伝学と表現型の進化　95

第7章 自然淘汰 149

第8章 性淘汰 223

第1巻・第3巻の構成内容

第5章

進化のメカニズム——遺伝的浮動と自然淘汰

1960年代にフランス政府は観光客を誘致するため、地中海沿岸に新たな都市を建設しようと計画した。だが1つだけ問題があった。そこは温和な気候のため、アカイエカ（*Culex pipiens*）の繁殖にうってつけの地域だったのである。旅行者を呼び込む前に、まず蚊を退治しなければならない。

フランス政府は定期的に殺虫剤を撒く計画を立てた。1969年に計画がスタートしたときには、有機リン系殺虫剤を使用していた。神経系ではたらくアセチルコリンエステラーゼ（AChE1）という酵素を阻害することで、昆虫を殺す薬剤である。当初、計画は成功したように見えた。蚊は減少し、住民が刺されることも少なくなった。ところが1972年になると、蚊はまた増え始めたのだ。

モンペリエ大学のニコル・パスツールは原因を調査するため、小川や貯水池からボウフラを採集して研究室に持ち帰った。そして殺虫剤をかけてみた。殺虫剤が散布されていた地域のすぐ北側から採集した蚊は、少量の殺虫剤で死んだ。しかし薬剤散布が重点的におこなわれていた沿岸地域の蚊は、大量の殺虫剤でも死ななかった（図5-1）。

その後の研究で、殺虫剤への抵抗性の原因が明らかになった。蚊はエステラーゼという酵素をコードする遺伝子（エス

図5-1　チュニジアでボウフラを採集するモンペリエ大学のミシェル・レイモンドとミレーヌ・ヴェイユとクレール・ベルティキャット。彼らの地中海周辺における調査は、野生集団の対立遺伝子の拡散に関するもっとも詳細な研究の一つである。

ター1、*Ester*[1]）を持っている。エステラーゼには様々な毒物を分解する作用があり、有機リン系殺虫剤を無毒化することもできる。しかし蚊の体内で作られるエステラーゼの量は少なく、殺虫剤を致死量以下に減らせないため、蚊は死んでしまうのだ。パスツールらは、薬剤抵抗性のある蚊では突然変異によって、エスター1の発現量が変化していることを発見した。変異したエスター1は、エステラーゼを大量に産生する。エスター1を持つ蚊は薬剤散布から生き延びて、エスター1を子孫に伝えていった。

エスター1を保有する蚊の調査が、毎年南フランスでおこなわれるようになった。1972年より前には、エスター1を持つ蚊は見つからなかった。しかし1973年までにエスター1は、沿岸地域の蚊の個体群（同種の個体の集まり。集団ともいう）の60％に広がっていた。内陸に向かうほどエスター1は少なくなり、海岸から20km離れると20％未満になった。沿岸集団でのエスター1保有率は年々上昇し、1975年までに100％に達した。一方、内陸集団でのエスター1保有率は、依然として低いままだった。沿岸地域のすべての蚊集団は、約10年で、殺虫剤への抵抗性を持つように遺伝的に変化した。つまり進化したのだ（図5-2）。

本章では、エスター1のような対立遺伝子が集団内にどのように広がっていくかを取り上げる。集団内の遺伝的変異に注目するのだ。集団に新しい対立遺伝子が現れた場合、その頻度は増えることも減ることもある。このような、様々な対立遺伝子の集団内での頻度変化が、進化の核心なのだ。ある対立遺伝子が集団全体に広がるか、あるいは消えてしまうかには、いくつもの要因が絡み合って影響している。

それでは集団を変化させる要因、つまり進化のメカニズム

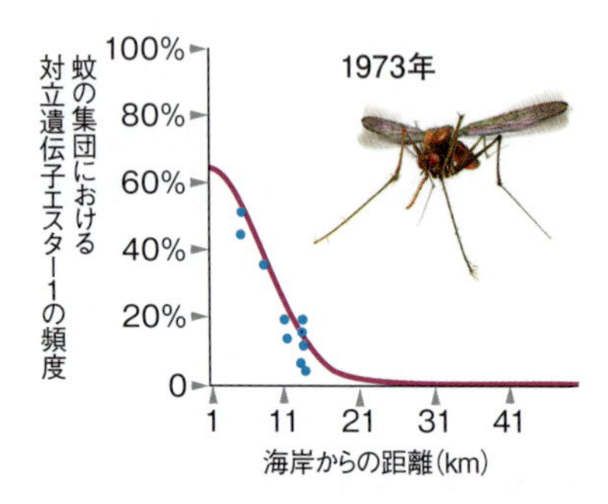

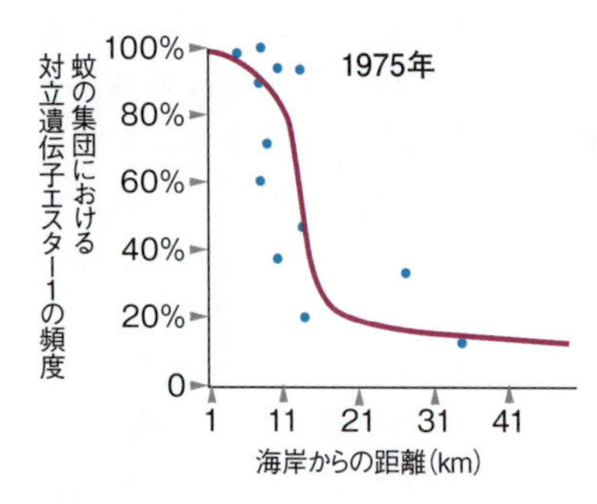

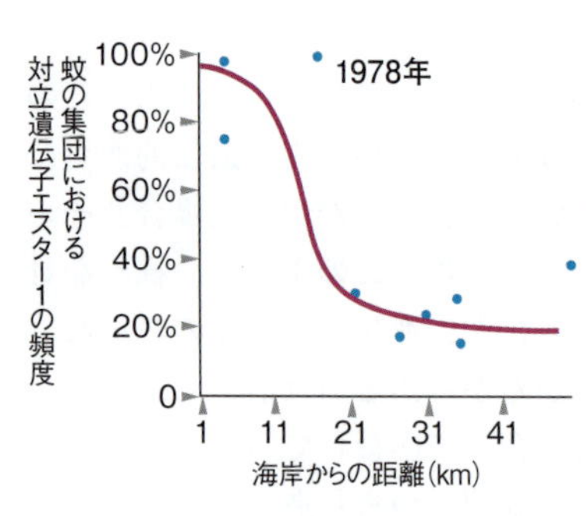

図5-2 マルセイユ付近の蚊の集団における、対立遺伝子エスター1の頻度。x軸は地中海からの距離を表す。1973年までは、沿岸地域の蚊の半数以上がエスター1を持っていたが、海岸から21km以上離れた内陸部の蚊はエスター1を持っていなかった。1975年までに、エスター1は沿岸集団に固定された（頻度が100％になった）が、内陸部では依然として少なかった。1978年には、内陸部でもある程度は増えたが、沿岸集団の頻度にはおよばなかった。この差は沿岸地域で重点的に殺虫剤が散布されることにより、対立遺伝子エスター1の適応度が上がったことが原因である。（レイモンドら、1998年より改）

を見ていこう。進化のメカニズムは、遺伝的浮動、自然淘汰、移動、突然変異の４つだ。ここでは特に、遺伝的浮動と自然淘汰に着目し、それらに関連する因子も取り上げる。これらの分野は実験と観察と数理モデルによって、研究が進んでいる。

５．１　集団遺伝学

私たちが「集団」というとき、それは同種に属し、互いに何らかのかかわりがあり、交配可能な個体の集合を指す。ある集団は地理的に広く分布する一方で、別の集団は狭い地域に他集団から孤立して存在する。集団は個体から構成され、各個体は対立遺伝子を持っている。たとえば二倍体の個体なら、それぞれのゲノムの常染色体の**遺伝子座***[1] に１つずつ、合計２つの対立遺伝子を持っている。対立遺伝子の分布と頻度に関する研究は、**集団遺伝学***[2] と呼ばれている。集団遺伝学は、集団内における対立遺伝子の多様性のパターンと、対立遺伝子の頻度変化を研究する分野である。

ある個体の遺伝子型といえば、厳密には染色体上の数百万の遺伝子座すべての対立遺伝子を含むわけだが、集団遺伝学者が対象とするのは、１つか少数の遺伝子座だけである。そのため、しばしば「遺伝子型」という語は、１つの遺伝子座における対立遺伝子の組み合わせについて用いられる。たとえば、フランスの蚊で殺虫剤への抵抗性を調べている科学者は、エステラーゼ遺伝子座における対立遺伝子の組み合わせ（A_1A_1 や A_1A_2）を蚊の遺伝子型と呼ぶ。抵抗性に関係ない他の多くの遺伝子座は無視されるのだ。

＊１　**遺伝子座**：遺伝子（または特定の塩基配列）が占める染色体上の位置。突然変異によってある遺伝子座の塩基配列が変化すると、

新しい対立遺伝子（または変異したDNA領域）が生じる。1つの遺伝子座には1つの対立遺伝子しか存在できない。
＊2　**集団遺伝学**：集団における対立遺伝子の分布と、その頻度変化のメカニズムについて研究する学問。

5.2　ハーディー・ワインベルクの定理

19世紀中頃にメンデルは、ヘテロ接合体のエンドウマメから、2つの異なる特徴を持つマメが3対1の割合でできる仕組みを発見した。たとえば、なめらかなマメを作るヘテロ接合体のエンドウマメから生じるしわのあるマメの数は、なめらかなマメの数の約3分の1になる。またメンデルは、ホモ接合体同士をかけ合わせると、すべてのマメが同じ対立遺伝子の組み合わせを持ち、全部がなめらかなマメになるか、あるいは全部がしわのあるマメになる仕組みも明らかにした。

1900年代初頭に遺伝学者たちは、メンデルのモデルを親子関係から集団へと拡張する方法を発見した。それには数学モデルが重要な役割を果たした。数学モデルでは、最初にそれぞれの遺伝子型の親が何個体ずつ存在し、異なる遺伝子型の間で交配がどれくらいの頻度で起こるかを仮定する。すると、興味深いパターンが現れる。ランダムに交配する場合は配偶子の混ざり方が予測できるので、どの遺伝子型の子どもがどれくらい生まれるのかを正確に予測することができる。一度対立遺伝子が遺伝子型に組み込まれ、外部から対立遺伝子頻度を変える力がはたらかなければ、集団の対立遺伝子と遺伝子型の頻度は永遠に変わらない。つまり平衡状態を維持するのだ。

この平衡状態は、イギリスの数学者G. H. ハーディーとドイツの生理学者ヴィルヘルム・ワインベルクにちなんで、ハーディー・ワインベルク平衡と呼ばれている。彼らは1908年に、同じ数学の**定理**[*3]からこの法則を独立に発見した。外部から力がはたらかなければ、集団の対立遺伝子頻度は世代が替わっても変化しないことを証明したのだ。この法則は、集団の進化を研究するための非常に強力な道具である。ただし、いくつかの仮定のうえに成り立つものであることを忘れてはならない。

１つ目の仮定は、集団の大きさが無限大であることだ。もし集団の大きさが有限ならば、世代が替わるごとに対立遺伝子頻度は、偶然によってランダムに変動する（遺伝的浮動の詳細は本章の後半で取り上げる）。もちろん現実には無限大の集団は存在しないが、かなり大きければ無限大のモデルとよく似た振る舞いをする。偶然による影響が小さいため、対立遺伝子頻度は世代間でほとんど変わらないからだ。

２つ目の仮定は、ある遺伝子座におけるすべての遺伝子型の生存率と繁殖率が等しいことだ。仮に、ある遺伝子型の個体が、他の遺伝子型の個体の２倍の子孫を残すとしよう。その場合、次世代の集団におけるその対立遺伝子の頻度は、ハーディー・ワインベルクの定理による予想より多くなる。つまり、自然淘汰によってある遺伝子型が有利あるいは不利になる場合は、対立遺伝子の頻度が変化して、その結果進化が起きるのだ。

３つ目の仮定は、個体の移動によって対立遺伝子が集団に流入あるいは流出しないことだ。この仮定は、個体が集団外に拡散したり、新たに個体が入ってきたりすることで破られる。

４つ目の仮定は、集団内で突然変異が起こらないことだ。突然変異は新しい対立遺伝子を生み出すからである。

4つの仮定のうち1つでも成り立たないと、子孫の遺伝子型の頻度はハーディー・ワインベルクの定理からずれてしまう。つまり、遺伝的浮動、自然淘汰、移動、突然変異は世代間の対立遺伝子頻度を変えるため、進化のメカニズムの候補なのだ。

＊3　**定理**：公理や確立された他の定理をもとに演繹的に証明された数学的命題。理論とは異なる。理論は経験的事実を説明する解釈であり、あくまで仮説であるが、証拠が増えることによってより確実なものとなる。

コラム 5.1　任意交配とは何か

集団遺伝学のほとんどのモデルは、有性生殖をする生物がランダムに交配する、という前提の下に成り立っている。だが厳密にいえば、現実はそうではない。第8章で取り上げるように、生物では交配相手についての選り好みが進化している。しかしこの事実が、集団遺伝学の研究の障害となることはほとんどない。なぜなら集団遺伝学者が任意交配というとき、それは彼らが関心を持っている遺伝子座の対立遺伝子の任意交配だけを意味しているからである。もしエンドウマメのしわの有無を決める遺伝子座を研究しているなら、この場合の「任意交配」は、たとえば、しわのあるマメの花粉がしわのあるマメの胚珠と受精しやすいという事実がないことを意味する。実際、胚珠がしわの有無を決めるどちらの対立遺伝子を持っていたとしても、

同じように花粉と受精するはずだ。本章のもう少し後で取り上げるマラリアの例でも、「任意交配」は対立遺伝子Aを持つ精子が、対立遺伝子Sを持つ卵子ともAを持つ卵子とも同じように受精することを意味している。たいていこの前提は満たされ、偏った（ランダムでない）交配が観察されることは、ごくまれである（*MHC*遺伝子座におけるランダムでない交配の例は、第１巻第４章を参照）。

コラム5.2　対立遺伝子頻度と遺伝子型頻度の関係

ある集団のある遺伝子座に２つの対立遺伝子（A_1とA_2）があるとしよう。A_1の頻度をp、A_2の頻度をqとすると、$p+q=1$になる。この集団では（少なくともこの遺伝子座に関しては）ランダム交配がおこなわれ、進化もしないとする。その場合は、対立遺伝子頻度さえわかれば、ハーディー・ワインベルクの定理から次世代の遺伝子型頻度を予測することができる。

集団をランダムに受精する卵子と精子の集合と考えると、これらの配偶子から生まれる子どもの遺伝子型の割合を予測できる。たとえばA_1A_1の子どもは、必ずA_1の卵子とA_1の精子から生まれる。その頻度fは、卵子がA_1である確率（p）に精子がA_1である確率（p）を掛けたもので、p^2となる（図5-3）。同様に、A_2A_2

の子どもの頻度はq^2になる。A_1A_2の子どもは、A_1を持つ卵子とA_2を持つ精子が受精するか、あるいはA_2を持つ卵子とA_1を持つ精子が受精すると生まれる。それぞれの頻度はpqであるから合計して、A_1A_2の子どもの頻度は$2pq$となる。子どもの集団における全遺伝子型頻度(1)は、それぞれの遺伝子型頻度の合計である。

$$
\begin{aligned}
1 &= f(A_1A_1) + f(A_1A_2) + f(A_2A_1) + f(A_2A_2) \\
&= p^2 + pq + pq + q^2 \\
&= p^2 + 2pq + q^2 \\
&= (p+q)^2 \\
&= 1
\end{aligned}
$$

このようにして、ランダム交配がおこなわれて平衡状態に達している集団では、ハーディー・ワインベルクの定理により、対立遺伝子頻度から遺伝子型頻度を予測することができる。

また、遺伝子型頻度がわかっていれば、対立遺伝子

卵子の対立遺伝子(頻度) \ 精子の対立遺伝子(頻度)	A_1 (p)	A_2 (q)
A_1 (p)	A_1A_1 (p^2)	A_1A_2 (pq)
A_2 (q)	A_2A_1 (pq)	A_2A_2 (q^2)

図5-3 ハーディー・ワインベルクの定理により、集団の対立遺伝子頻度から遺伝子型頻度を計算することができる。

頻度を計算することもできる。遺伝子型の中の対立遺伝子の数（対立遺伝子A_1は、遺伝子型A_1A_1には２個あるがA_2A_2には０個である）に遺伝子型頻度を掛けて２で割ればよい（二倍体の生物では全対立遺伝子頻度が２になってしまうので、それを１にするため）。

$$\begin{aligned} f(A_1) &= [2 \times f(A_1A_1) + 1 \times f(A_1A_2) + 1 \times f(A_2A_1) \\ &\quad + 0 \times f(A_2A_2)]/2 \\ &= [(2 \times p^2) + 2pq + (0 \times q^2)]/2 \\ &= (2p^2 + 2pq)/2 \\ &= p^2 + pq \\ &= p\,(p + q) \end{aligned}$$

$p + q = 1$であることから、
$f(A_1) = p$

対立遺伝子A_2の頻度も同様の方法で計算できる。

$$\begin{aligned} f(A_2) &= [0 \times f(A_1A_1) + 1 \times f(A_1A_2) + 1 \times f(A_2A_1) \\ &\quad + 2 \times f(A_2A_2)]/2 \\ &= [(0 \times p^2) + 2pq + (2 \times q^2)]/2 \\ &= (2q^2 + 2pq)/2 \\ &= q^2 + pq \\ &= q\,(p + q) \end{aligned}$$

$p + q = 1$であることから、
$f(A_2) = q$

5.3　進化の「帰無モデル」

進化のメカニズム：対立遺伝子頻度の変化

メカニズム	祖先集団	
ハーディー・ワインベルク平衡（進化しない場合）		任意交配。移動、遺伝的浮動、突然変異、自然淘汰は存在しない。
遺伝的浮動	 	子孫に少数しか伝わらなかった対立遺伝子が偶然減少する。
自然淘汰	 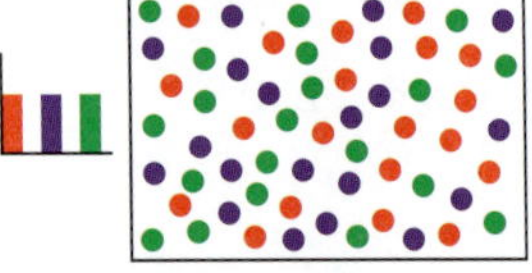	赤色の対立遺伝子にとって不利な環境の場合。
移動（遺伝子交流）	 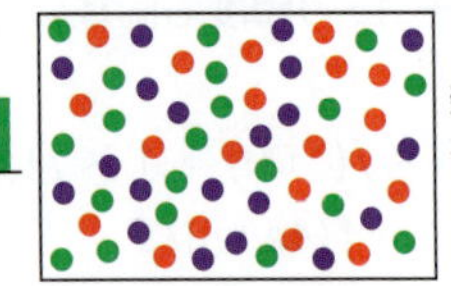	新しい対立遺伝子を持つ個体が集団に加わる。
突然変異	 	対立遺伝子の一つが別の対立遺伝子になる。

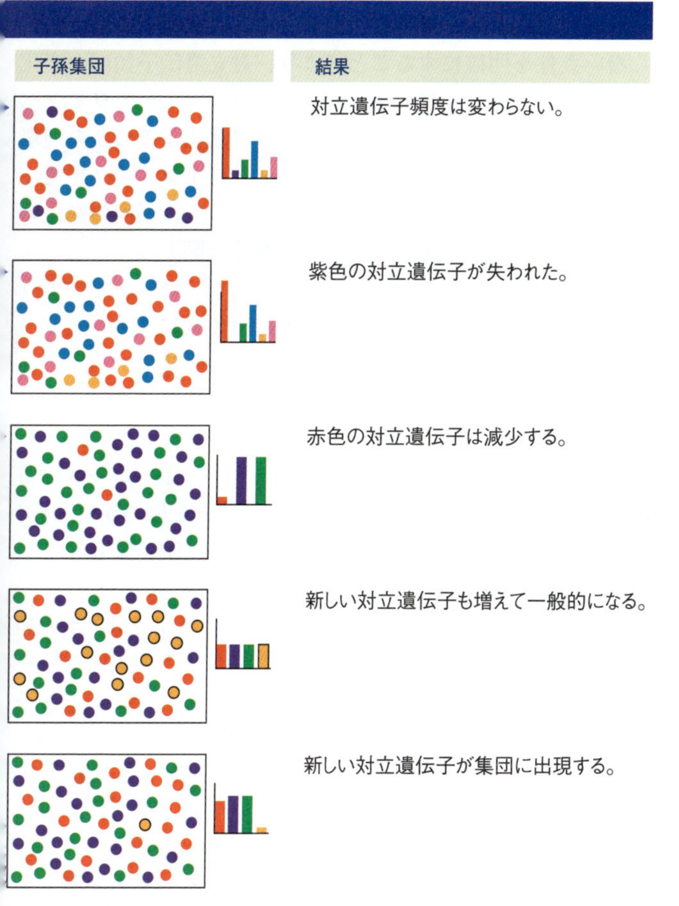

子孫集団
結果
対立遺伝子頻度は変わらない。
紫色の対立遺伝子が失われた。
赤色の対立遺伝子は減少する。
新しい対立遺伝子も増えて一般的になる。
新しい対立遺伝子が集団に出現する。

図５-４　集団は様々なメカニズムによって進化する。主要な進化のメカニズムがどのように対立遺伝子頻度を変化させるのかを図に示す。それぞれの色は、ある遺伝子座における各対立遺伝子を表している。

ハーディー・ワインベルクの定理は、自然淘汰や遺伝的浮動や移動や突然変異がないと進化が起こらないことを数学的に証明している。つまりこの定理は、対立遺伝子頻度が変化しない条件を明確にすることにより、対立遺伝子頻度の変化を研究するための帰無モデルとなる。ハーディー・ワインベルクの定理は、集団がなぜ、どのように進化するのかを理解するために役に立つのだ。ハーディー・ワインベルク平衡からどのようにずれるのかを調べることにより、集団の進化のメカニズムを学ぶことができるのである（図5-4)。

実際の集団がハーディー・ワインベルク平衡にあるかどうかを調べることもできる。たとえば1970年代にスタンフォード大学のルイジ・ルカ・キャヴァリ＝スフォルツァらは、ヘモグロビン（酸素を運ぶ血液中の分子）遺伝子の変異を調べた。彼らはナイジェリアで1万2387名の成人を調査し、ヘモグロビンの一部をなすβグロビンという分子をコードする遺伝子座に、2種類の対立遺伝子があることを明らかにした。キャヴァリ＝スフォルツァらは、その2つの対立遺伝子をAとSと名づけた。

キャヴァリ＝スフォルツァらが調査した集団では、Aの頻度が0.877、Sが0.123と計算された。次に、この集団がハーディー・ワインベルク平衡にある場合の、それぞれの遺伝子型の人数の期待値を、ハーディー・ワインベルクの定理から計算した（コラム５.３)。そして、その期待値を実際の人数と比較してみた。

ナイジェリア集団のヘモグロビンの遺伝子型頻度は、ハーディー・ワインベルクの定理による期待値と有意な差があった。遺伝子型SSは期待値より少なく、SAとAAは多かった。つまりこの集団は、ハーディー・ワインベルクの平衡状態に

はなかったのだ。キャヴァリ＝スフォルツァが発見したヘモグロビンの例のように、ハーディー・ワインベルク平衡から逸脱した集団が見つかると、次に平衡を乱す原因を特定するために、4つの仮定（13ページ）を検証する。そしてうまくいけば、進化のメカニズムが明らかになる。後で見るように、ナイジェリア集団がハーディー・ワインベルク平衡になかった原因は、マラリア抵抗性に対する自然淘汰であった。

コラム 5.3　ヒトβグロビン遺伝子座におけるハーディー・ワインベルクの定理による予測の検証

ハーディー・ワインベルクの定理による遺伝子型頻度の予測は、遺伝子座ごとに検証することができる。同じ集団で調査しても、いくつかの遺伝子座（たとえばタンパク質をコードせず、調節領域でもないDNA領域のヌクレオチド多型）はハーディー・ワインベルク平衡に達しているが、別の遺伝子座は平衡状態にないというのは普通のことだ。ハーディー・ワインベルクの定理は、ある遺伝子座が現在進化しているかどうかを調べるのに有用である。進化している場合は、さらに進化の原因（自然淘汰、遺伝的浮動、突然変異、移動）を調べることも可能である。

ここでは本文中で取り上げたβグロビン遺伝子座での、ハーディー・ワインベルクの定理による予測を検証する。キャヴァリ＝スフォルツァらは対立遺伝子A

とSの頻度をそれぞれ0.877と0.123と測定した。この値から、集団がハーディー・ワインベルク平衡にある場合の、遺伝子型AA、AS、SSの頻度を計算することができる。

まず、配偶子の結合はランダムに起こると仮定する(コラム5.1を参照)。遺伝子型AAの頻度は、卵子が対立遺伝子Aを持つ確率pと、精子が対立遺伝子Aを持つ確率pの積、つまりp^2と予測される（図5-5)。実際に測定された対立遺伝子Aの頻度(p)は0.877だったので、遺伝子型AAの頻度は0.877 × 0.877 = 0.769と予測されることになる。同様にして、子が両親から対立遺伝子Sを受け継ぐ頻度はq^2（0.123 × 0.123 = 0.015）で、ヘテロ接合体（AS）の頻度は、$2pq$（2 × 0.877 × 0.123 = 0.216）と予測された。

しかし実測値は予測と一致しなかった。キャヴァリ

遺伝子型	ハーディー・ワインベルクの定理から予測される遺伝子型頻度	実測された遺伝子型頻度
AA	9527.2 (76.9%)	9365 (75.6%)
AS	2672.4 (21.6%)	2993 (24.2%)
SS	187.4 (1.5%)	29 (0.2%)
計	12387	12387

図5-5　遺伝学者たちはAとSという2つの対立遺伝子（ヘモグロビンの一部をコードする遺伝子）の頻度を測定した。その対立遺伝子頻度を使って、ハーディー・ワインベルクの定理から予測される遺伝子型（AA、AS、SS）の頻度を求めた。すると予測された遺伝子型頻度は、実測された遺伝子型頻度と大きく異なっていた。後で取り上げるように、この予測値と実測値の違いは自然淘汰が原因である。(キャヴァリ＝スフォルツァ、1977年より改)

＝スフォルツァらが１万2387個体の遺伝子型を調べた結果は、ハーディー・ワインベルクの定理による予測値と有意に異なっていたのだ。進化が起こっていないという帰無モデルが棄却されたことで、ハーディー・ワインベルクの定理の前提（4つの仮定）のうち少なくとも１つは成り立っていないと結論された。本章の後半で取り上げるように、実際にはこの遺伝子座は、マラリアへの抵抗性という有益な役割を持つため、自然淘汰によって進化しているのである。

5.4　ランダムサンプル

1950年代に、アイオワ州立大学の生物学者ピーター・ブーリは数千匹のキイロショウジョウバエを飼育していた。ハエの眼の色に影響する遺伝子座には、2つの対立遺伝子 *bw* と bw^{75} があった。遺伝子型が *bw*/*bw* のハエの眼は白く、bw/bw^{75} の眼はオレンジ色、bw^{75}/bw^{75} の眼は赤であった。

ブーリはオレンジ色の眼をした bw/bw^{75} のハエだけを使って、互いに隔離された107の集団を作った。ブーリは各集団を8匹のオスと8匹のメスから始めた。子どもが生まれると、その中からランダムに8匹のオスと8匹のメスを選び、それを次世代として繁殖させた。ブーリはこの方法で19世代にわたってハエを飼育し、各世代で対立遺伝子 *bw* と bw^{75} の数を数えた。

もしブーリのハエ集団が無限に大きければ、対立遺伝子頻度は世代が替わっても同じはずだ。なぜなら、集団の大きさ以外のハーディー・ワインベルク平衡の条件はすべて満たされているからだ。つまり、ハエはランダムに選ばれるので自然淘汰ははたらかず、各集団は瓶に隔離されているので移動もなく、短い実験期間中に突然変異が起こる確率は低いからだ。ハーディー・ワインベルクの定理が成り立てば、実験期間中 *bw* と bw^{75} の数は半々のままのはずだった。しかし、そうはならなかった。図5-6に示すように、ある集団では対立遺伝子 *bw* が減少してついには消失し、赤眼で遺伝子型が bw^{75}/bw^{75} の個体だけが残った。別の集団では逆に bw^{75} が消失し、白眼の *bw*/*bw* 個体だけが残った。残りの集団の状況は、2つの両極端な集団の間であった。どの集団の初期条件も飼育条件も同一だったにもかかわらず、結果にはこれだけの違いが出た。

ブーリのハエ集団は、遺伝的浮動によって進化したのだ。遺伝的浮動という名称は、対立遺伝子頻度が初期値からランダムに「浮動」することに由来する。遺伝的浮動は進化の重要なメカニズムである。たとえば、ヒトゲノムの多くの部分は、遺伝的浮動によって固定されている。しかし、その重要性にもかかわらず、遺伝的浮動は自然淘汰に比べるとあまり知られていない。その原因は、遺伝的浮動が完全に偶然によるものだからかもしれない。

集団からランダムに個体が選択されると、平均的でない個体が選ばれることがある。それらが次の世代を作る場合に、遺伝的浮動が起こる。遺伝的浮動を理解するために、簡単なたとえ話から始めよう。ジェリービーンズの入ったボウルを考える（図5-7）。ジェリービーンズの形と大きさはすべて同じだが、半分は赤く、残りは白い。ボウルの中を見ないでジェリービーンズをつかみ取ると、それぞれのジェリービー

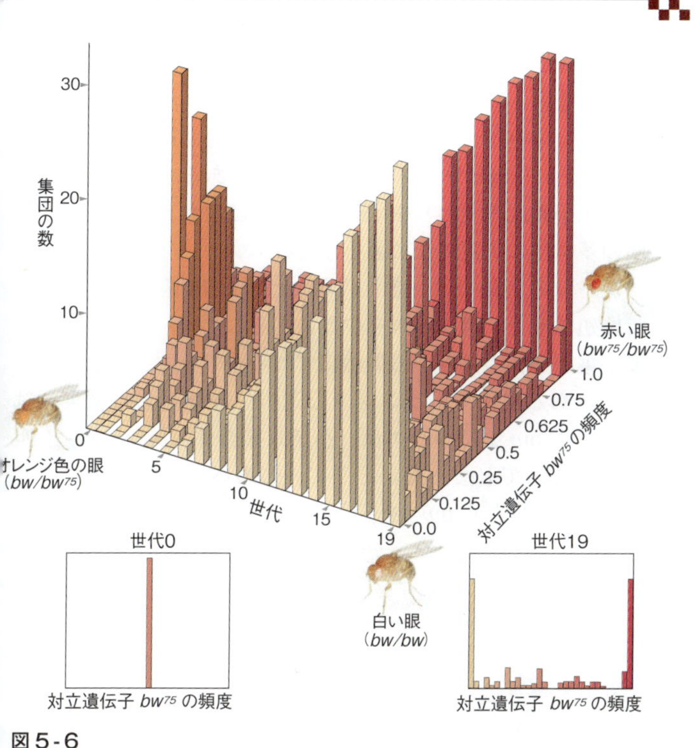

図5-6
ピーター・ブーリが遺伝的浮動を測定するためにおこなった実験の結果。ブーリは bw/bw^{75} というヘテロ接合体のハエで、107 の集団を作った。各集団はオスとメスそれぞれ８匹ずつで構成されていた。集団全体における対立遺伝子 bw の頻度は最初は 0.5 だったが、実験の最後では多くの集団で０か１になっている。対立遺伝子 bw^{75} についても同様である。（ハートル、2007 年より改）

ンズが赤である確率は50%である。一度に大量のジェリービーンズをすくい取れば、赤と白の割合は半々くらいになるはずだ。もしすくい上げた手の中に赤いジェリービーンズしかなかったら、誰でもびっくりするだろう。しかし、ジェリービーンズを2つしか取らなかったら、それらが両方赤でも別に驚かない。つまり、選ぶ数が少ないほど、赤と白の割合はボウル全体の割合から外れやすいのだ。対立遺伝子は、この2色のジェリービーンズのようなものである。このような対立遺伝子頻度の変わりやすさ、あるいは変わりにくさは、集団の多様性に決定的な影響を与える。

ブーリの実験では、各世代からわずか16匹のハエを選んで繁殖させた。選ぶハエを少数にすることで、対立遺伝子頻度が集団全体の頻度から偶然にずれる確率を大きくしたのである。ある集団ではランダムな選択を繰り返した結果、対立遺伝子 *bw* を持つハエは、ヘテロ接合体（bw/bw^{75}）1匹だけになってしまった。そして、このヘテロ接合体は次世代に *bw* ではなく bw^{75} を伝えたため、*bw* はこの集団から永

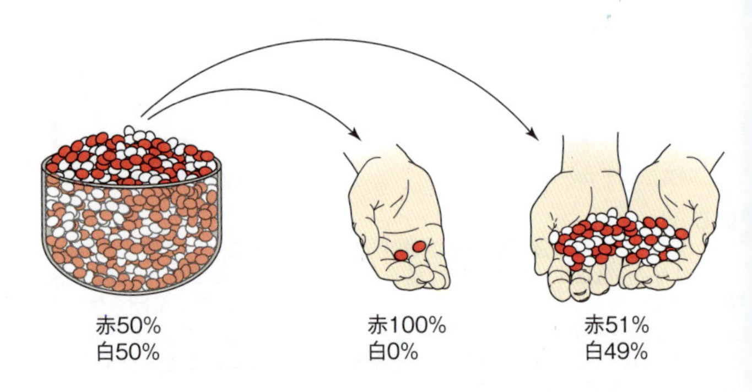

図5-7　遺伝的浮動を理解するため、集団の中の対立遺伝子の代わりに、ボウルの中のジェリービーンズを考えよう。少数のジェリービーンズを取った場合、あなたの取ったジェリービーンズの色の割合は、ボウル全体の色の割合と異なる可能性が高い。しかし両手でたくさん取った場合は、手の中のジェリービーンズの色の割合は、ボウル全体の色の割合に近くなるだろう。小さな集団では、遺伝的浮動というランダムな過程によって、対立遺伝子頻度が変化しやすいのである。

遠に姿を消した。一方同じ確率で、別の集団から対立遺伝子 *bw*[75] が失われることもある。どちらの場合も、対立遺伝子の一つが集団に**固定**[*4] された、といわれる。つまり、集団を構成するすべての個体が、同じ対立遺伝子を持つようになったのだ。

遺伝的浮動はブーリのような実験や、数学モデルや、コンピューターシミュレーションによって研究されている。**図5-8** は、集団の大きさが遺伝的浮動に与える影響を調べたコンピューターシミュレーションの結果である。各世代において、設定された数の個体が仮想集団からランダムに選ばれ、繁殖して次世代を作る。ランダム抽出される個体数は 20、200、2000 の３通りで、どの場合も最初の対立遺伝子頻度は 50％である。その後の変化を追跡した結果、集団が小さいほど頻度変化は激しく、対立遺伝子が早く固定あるいは消失する傾向があった。集団が最大の場合は、シミュレーションの最後の時点でも、すべての対立遺伝子頻度は 50％付近にとどまっていた。遺伝的浮動によって対立遺伝子頻度が大きく変化することはなかったし、対立遺伝子が消失することもなかった。

これらのシミュレーションは、遺伝的浮動の重要な特徴を示している。集団が小さいほど、対立遺伝子は早く消失する。しかし集団が大きくても、いつかは対立遺伝子は消失するのだ。つまり遺伝的浮動は、集団の遺伝的多様性を減少させるのである。

＊４　**固定**：ある集団で、ある対立遺伝子以外のすべての対立遺伝子が消失したとき、その対立遺伝子は集団に固定されたという。固定された遺伝子座に関しては、すべての個体が遺伝的に同一なので、遺伝的変異は存在しない。

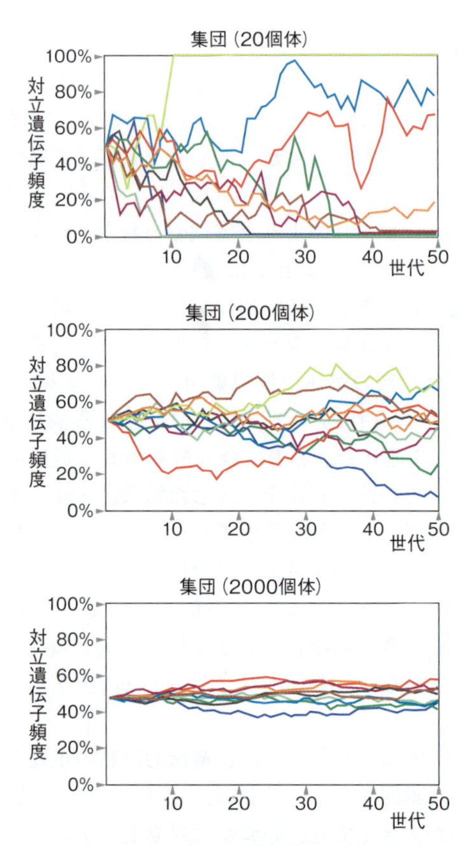

図5-8　大きさの異なる集団における対立遺伝子頻度の変化を、コンピューターでシミュレートした結果。1本の線が1回のシミュレーションの結果を表している。対立遺伝子頻度は50%から始め、その後の変化は偶然による。つまりその変化は、ランダム抽出の誤差が世代ごとに積み重なったものである。上段：集団が小さい（各世代で20個体を抽出した）場合。遺伝的浮動の効果は強力で、多くの集団で対立遺伝子が固定または消失した。中段：集団が200個体の場合は、遺伝的浮動の効果は弱まる。次世代の遺伝子頻度は前世代とそれほど変わらず、対立遺伝子の固定や消失は起こらなかった。下段：集団が2000個体の場合、遺伝的浮動の効果はさらに弱くなった。

図5-9　20世紀を通じて進化生物学者たちは、自然淘汰と遺伝的浮動のどちらが重要かについて議論していた。
A：イギリスの遺伝学者、ロナルド・フィッシャー（1890〜1962）は、自然淘汰を研究するための統計的手法を初めて開発した。フィッシャーは集団が大きく、遺伝子交流が盛んなら、自然淘汰の方が効果的であると考えた。　**B**：アメリカの遺伝学者シューアル・ライト（1889〜1988）は、集団の中にさらに小さなグループを考え、それらが対立遺伝子を交換するネットワークを作っていると考えた。ライトのモデルでは、遺伝的浮動の方が重要な役割を果たしている。　**C**：日本の遺伝学者である木村資生（1924〜1994）は、分子（タンパク質やDNAなど）の種内変異の多くは表現型に影響を与えないことに気づいた。そして、ゲノム上の多型の大部分は遺伝的浮動で説明できると主張した。

5.5　ボトルネックと創始者効果

キタゾウアザラシは北アメリカの西海岸に集まって、交尾や子育てをする。人類がカリフォルニアやメキシコに入植するまでは、アザラシは腹を空かせたハイイログマに子どもが襲われないように、沿岸の島の海岸だけを使っていた。しかし人類が海岸からハイイログマを追い払ってからは、アザラシは大陸の海岸を使うようになった。今日では、カリフォルニアだけでも12万4000頭ものキタゾウアザラシがいる。

1990年代初期にケンブリッジ大学のラス・ヘルゼルは、カリフォルニアのキタゾウアザラシの2つの群れから組織片を集め、遺伝的多様性を調べた。分析には300塩基対のミトコンドリアDNAを使用した。この領域は突然変異率が高く、通常30ヵ所以上の変異した部位が含まれている。ところがキタゾウアザラシの集団では、変異した部位は2ヵ所しか見つからなかった。これは遺伝的多様性がきわめて低いことを示している（異なる遺伝子マーカーを使用した先行研究［ボンネルとセランダー、1974］では、同じキタゾウアザラシの集団で遺伝的多様性を見つけることができなかった）。

だが、ヘルゼルの結果は誤りではないだろうか。なぜなら、大きな集団では遺伝的浮動の効果が小さく、遺伝的多様性はなかなか減少しないはずだからだ。しかしキタゾウアザラシの過去を知れば、ヘルゼルの結果も納得できる。19世紀に狩猟者がキタゾウアザラシを大量に殺したのだ。1860年までに狩猟は徐々に減ったが、それは法律で禁止されたからではない。アザラシが激減して、なかなか見つからなくなったためである。キタゾウアザラシが絶滅しそうになったので、今度は博物館がキタゾウアザラシを標本にするために狩り始

めた（現代の博物館では考えられないことだが、当時は博物館同士が標本の獲得競争をしていて、絶滅に瀕した種は特に珍重された）。1884年にはある博物館が、キタゾウアザラシが唯一生き残っていた南カリフォルニアの海岸で153頭を狩った。その後は6年間にわたって、博物館の調査隊はゾウアザラシを１頭も見つけることができなかった。20世紀になると狩猟や収集はおこなわれなかったので、キタゾウアザラシは増え始めた。1922年には350頭まで回復し、政府の保護下に置かれた。その後は順調に個体数が増え続けている。

キタゾウアザラシが経験したのは、**ボトルネック**[*5]と呼ばれる現象である（図5-10）。大集団が急速に縮小すると、遺伝的浮動の効果が非常に強くなる。その結果、かなりの対立遺伝子が失われ、残された対立遺伝子の相対的頻度もわずか数世代で激しく浮動（変化）することになる。

ボトルネックの間に、ある対立遺伝子が消失するかどうかは、ボトルネックの過酷さ（集団の大きさがどの程度まで

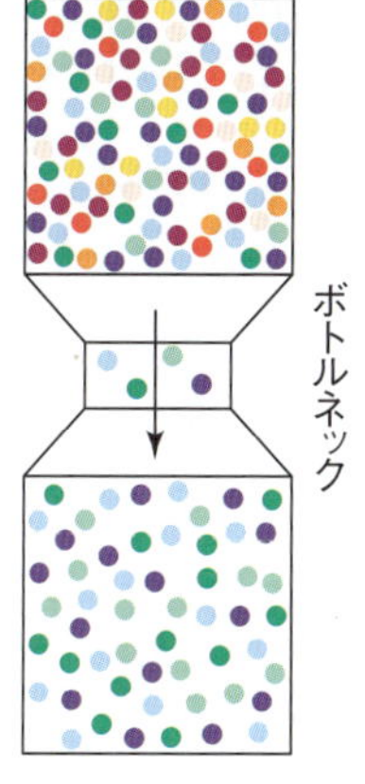

図5-10　キタゾウアザラシは19世紀に、30個体まで減少するというボトルネックを経験した。失われた遺伝的多様性は、再び個体数が増えても回復しなかった。

縮小するか）とその対立遺伝子の頻度によって決まる（図5-11）。数の少ない対立遺伝子ほど、ボトルネックを通過するのが難しい。ジェリービーンズの例がここでも役に立つ。今回は白と赤が半々ではなく、100色のジェリービーンズがボウルに入っているとしよう。ジェリービーンズをすくい取り、すくい取ったジェリービーンズを新しい世代とする。何色のジェリービーンズが失われたかは、手の中のジェリービーンズの色を数えて100から引けばわかる。たくさんすくい取れば、手の中のジェリービーンズには大部分の色が含まれるので、新世代もほぼ同じ多様性を保つことができる。しかし2個しかすくい取らなければ、そうはいかない。ほとんどの色が失われ、特にもともと少なかった色は失われやすいだろう。ボトルネックは短期間で対立遺伝子の多様性を減少

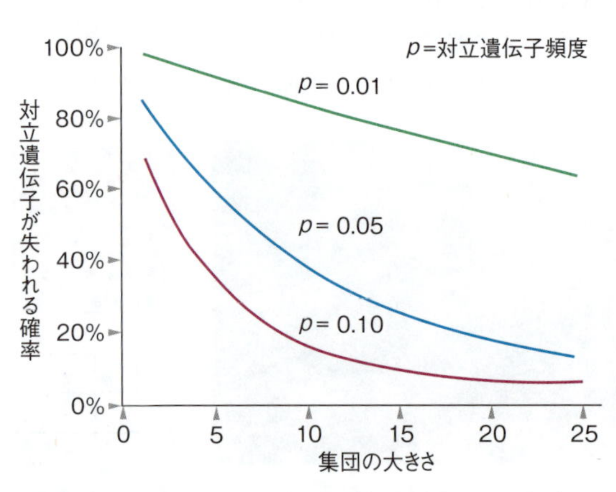

図5-11　ある対立遺伝子がボトルネックで失われる確率は、ボトルネックの過酷さ（ボトルネック中の集団の大きさ）とボトルネック前の頻度による。頻度が低い対立遺伝子（たとえば$p = 0.01$）は特に失われやすい。（アレンドルフとルイカート、2006年より改）

させる。中でも少ない対立遺伝子ほど消失しやすいのだ。

集団が以前の大きさに回復しても、遺伝的多様性はなかなか回復しない。数千世代も低いままであることも多い。新たな対立遺伝子が集団に加わるには、突然変異（滅多に起こらない）が起きるか、遺伝子交流によって他集団から遺伝子が入ってくるしか方法がないからである。

ヘルゼルはキタゾウアザラシとミナミゾウアザラシの遺伝的多様性の比較から、ボトルネックのもう一つの証拠を発見した。ミナミゾウアザラシは幸運なことに、南極海の孤島で子育てをする。ヘルゼルの推定によると、19世紀にキタゾウアザラシは30頭にまで減少したが、ミナミゾウアザラシが1000頭未満になることはなかった。この差は両者の遺伝的多様性にも反映されている。キタゾウアザラシでは2ヵ所しか変異部位が見つからなかったミトコンドリアDNAの300塩基対の領域で、ミナミゾウアザラシでは23ヵ所もの変異部位をヘルゼルは発見したのだ。ミナミゾウアザラシの集団はキタゾウアザラシの集団ほど小さくならなかった（ボトルネックが厳しくなかった）ので、多くの対立遺伝子が残っているのだ。大量虐殺から約150年を経た現在も、その爪痕はキタゾウアザラシのDNAに残されているのである。

少数の個体が大きな集団から出て、新たな生息地に移住するときにも、ボトルネックが起こる。たとえば植物の種子は渡り鳥の足に付着して、何千kmも離れた土地に運ばれることもある。そこで地面に落ちて発芽し、新たな集団が誕生するのだ。

人類も同じような経験をしている。特に劇的な例が1789年に起きた。太平洋を航海中のイギリスの軍艦バウンティ号で、反乱が起きたのだ（図5-12）。反乱者たちは、船長のウィ

図5-12　フレッチャー・クリスチャン率いる反乱者たちは、1789年4月29日にバウンティ号からブライ船長と乗組員の一部を救命艇に乗せて追放した。そして反乱者28名は太平洋の小さな孤島、ピトケアン島に上陸した。それからほぼ2世紀の間、ピトケアン島とノーフォーク島には、バウンティ号の反乱者たちの子孫が住んでいた。ロバート・ドッド画。

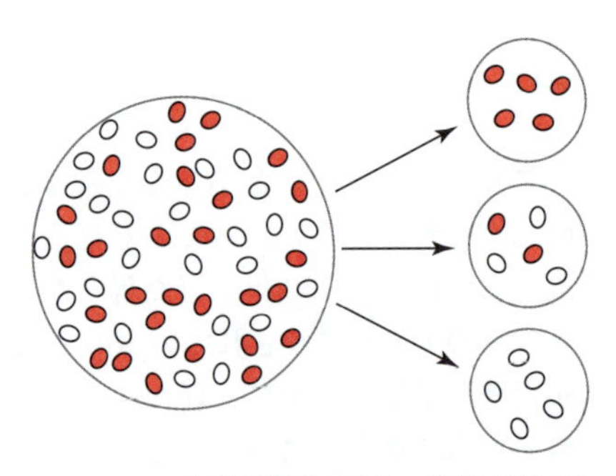

図5-13　少数の個体で新しい集団が形成されると、遺伝的多様性は失われる。このような新しい集団が複数ある場合は、それぞれの新集団ごとに対立遺伝子頻度は大きく異なる。そして集団が小さい間は、遺伝的浮動によって対立遺伝子の多様性は失われ続ける。

リアム・ブライと彼に味方する乗組員たちを救命艇に乗せて漂流させ、自分たちはバウンティ号でイギリス海軍から身を隠す島を探し始めた。タヒチに立ち寄り物資を補給した際には、現地の男性6名と女性12名を船に乗せている。バウンティ号はその後ピトケアン島にたどり着いた。ピトケアン島は非常に小さな島で周囲とも隔絶していたため、当時はイギリス海軍の海図にも載っていなかった。反乱者たちは島に永住する決意をし、約1年後の1790年1月23日にはバウンティ号を焼却した。

ピトケアン島に着いたバウンティ号の乗組員は、成人27名と乳児1名だった。それから数十年間、彼らとその子孫は完全に孤立して暮らしていた。しかし次第に人口が増えて、全員がピトケアン島で暮らしていけなくなったため、1856年までに193名がノーフォーク島へ移住した。今日ノーフォーク島には2000人が住んでいるが、その大部分がピトケアン島からの移住者の子孫である。

このような例では、新しい集団の創始者の個体数が少ないことが、遺伝的ボトルネックの原因となる。元の集団の遺伝的多様性の一部だけが、新しい集団へと引き継がれるからだ。そのため新しい集団の対立遺伝子頻度は、元の集団とはまったく異なったものになる（図５-13）。これは**創始者効果**＊6と呼ばれる。

＊5　**ボトルネック**：集団の個体数が劇的に減少した状態。短期間でもボトルネックが起きれば、集団の遺伝的多様性に長期的な影響を与える。

＊6　**創始者効果**：大きな集団から少数の個体が分かれて新しい集団を形成すると、遺伝的浮動の効果が強まり、多くの対立遺伝子が消失する。そのために遺伝的多様性が減少すること。新しい集団と元の集団は遺伝的に大きく異なることになる。

コラム 5.4　遺伝子型と表現型と自然淘汰

自然淘汰は表現型に直接作用する。個体間での表現型の違い（変異）は、生存と繁殖の成功率に影響するからである。その表現型は対立遺伝子の影響を受ける。対立遺伝子と表現型の関係は複雑で、わかっていないことも多い。しかし、自然淘汰が対立遺伝子にも作用することは確かだろう。遺伝子型の適応度を比較するときには、基準となる遺伝子型の適応度（たとえば平均適応度）を設定して、その基準との差で適応度を表現することも多い。淘汰係数（s）は各遺伝子型の適応度が、基準となる適応度とどれだけ違うかを示す（訳注：淘汰係数の表し方はいくつかあるが、たとえば基準となる遺伝子型の適応度を 1 としたとき、ある遺伝子型の適応度が $1-s$ と表せたとする。この s が淘汰係数である）。遺伝子型によって適応度が異なるなら、その遺伝子座は自然淘汰を受けているといえる。

多くの場合、対立遺伝子の変異は表現型に影響しない。その場合は対立遺伝子の変異は進化的に中立であるため、自然淘汰の作用から隠されている。また、表現型が変化する場合であっても、その変化が繁殖に影響を与えないかぎりは中立である。

5.6　自然淘汰の勝者と敗者

自然淘汰の概念を発展させたチャールズ・ダーウィンとアルフレッド・ラッセル・ウォレスは、進化のメカニズムとしての自然淘汰の重要性も認識していた。自然淘汰は (1) 個体の表現型に遺伝する変異があり、(2) その変異が個体にとって有利か不利であるときに起こる。ダーウィンやウォレスが主張したように、多数の世代を経ることで、自然淘汰は大規模な進化的変化を引き起こし、新しい適応を生み出すことができる。ここでは自然淘汰が集団内の対立遺伝子頻度をどのように変えるのかを見てみよう。

ある表現型を持つ個体の繁殖成功度を**適応度**[*7]という。自然淘汰は個体の適応度に差があるときに生じる。簡単に思えるかもしれないが、実際に生物の適応度を研究するのは大変である。きちんと適応度を測定するには、ある個体が一生の間に何匹の子どもを産んだのかを記録するだけでなく、その子どものうち繁殖可能な年齢まで生き残ったのは何匹かも数えなくてはならない。実際にやってみれば、このような調査はほとんど不可能であることがわかるだろう。

そこで科学者は別の方法を取る。たとえば、生まれた子どもが繁殖可能な年齢になるまで生存する確率を計算したり、ある季節に１個体が産む子どもの数を調べたりする。どのような方法を取るにせよ、自然淘汰を測定するには、個体間の適応度の比較と、適応度と表現型の関係を明らかにする必要がある。

適応度の測定に関するもう１つの難題は、遺伝子型と表現型の関係の複雑さだ。ある個体の適応度には、その個体のすべての表現型が関係している。表現型にはたらく自然淘汰に注目して形態や行動の進化を明らかにする研究については第6章と第7章で紹介することにして、まずは集団遺伝学で適応度をどのように研究してきたかを見てみよう。そこでは表現型全体を調べる代わりに、1つの遺伝子座における対立遺伝子の進化が着目された。

集団遺伝学者は適応度の構成要素（生存率、交配成功率、産子数など）をすべて抽出して1つの値（w）にする。この値はある遺伝子型を持つ個体の相対的な貢献度（子孫をどれだけ残すか）を表し、集団全体の平均との比較によって求める。ある遺伝子型（A_1A_1）の個体が他の遺伝子型（A_1A_2、A_2A_2）の個体より多くの子孫を残すとき、A_1A_1 の個体は**相対適応度***8 が高いという。逆に、ある遺伝子型の個体の貢献度が他の個体よりも低いとき、相対適応度は低くなる。相対適応度の基準に、平均適応度の代わりにもっとも高い適応度を $w = 1$ として使うこともある。この場合、他の遺伝子型の相対適応度は0から1の間になる。測定方法によらず遺伝子型の間で相対適応度が異なれば、自然淘汰はつねに生じる。自然淘汰の強さは遺伝子型の相対適応度にどれだけ差があるかで表現される。

自然淘汰が対立遺伝子頻度を変化させるメカニズムを理解するためには、遺伝子型ではなく対立遺伝子を考えることもできる。しかし2つの理由により、対立遺伝子の適応度の計算は、遺伝子型の適応度の計算よりも複雑である。第一に、二倍体の生物では対立遺伝子が単独ではたらくことはないからだ。つねに2つの対立遺伝子がペアになって、1つの遺伝子型を構成する。さらに対立遺伝子間にいわゆる優性・劣性の関係がある場合には、その組み合わせ方も表現型に影響する。第二に、自然淘汰は対立遺伝子に直接作用しないからだ。

自然淘汰は個体と表現型に作用するのだ。

こうした問題はあるものの、対立遺伝子がどのくらい適応度に影響しているかを計算することは可能である。そのためには、ホモ接合体だけでなくヘテロ接合体も考慮し、また遺伝子型ごとに実際に子孫を残せる個体数も考えなくてはならない。コラム５．５に、**平均過剰適応度**[*9]という対立遺伝子の正味の適応度を算出する方法を示す。

対立遺伝子の平均過剰適応度を使えば、対立遺伝子頻度が次世代でどのように変化するのかを予測できる。

$$\Delta p = p \times (a_{A_1}/\overline{w})$$

Δp は自然淘汰による対立遺伝子頻度の変化、p は対立遺伝子 A_1 の頻度、$\overline{w}$はこの集団の平均適応度、a_{A_1} は対立遺伝子 A_1 の平均過剰適応度を表している。この方程式から自然淘汰に関して多くのことがわかる。

たとえば、平均過剰適応度（a_{A_1}）の正負は、自然淘汰による対立遺伝子頻度の増減を決定する。ある対立遺伝子が集団中に存在すれば、その頻度（p）はつねに0より大きい。集団が存在するかぎり、集団の平均適応度（$\overline{w}$）も0より大きい。なぜなら$\overline{w}$は、ある遺伝子型の個体が次世代へ子孫を残す貢献度とその遺伝子型頻度を掛けたものを、すべての遺伝子型について合計した値だからである。定義より p と$\overline{w}$は正の値であるため、Δp の正負は平均過剰適応度によって決まる。対立遺伝子の平均過剰適応度が正であれば、自然淘汰はその対立遺伝子頻度を増加させる。平均過剰適応度が負のときは、対立遺伝子頻度を減少させる。

この方程式は、対立遺伝子頻度の増加（または減少）速度が自然淘汰の強さ、つまりa_{A_1}の絶対値に依存することも表している。平均過剰適応度の正負にかかわらず、その絶対値が大きければ、対立遺伝子頻度の変化も大きくなるのだ。

最後に、この方程式は、自然淘汰の対立遺伝子への効果が、対立遺伝子頻度にも依存していることを示している。ある対立遺伝子が非常に少ない（$p \fallingdotseq 0$）とき、もしもそれが明らかに有利な対立遺伝子だったとしても、自然淘汰は非常に弱くしか作用しない。

＊7　**適応度**：ある個体における生存と繁殖の成功度。つまり、次世代へ子孫をどれだけ残せるかということ。
＊8　**相対適応度**：特定の遺伝子型の個体の適応度で基準化した（たとえば集団の平均適応度で割った）ある遺伝子型の個体の適応度。
＊9　**平均過剰適応度**：ある対立遺伝子を持つ個体の適応度の平均と、集団全体の適応度の平均との差。

わずかな違いが大きな変化に

対立遺伝子によっては適応度が大きく異なるものがある。対立遺伝子に起きた1つの突然変異が必須タンパク質の機能を損ない、致死的な遺伝病を引き起こすこともある。遺伝病で亡くなった子どもたちは変異を次の世代に伝えることができないので、このような対立遺伝子は強い負の淘汰を受ける。そのため、深刻な遺伝病が集団に広がることはほとんどない。一方、対立遺伝子の平均過剰適応度にわずかの違いしかない場合でも、長期的に見れば自然淘汰は大きな影響をおよぼす。投資が利子でふくらむようなものである。

たとえば100ドルを投資すると、毎年5％の利子がつく（5％複利）としよう。1年経つと資金は5ドル増える。2年目は5.25ドル増える。こうして資金は加速度的に増え、50年後

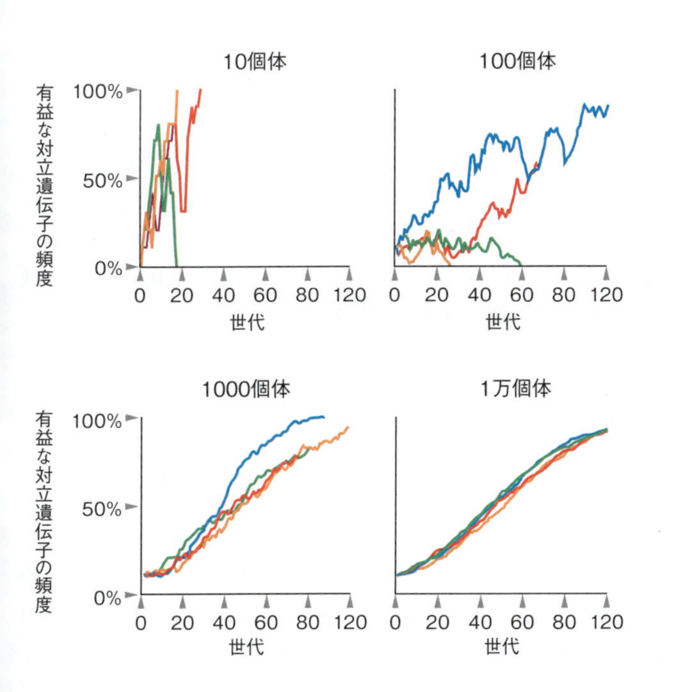

図5-14　自然淘汰は小集団よりも大集団で強くはたらく。グラフは、適応度が5%高い対立遺伝子が様々なサイズの集団に出現した後の頻度変化を、コンピューターでシミュレートした結果である。それぞれの色は異なるシミュレーションの結果を表す。対立遺伝子頻度の初期値は0.1（10%）とした。対立遺伝子は、自然淘汰と遺伝的浮動の作用を受けながら、頻度を変化させていく。一番小さな集団では、有益な変異を持つにもかかわらず、半数のシミュレーションで対立遺伝子が失われた。しかし大きな集団では、すべてのシミュレーションで有利な対立遺伝子が集団に広まった。（ベル、2008年より改）

には1146ドル以上になる。わずかな変化も加速度的な効果によって、長期的には大きな変化を引き起こすのだ。利率が5%でなく7%だった場合、1年目は2ドル多くもらえるだけだ。しかし50年後には、資金は2945ドル以上にふくれ上がる。5%のときのほぼ3倍だ。適応度の場合も同じである。平均過剰適応度がわずかに高いだけで、その対立遺伝子は集団全体に広がっていくだろう。

この複利的な効果により、自然淘汰は遺伝的浮動とは逆に、大きな集団で効果的にはたらく。遺伝的浮動は集団が小さい場合、有益な変異であっても除去してしまうことがある。一方、集団が大きいと、遺伝的浮動の効果は弱くなる。図5-14は、この自然淘汰と遺伝的浮動の効果をわかりやすく可視化したコンピューターシミュレーションの結果である。適応度が5%高い対立遺伝子が、様々なサイズの集団に加わった場合を想定している。1万個体の大集団では、すべてのシミュレーションで対立遺伝子は集団に広がった。しかし10個体の小集団では、半数のシミュレーションで対立遺伝子は除去された。つまり小集団では、相対適応度が高いからといって、対立遺伝子が集団に広がることはもちろん、存続することさえ保証されないのだ。なぜなら集団が小さい場合、自然淘汰より遺伝的浮動の力の方が強いからである。

コラム 5.5　自然淘汰は対立遺伝子頻度を変える

ある遺伝子座でハーディー・ワインベルク平衡が成り立っている集団で、自然淘汰が対立遺伝子頻度をどのように変化させるかを考えてみよう。そして対立遺伝子頻度がどれくらい変化するのか計算してみよう。

対立遺伝子 A_1、A_2 の頻度をそれぞれ p、q とする。コラム５．２で見たように、ハーディー・ワインベルク平衡にある集団の遺伝子型の頻度は以下のようになる。

$$f(A_1A_1) = p^2$$
$$f(A_1A_2) = 2pq$$
$$f(A_2A_2) = q^2$$

自然淘汰は、相対適応度の異なる遺伝子型が存在する遺伝子座に作用する。たとえば、遺伝子型 A_1A_1、A_1A_2、A_2A_2 の相対適応度を w_{11}、w_{12}、w_{22} とする。適応度は多くの要因（生殖可能年齢までの生存率、交配成功度、産子数など）によって決まるが、これらはすべて次世代へ子どもを残すための貢献度として測ることができる。つまり w_{11}、w_{12}、w_{22} は、遺伝子型 A_1A_1、A_1A_2、A_2A_2 の個体の（子孫を残すための）貢献度を示している。

自然淘汰後（時間 $t+1$）の遺伝子型頻度を計算するには、各遺伝子型頻度に相対適応度を掛ければよい。親世代が繁殖して、遺伝子型頻度が p^2、$2pq$、q^2 である子世代が生じたとしよう。これが、自然淘汰が作用する直前の状態である。その後、子どもは自然淘汰を受けながら成長し、次世代を作る。成体になるまで生存し、競争に勝って交配し、生存能力のある子どもを作れる確率は、その個体の遺伝子型の相対適応度を反映している。自然淘汰がこの遺伝子座に作用するからだ。その結果、ある遺伝子型は他の遺伝子型にとって代わり、次世代で頻度を増加させる。

時間（$t+1$）における各遺伝子型の頻度は以下のようになる。

遺伝子型：	A_1A_1	A_1A_2	A_2A_2
頻度：	$p^2 \times w_{11}$	$2pq \times w_{12}$	$q^2 \times w_{22}$

新しい世代の各遺伝子型の個体数は、前の世代とは異なっている。複数の子どもを産む個体もいるだろうし、ある遺伝子型の個体は繁殖の前に死んでしまうかもしれないからだ。そこで、新世代の遺伝子型の頻度を、新世代の総個体数で規格化する。この新世代の総個体数は、各遺伝子型の個体数の合計と等しい。

$$\bar{w} = p^2 \times w_{11} + 2pq \times w_{12} + q^2 \times w_{22}$$

$\bar{w}$は各遺伝子型の適応度に頻度を掛けた値の合計であり、「集団の平均適応度」とも呼ばれる。集団の平均適応度を使うことで、自然淘汰後の各遺伝子型の相対的

個体数を頻度に変換することができる。

遺伝子型：　A_1A_1　　A_1A_2　　A_2A_2
f_{t+1}：$(p^2 \times w_{11})/\bar{w}$　$(2pq \times w_{12})/\bar{w}$　$(q^2 \times w_{22})/\bar{w}$

これらの結果から、次世代における各対立遺伝子頻度を、「ホモ接合体頻度」と「ヘテロ接合体頻度の半分」の和として算出できる。

$$p_{t+1} = [(p^2 \times w_{11})/\bar{w}] + [(pq \times w_{12})/\bar{w}]$$
$$= (p^2 \times w_{11} + pq \times w_{12})/\bar{w}$$

$$q_{t+1} = [(q^2 \times w_{22})/\bar{w}] + [(pq \times w_{12})/\bar{w}]$$
$$= [q^2 \times w_{22} + pq \times w_{12}]/\bar{w}$$

自然淘汰は進化のメカニズムであり、対立遺伝子頻度を次世代で変化させる。ここでは自然淘汰を（異なる適応度という形で）遺伝子型に作用させた。さて、子世代における対立遺伝子頻度はどう変わるだろうか。

対立遺伝子 A_1 について、子世代の対立遺伝子頻度 p_{t+1} から初期の（＝親世代の）対立遺伝子頻度 p を引いたものを、対立遺伝子 A_1 の頻度変化量 Δp とする。

$$\Delta p = p_{t+1} - p$$

初期の頻度は $p = p^2 + pq$ と表せる。$\bar{w}$で通分する

ため、$\bar{w}/\bar{w}$を掛けると

$$p = (p^2 \times \bar{w} + pq \times \bar{w})/\bar{w}$$

$$\begin{aligned}
\Delta p &= p_{t+1} - p \\
&= [(p^2 \times w_{11} + pq \times w_{12})/\bar{w}] - [(p^2 \times \bar{w} + pq \times \bar{w})/\bar{w}] \\
&= (p^2 \times w_{11} + pq \times w_{12} - p^2 \times \bar{w} - pq \times \bar{w})/\bar{w} \\
&= p \times (p \times w_{11} + q \times w_{12} - p \times \bar{w} - q \times \bar{w})/\bar{w} \\
&= (p/\bar{w}) \times (p \times w_{11} + q \times w_{12} - p \times \bar{w} - q \times \bar{w}) \\
&= (p/\bar{w}) \times [p \times (w_{11} - \bar{w}) + q \times (w_{12} - \bar{w})]
\end{aligned}$$

$[p \times (w_{11} - \bar{w}) + q \times (w_{12} - \bar{w})]$ は対立遺伝子A_1の平均過剰適応度として知られている。これはA_1を持つ個体の適応度と集団全体の適応度の差の平均を意味している。もちろん実際には、ホモ接合型以外に表現型を持たない対立遺伝子もある。あくまで平均過剰適応度は、適応度の値を対立遺伝子へ分配する１つの方法にすぎない。自然淘汰を受け、次世代への貢献度に差が出る単位は遺伝子型を持つ個体だが、平均過剰適応度を使えば相対適応度を対立遺伝子に割り振ることができるのだ。

自然淘汰による対立遺伝子頻度の変化は以下のように表せる。

$$\Delta p = (p/\bar{w}) \times a_{A1}$$
$$\Delta p = p \times (a_{A1}/\bar{w})$$

a_{A1} は対立遺伝子 $A1$ の平均過剰適応度である。対立遺伝子 $A2$ の平均過剰適応度も以下のように計算できる。

$$a_{A2} = [p \times (w_{12} - \bar{w})] + [q \times (w_{22} - \bar{w})]$$

自然淘汰による対立遺伝子 $A2$ の頻度変化は以下のように表せる。

$$\Delta q = (q/\bar{w}) \times a_{A2}$$
$$\Delta q = q \times (a_{A2}/\bar{w})$$

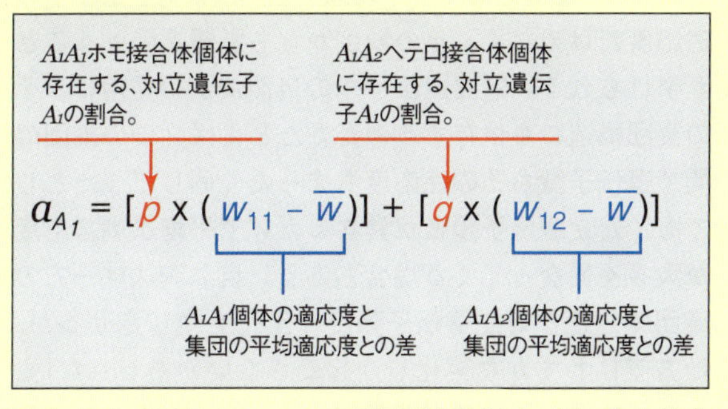

図5-15　対立遺伝子 $A1$ の平均過剰適応度（a_{A1}）はホモ接合体とヘテロ接合体における対立遺伝子 $A1$ の頻度から計算される。それぞれの頻度は集団の平均適応度からの差によって調節されている。

いくつかの重要な結論がこれらの計算から導かれる。最初の結論として、pと$\overline{w}$はつねに０以上なので、Δpが正の値であるかどうかは、a_{A1}の正負によって決まることがわかる。これは世代間での対立遺伝子頻度の増減が、その平均過剰適応度の正負に依存していることを意味している。ある対立遺伝子の正味の影響が適応度を増加させるとき（平均過剰適応度が０より大きいとき）、その対立遺伝子は正の淘汰（57ページ）を受けたことを意味し、対立遺伝子頻度は大きくなると予測される。逆に、ある対立遺伝子の正味の影響が適応度を減らすとき（平均過剰適応度が０未満のとき）、対立遺伝子は負の淘汰(57ページ)を受けたことを意味し、その頻度は小さくなると予測される。

２番目の結論として、平均過剰適応度は対立遺伝子の適応度だけでなく、その頻度からも影響を受けることが挙げられる。対立遺伝子への自然淘汰の作用は、その集団構造にも依存するのだ。たとえば２つの集団の間で遺伝子型もその適応度もまったく同じだったとしても、対立遺伝子頻度が異なるだけで平均過剰適応度が大きく異なってくる場合もある。自然淘汰は一方の集団で急速な対立遺伝子頻度の変化を生じさせるが、他方ではわずかな変化しか起こさないかもしれない。ある対立遺伝子の数が非常に少なければ（たとえば突然変異によって最近出現した場合）、たくさんある対立遺伝子に比べて自然淘汰の影響は非常に小さくなる。

時間と空間による自然淘汰の変化

自然淘汰はときに非常に複雑なパターンを生み出す。ある突然変異を例として、自然淘汰の複雑さを考えてみよう。突然変異はしばしば個体に複数の影響をおよぼす。この多面的効果は、生物の体の色々な部分が相互に関連している結果である。たとえば、1つの調節遺伝子が多くの遺伝子の発現を制御していることもある。この現象は**多面発現**＊10として知られている。

フランスの沿岸地域における蚊の抵抗性の進化は、多面発現が自然淘汰にどのような影響をおよぼすかを示している。対立遺伝子エスター１（*Ester*[1]）は1970年代前半に出現し、エステラーゼを過剰に産生することによって、蚊に殺虫剤への抵抗性をもたらした。だが一方で、別の効果もあった。モンペリエ大学の研究者たちは、エスター１を持つ蚊がクモなどの捕食者に捕まる割合が、他の蚊より高いことを発見した。つまり１つの突然変異が、殺虫剤への抵抗性を生み出すことで蚊の適応度を上げた一方、生理機能を損なうことで蚊の適応度を下げたのだ。このように適応的に相反する効果を持つ多面発現を拮抗的多面発現という。

ある対立遺伝子の適応度は、1個体におけるその対立遺伝子の多面発現の適応度の総和である。たとえ有益な効果がある対立遺伝子であっても、全体として見ればその対立遺伝子を持つ個体の繁殖成功率が低いということもある。そのバランスは個体の生息する環境によって変化する。フランスの沿岸地域では殺虫剤への耐性が、蚊の適応度を劇的に上昇させた。殺虫剤に耐性を持つ蚊は捕食者に襲われやすいが、それでも全体としては適応度を上げることになったのだ。

しかし内陸では、状況が違っていた。内陸では殺虫剤が散

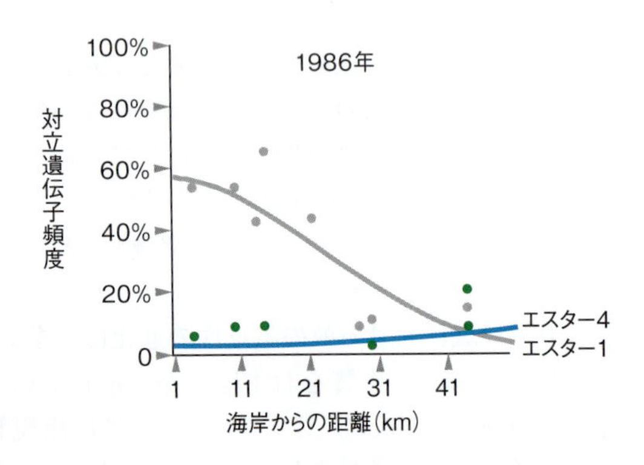

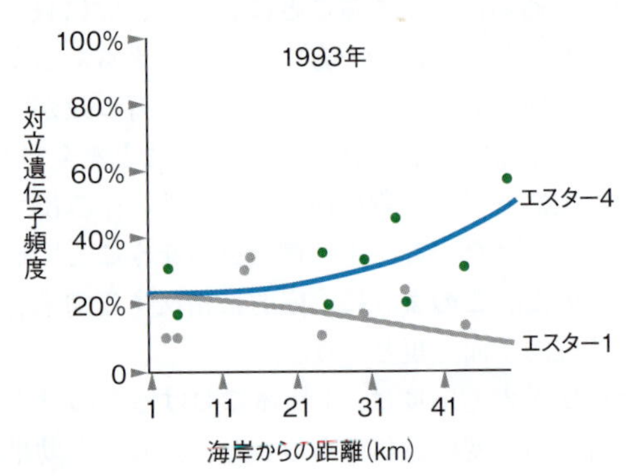

図5-16 グラフは、図5-2（蚊における殺虫剤抵抗性の対立遺伝子の歴史）の続きである。1970年代に広まったエスター1は、1980年代から1990年代にかけて数を減らし、代わりにエスター4が広がり始めた。この変化はエスター1が蚊に課す生理的コストのせいらしい。エスター4は、このようなコストを課すことなく蚊に抵抗性を与えるので、頻度が高くなったのだと考えられる。（レイモンドら、1998年より改）

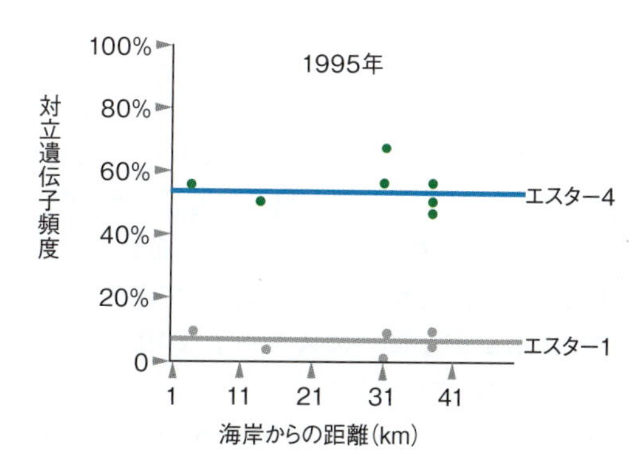

1995年
100%
80%
60%
40%
20%
0
対立遺伝子頻度
エスター4
エスター1
1
11
21
31
41
海岸からの距離(km)

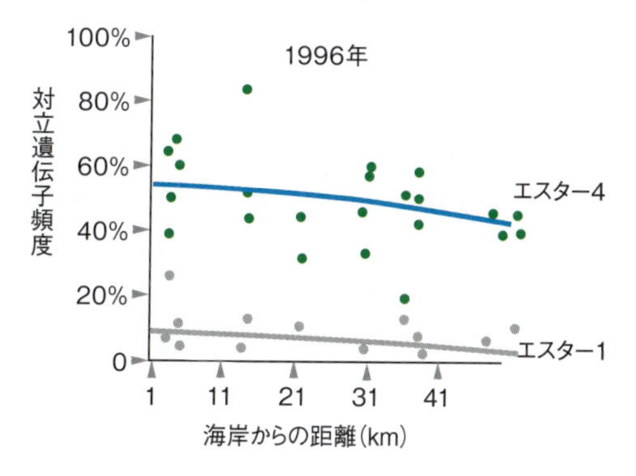

1996年
100%
80%
60%
40%
20%
0
対立遺伝子頻度
エスター4
エスター1
1
11
21
31
41
海岸からの距離(km)

布されないので、対立遺伝子エスター1に利点はない。しかし捕食されやすいという欠点は残るため、蚊の適応度は下がったのだ。図5-2は、エスター1の頻度が地域によって変わることを示している。エスター1の頻度は自然淘汰によって、沿岸部では高く、内陸部では低く保たれていた。蚊が地域間を移動し遺伝子交流が起きても、この頻度の違いは維持されていた。エスター1は殺虫剤散布地域から出ると、自然淘汰によって除去されてしまうからである。

図5-16に示すように、エスター1は1970年代に沿岸部で広まったが､次第に減少していった。その原因は､エスター4（*Ester⁴*）という新しい対立遺伝子が、1985年頃に出現したからである。エスター1と同様に､エスター4もエステラーゼを過剰に産生する。しかし殺虫剤への抵抗性は、エスター4の方がわずかに低い。それでもエスター4は増加し、エスター1は減少していった。その理由については、エスター4の頻度曲線の傾きがヒントになった。エスター4の頻度は内陸でも低下しないのだ。エスター4は、蚊に殺虫剤への抵抗性を与えるが、エスター1のような高いコストは課さないらしい。自然淘汰はエスター4を沿岸部では選択し、内陸部でも除去しないのだ。

＊10　**多面発現**：1つの遺伝子が複数の形質に関与すること。この場合、1つの遺伝子に起きた1つの突然変異は、多くの形質に影響を与える。ある形質に対して有益な突然変異が、他の形質には有害な場合に、多面発現は拮抗しているという。

５万世代にわたる実験的進化

対立遺伝子にはたらく自然淘汰に関する知見の中には、研究室で得られたものもある。研究室の中なら、生物が成長し繁殖する環境をコントロールしながら集団全体を分析することができる。

最長の実験の一つはミシガン州立大学で実施された。リチャード・レンスキーは1988年に、その実験を１個体の大腸菌から始めた。レンスキーはこの個体を増殖させて、遺伝的に同一な12の集団を作った（図5-17）。各集団は10mLの培養液とともにフラスコに入れられ、毎日一定量のグルコースを与えられた。毎日毎日、週末も祝日も、レンスキーらは大腸菌を含む培養液0.1mLを吸い上げ、9.9 mLの新しい培養液に移し続けた。その間12集団は、互いに隔離したままにしておいた。大腸菌は毎日グルコースがなくなるまで成長を続け、１日当たり約７回分裂した。

すべての大腸菌は単一の遺伝子型の祖先に由来するが、代を重ねるうちにまれに突然変異が起きた。繁殖成功度を下げるような対立遺伝子は**負の自然淘汰**＊11を受け、成長を速めたり生存率を高めたりするような対立遺伝子は**正の自然淘汰**＊12を受けた。レンスキーらが毎日フラスコからランダムに抽出したサンプルには、このような対立遺伝子頻度の変化が記録されている。

各系統の大腸菌は500世代ごとに冷凍保存された。冷凍されても大腸菌は死なないので、これは復活可能な化石記録だ。つまり祖先と子孫を同時に復活させて、成長速度を実際に比べることができるのだ。そうすれば、平均適応度の変化を直接測定することが可能となる。

今のところ実験は５万世代まで続いている（ヒトで同じ実

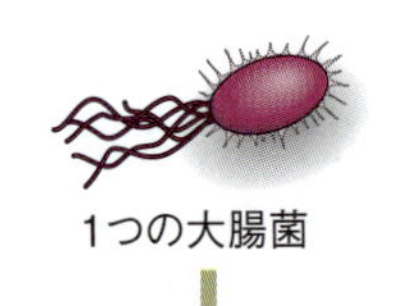
1つの大腸菌
増殖した遺伝的に同一な大腸菌を、
12個のフラスコに入れて12系統に分ける。
午前：各フラスコにグルコースを入れる。
午後：グルコースが使い果たされる。
次の日：12系統それぞれから
少量の培養液を取り、新しい培
養液が入ったフラスコに移す。
後の研究のため、各系統
のサンプルを500世代ごと
に冷凍保存する。

図 5-17　リチャード・レンスキーらが20年以上大腸菌を飼育している方法。

験をすれば100万年はかかるだろう）。図5-18は最初の2万世代の大腸菌の進化を表している。適応度は12系統すべてで上昇し、平均すれば2万世代で約75％増加した。つまり12集団すべてが自然淘汰によって進化したのだ。レンスキーが設定した環境において速く成長できるような変異が、大腸菌に蓄積されたのである。

凍結保存された大腸菌を使えば、祖先と子孫を直接競争させられるだけでなく、DNAの比較もできる。実験は1つの

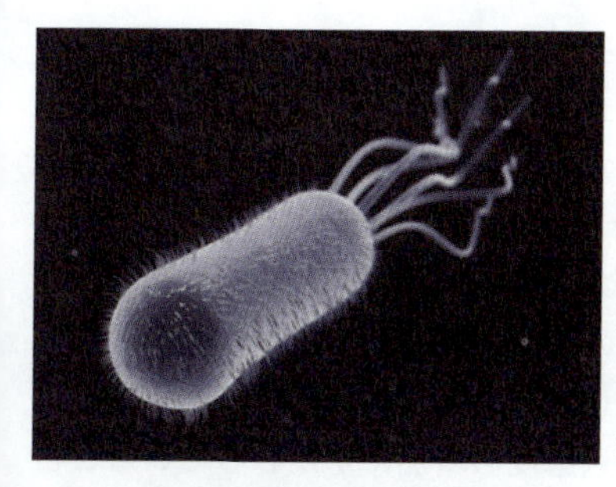

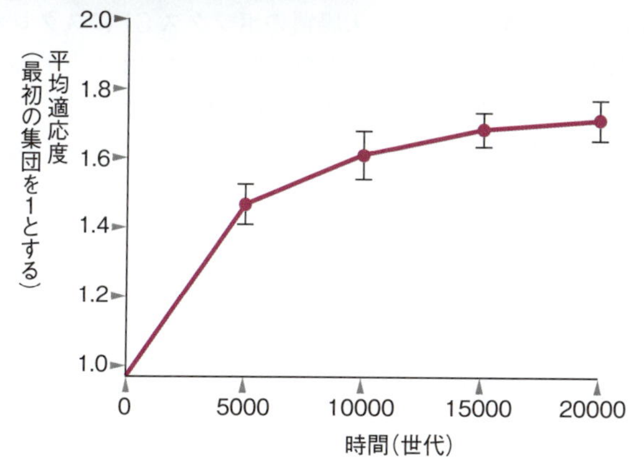

図5-18　自然淘汰による進化を示したレンスキーの実験。突然変異によって子孫は祖先よりも実験の環境下で速く繁殖できるようになった。（クーパーとレンスキー、2000年より改）

大腸菌から始まり、無性的に、水平遺伝子移行もなく繁殖している。そのため、祖先に存在しない対立遺伝子は実験中に生じた突然変異によることが保証されている。

レンスキーらは、これらの突然変異が適応度におよぼす効果を、様々な方法で調べている。たとえば、1万世代目の大腸菌を1匹選び、祖先と異なる1296ヵ所のDNA断片を、祖先の大腸菌に組み込んだ。これらの遺伝子操作をした祖先の大腸菌を、操作していない祖先の大腸菌と一緒に培養した。このような実験によって、大腸菌の適応度を増加させるDNA断片が1つ見つかった。さらに、その断片内の突然変異を起こした場所も特定することができた。近くにある2つの遺伝子を調節するボックスG1（BoxG1）というタンパク質結合領域の中の1つのヌクレオチドに、突然変異が起きていたのだ。近くにあるその2つの遺伝子は、細菌の細胞壁合成に関与するタンパク質(GlmSとGlmU)をコードしている。この突然変異が大腸菌の適応度の増加にかかわっていることを確かめるために、祖先の大腸菌のボックスG1にヌクレオチドを1つ挿入した。このわずか1つのヌクレオチドの挿入によって、大腸菌の相対適応度は5%も上昇した。

突然変異の場所とその適応度が明らかになったので、次にレンスキーらはこの突然の変異がいつ出現したかを調査した。この突然変異は、この系統のどこかの時点で出現し、頻度を増加させたと考えられる。そこで、500世代ごとに保存しておいた凍結サンプルを取り出し、ボックスG1に突然変異が起きているかどうかを調べた。500世代目の大腸菌からは、この変異は見つからなかった。ということは、突然変異は500世代目以降に起こったはずだ。1000世代目になると45%の大腸菌にこの変異が見つかった。1500世代目では97%の大腸菌にこの変異が見つかった。この急速な拡散は、適応度を増加させる突然変異から予測されるパターンだ。

この突然変異が大腸菌にどのような恩恵をもたらしているかは明らかになっていないが、ヒントはある。ボックスG1に突然変異が起きた大腸菌はGlmSとGlmUの発現量が少ない。もしかしたら、突然変異が起きた大腸菌は、分厚い細胞壁を作るための資源を、繁殖速度の増加のために転用しているのかもしれない。

ボックスG1の突然変異は、長年にわたる実験の中でレンスキーらが見つけた有利な突然変異の一例にすぎない。突然変異は何回も起きるので、多くの突然変異は、それ以前に起きた突然変異によってすでに適応度が増加している大腸菌で生じたものである。このような突然変異を大規模に比較すれば、有利な突然変異同士がどのように相互作用しているのかもわかるだろう。実際、いくつかの突然変異は、ある突然変異がすでに起きている場合にだけ有益であることがわかっている。このような相互作用を**エピスタシス**＊13という。

ボックスG1の突然変異は１つの系統でしか起こらなかったが、複数の系統で起こることもある。たとえば12系統すべてで突然変異が生じた遺伝子も３つあった。また、どの場合でも、進化には同じような傾向があった。たとえば、適応度は初めは急速に増加したが、増加速度は次第に減少した。

＊11　**負の自然淘汰**：集団内の対立遺伝子頻度を減少させる自然淘汰。平均過剰適応度がゼロより小さいときに起きる。
＊12　**正の自然淘汰**：集団内の対立遺伝子頻度を増加させる自然淘汰。平均過剰適応度がゼロより大きいときに起きる。
＊13　**エピスタシス**：ある遺伝子座の対立遺伝子の効果が、他の遺伝子座の対立遺伝子の影響で変化すること。

優性と劣性

細菌は一倍体の生物なので、進化の実験をおこなうのは比較的簡単である。しかし、二倍体の生物だとそうはいかない。相同な対立遺伝子が２つずつあるので、その相互作用を考えなくてはいけないからだ。対立遺伝子はそれぞれ独立に振る舞う場合もあるし、優性・劣性の関係になる場合もある。それぞれの場合によって、自然淘汰への影響も違ってくる。

対立遺伝子同士が独立に作用する場合から見ていこう。ジョエル・ハーシュホーンらは、身長に関する遺伝学的研究をおこなった。彼らの発見した*HMGA2*という遺伝子は、身長に強く影響する。この*HMGA2*の変異体を1つ持つ人は、1つも持たない人より平均0.5cm身長が高くなる。ホモ接合体、つまりこの対立遺伝子（*HMGA2*の変異体）を2つ持つ人では効果は2倍になり、持たない人より平均1cm身長が高くなる。このような対立遺伝子の相互作用を**相加的**＊14と呼ぶ。その効果の強さが、単純に対立遺伝子の数の合計となるからだ。

相加的対立遺伝子は、自然淘汰の影響を受けやすい。つねに表現型に表れ、選択にさらされるからだ。有益な対立遺伝子は、集団に固定される方向に進む。その対立遺伝子を持たない個体よりも1つ持つ個体（ヘテロ接合体）の方が適応度が高く、2つ持つ個体（ホモ接合体）はさらに適応度が高くなるからである。そして最終的には、集団はすべてホモ接合の個体だけになるだろう（図5-19）。逆に有害な対立遺伝子には、集団から除去しようとする力がはたらく。有害な対立遺伝子を持つ個体は、つねに自然淘汰にさらされ、低い適応度に苦しめられることになる。そして最終的には、有害な対立遺伝子は集団から失われてしまうのだ。

一方、優性対立遺伝子や劣性対立遺伝子は相加的ではない。優性対立遺伝子は、同じ遺伝子座にある他の対立遺伝子の効果を覆い隠してしまう。だから優性対立遺伝子の場合、ヘテロ接合体とホモ接合体の表現型は同じになる。一方、劣性対立遺伝子の場合は、ホモ接合体のときだけ表現型にその効果が表れる。

優性と劣性の相互作用は、固定に向かって対立遺伝子を増

加させる場合にも、また集団から対立遺伝子を除去する場合にも、自然淘汰の力を弱めてしまう。突然変異によって新たな劣性対立遺伝子が生じたとき、その個体は必ずヘテロ接合体である。そのため、この劣性対立遺伝子は表現型に表れな

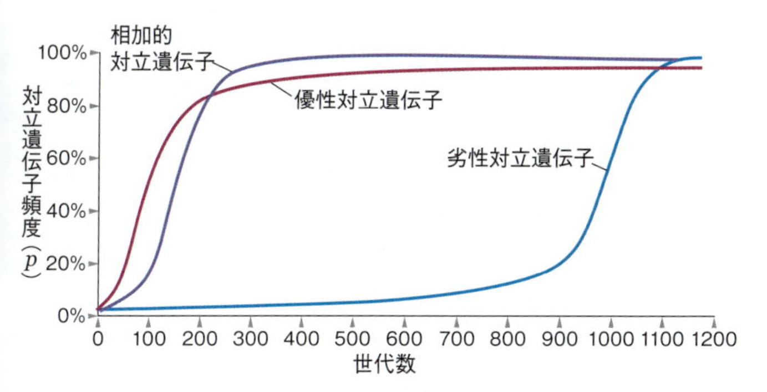

図５-19　相加的対立遺伝子、劣性対立遺伝子、優性対立遺伝子に対する正の自然淘汰の効果。それぞれの線は、淘汰係数が 0.05 のときに予測される対立遺伝子頻度の変化を表している。表現型に相加的効果をおよぼす対立遺伝子は、つねに自然淘汰にさらされるため、突然変異によって出現してから着実に増加して、集団に固定される。劣性対立遺伝子は、出現したときはヘテロ接合体として存在するため、最初のうちは自然淘汰を受けない。しばらくは細々と存在し、そのうち遺伝的浮動によって集団から除かれるか、あるいは頻度を増加させることになる。もしも遺伝的浮動によって、ある程度まで頻度が増加すると、劣性対立遺伝子のホモ接合体が集団中に現れる。ホモ接合体には自然淘汰が作用するので、劣性対立遺伝子は増加し始め、ついには集団に固定されることになるだろう。優性対立遺伝子は出現したときから自然淘汰の作用を受けるので、頻度を急速に増していく。しかし自然淘汰の力だけでは、優性対立遺伝子を集団に固定させることはできない。優性対立遺伝子が増加すると、もう一方の対立遺伝子（定義上それは劣性対立遺伝子になる）の数は減少する。すると前述のとおり、劣性対立遺伝子はヘテロ接合体の形で存在するようになり、自然淘汰の効果がおよばなくなる。そのため自然淘汰だけでは、優性対立遺伝子を固定することはできないのである。（コナーとハートル、2004 年より改）

い。この劣性対立遺伝子は、子に伝わらない可能性もあるが、伝わった場合は子もヘテロ接合体となる。なぜなら、集団内にはほかにこの対立遺伝子を持つ個体はいないからである（他の個体はすべて、元からある対立遺伝子のホモ接合体である）。たまたま突然変異によって他の個体が同じ劣性対立遺伝子を獲得したとしても、両者が出会ってホモ接合体の子を産む確率は非常に低い。そのため、数の少ない対立遺伝子は、つねにヘテロ接合体として存在することになるのである。

劣性対立遺伝子はヘテロ接合体の表現型には表れないので、自然淘汰を受けない。したがって遺伝的浮動のみが、集団における劣性対立遺伝子の存続を左右する。遺伝的浮動によって劣性対立遺伝子を持つ個体が増加した場合は、ヘテロ接合体同士が出会って交配する確率も高くなるだろう。そうして初めて劣性対立遺伝子のホモ接合体が誕生し、自然淘汰が劣性対立遺伝子にもはたらき始めるのだ。

この劣性対立遺伝子が有益であれば、自然淘汰によってその頻度は急速に増加するだろう。劣性対立遺伝子が広がるにつれて、劣性対立遺伝子のホモ接合体も増えていく。一方、優性対立遺伝子は、劣性対立遺伝子に比べて不利（平均過剰適応度が負）なので、その頻度は低下していく。優性対立遺伝子の場合、負の淘汰はホモ接合体にもヘテロ接合体にもはたらくので、隠れる場所がない。こうして、不利な優性対立遺伝子は、集団から完全に取り除かれてしまう。こうして有利な劣性対立遺伝子は、遺伝的浮動だけが作用していた長い期間ののちに、自然淘汰によって固定に向かって急速に広がっていくのだ（図5-19）。

劣性対立遺伝子が有害な場合は、話が違ってくる。遺伝的

浮動によって劣性対立遺伝子のヘテロ接合体の頻度が高くなると、ホモ接合体が生まれ始める。すると自然淘汰が効き始めて、有害な劣性対立遺伝子は減少する。しかし、自然淘汰は有害な劣性対立遺伝子を、完全に集団から消し去ることができない。頻度が再び低くなると、有害な劣性対立遺伝子はすべてヘテロ接合体で存在するようになり、自然淘汰から隠れてしまうからだ。

新たに出現した対立遺伝子が、劣性でなく優性であった場合は、また話が違ってくる。優性対立遺伝子は、出現した瞬間から自然淘汰にさらされるからだ。もしも優性対立遺伝子が有益（平均過剰適応度が正）なら、急速に集団に広がるだろう。最初は数が少ないので、優性対立遺伝子はヘテロ接合体として存在する。集団のほとんどの遺伝子座は、元からあった対立遺伝子で占められているからである。しかし優性対立遺伝子の頻度が高くなるにつれて、ヘテロ接合体同士が交配し、優性対立遺伝子がホモ接合体の子を産み始める。ホモ接合体もヘテロ接合体も同等に有益であり、優性対立遺伝子の頻度は上昇し続ける。

新たな優性対立遺伝子の頻度が上昇して、もう少しで固定されそうな時点では、集団の大部分は優性対立遺伝子のホモ接合体で占められている。優性対立遺伝子のヘテロ接合体は少なく、元からあった（今は劣性である）対立遺伝子のホモ接合体はさらに少ない。ついには劣性対立遺伝子は、そのホモ接合体同士が出会って交配することが不可能になるまで減少してしまう。この時点になると、劣性対立遺伝子はヘテロ接合体でしか存在しない。劣性対立遺伝子はヘテロ接合体の表現型には表れないので、劣性対立遺伝子のヘテロ接合体と優性対立遺伝子のホモ接合体との間に適応度の差はない。つまり、ヘテロ接合体に存在する劣性対立遺伝子には、自然淘汰がはたらかないのだ。今や劣性遺伝子の運命は、遺伝的浮動に委ねられた。自然淘汰は優性対立遺伝子の頻度を急速に増加させるものの、固定させるまでにはいたらない。元からあった劣性対立遺伝子を除去することができないからである。

なぜ、かくも多くの遺伝的変異が、特に有害な劣性対立遺伝子が、集団中に保持されているのかは、以上のような仕組みで説明できる。突然変異で優性対立遺伝子が生じると、劣性対立遺伝子は(たとえ有害であっても)ヘテロ接合体になって自然淘汰から逃れる確率が高まるのだ。結局は遺伝的浮動によって失われるとしても、数千世代という長きにわたって有害な対立遺伝子も集団に存続することができる。ちなみに劣性対立遺伝子が隠れ家から出されたときにどうなるかは、本章の後半で考えることにしよう。

＊14　**相加的**:1つの遺伝子座に同じ対立遺伝子が2つあるとき(ホモ接合体)、その表現型への効果が対立遺伝子が1つのときに比べて2倍になること。相加的対立遺伝子の表現型への効果は、他の対立遺伝子の存在に影響されない(つまり優性や劣性は存在しない)。

突然変異と自然淘汰のバランス

集団の遺伝的多様性を増大させる別の要素として、突然変異が挙げられる。突然変異が起きる確率は非常に低いので、影響も大したことはなさそうに思える。最近の研究によると、ヒトのゲノムで1世代当たり1塩基に突然変異の生じる確率は 1.1×10^{-8} にすぎない。ある遺伝子の中のある塩基が突然変異を起こすには、平均して1億世代もかかる計算になる。

しかし実は突然変異が起きるまで、そんなに長く待たなく

てもよい。なぜならヒトのゲノムは非常に大きく、31億塩基対もあるからだ。これだけ大きければ、どこかで必ず突然変異が起きるだろう。ローチらの2010年の研究によると、新生児1人当たり約70の突然変異が生じているという。毎年地球上では約1億4000万人の新生児が誕生するので、単純に掛ければ、人類全体では毎年約98億個の突然変異が生じていることになる。1つの遺伝子座での突然変異率は低いけれども、ヒト全体で見れば、その影響は決して小さくはないのである。

多くの突然変異は中立だが、中には表現型に重大な影響を与えるものもある。たとえば嚢胞性線維症は、肺が液体で満たされて肺炎を誘発する遺伝病である。アメリカ合衆国の嚢胞性線維症患者の50％生存期間は35年だ。この病気の原因は、上皮細胞の塩素チャネルをコードしている*CFTR*遺伝子の突然変異である。*CFTR*遺伝子では、遺伝病の原因となる対立遺伝子がすでに300以上同定されている。この嚢胞性線維症は1つの遺伝子が原因なので単純だが、通常は数百から数千の遺伝子が1つの特徴に関与しているのではるかに複雑だ。どこかの遺伝子で起こった突然変異は、様々な形質へ影響をおよぼしている可能性があるのである。

このように、突然変異は進化の重要なメカニズムである。突然変異は、遺伝子プールへ新たな対立遺伝子を供給して、対立遺伝子頻度を変化させる。新しい対立遺伝子には、遺伝的浮動と自然淘汰が作用する。新しい対立遺伝子が有害ならば、自然淘汰はその頻度を低下させる。その一方で、突然変異が新しい対立遺伝子を供給する。つまり、突然変異と負の淘汰は綱引きをしているのだ。この突然変異と自然淘汰のバランスによって、対立遺伝子頻度に平衡状態が生じる（コラム5.6で平衡状態の算出方法を紹介する)。有害な劣性対立遺伝子が集団からなくならずに、集団の遺伝的多様性を高めているのは、この突然変異と自然淘汰のバランスによって説明できる。

自然淘汰による多様性の維持

ここまでは、自然淘汰によって遺伝的多様性が減少する仕組みを述べてきた。自然淘汰は対立遺伝子を集団に固定したり、あるいは集団から除去したりするからだ。しかしある条件下では、多様性が減少しないように守ってくれる場合もあ

図5-20　A:ヨーロッパのムホウシュウランには、花の色に黄色と紫色の2型がある。リュク・ジゴールらは土地を10区画に分け、それぞれの区画に50株のランを植えた。花の色の割合は、ほとんどが黄色の区画からほとんどが紫色の区画まで、様々な割合にしておいた。すると、黄色い花でも紫色の花でも、数が少ない花の方が適応度が高かった(黄色い花の適応度を図BとCに示す)。　B:花を訪れた昆虫に花粉の塊が何個付着したかを、ランのオスの適応度として測定した。　C:受精した種子の数を、ランのメスの適応度として測定した。黄色い花は、数が少ない(頻度が0.2より小さい)ときには適応度が高く、黄色い花を増加させるような正の淘汰が生じた。反対に黄色い花が多い(頻度が0.8より大きい)ときは適応度が低く、負の淘汰が生じた。この花には、負の頻度依存淘汰がはたらいたのだ。他の多くの花と違い、このランは花粉を運んでくれるマルハナバチのために花蜜を作らない。マルハナバチは数の多い色の花を避けることを学習し、代わりに少ない色の花を訪れることが多くなるのだ。図中のrはピアソン相関係数。(ジゴールら、2001年より改)

る。たとえばある遺伝子型を持つ個体が少数のときはその相対適応度が高く、多数になると低くなる場合だ。このような自然淘汰は**負の頻度依存淘汰**＊15として知られている。今まで述べてきたケースとは異なり、この場合の自然淘汰の効果は対立遺伝子頻度（p）に依存する。なぜならΔpがpの値によって変動するからである（コラム５．５）。通常は、各遺伝子型の相対適応度はつねに同じで、対立遺伝子頻度が大き

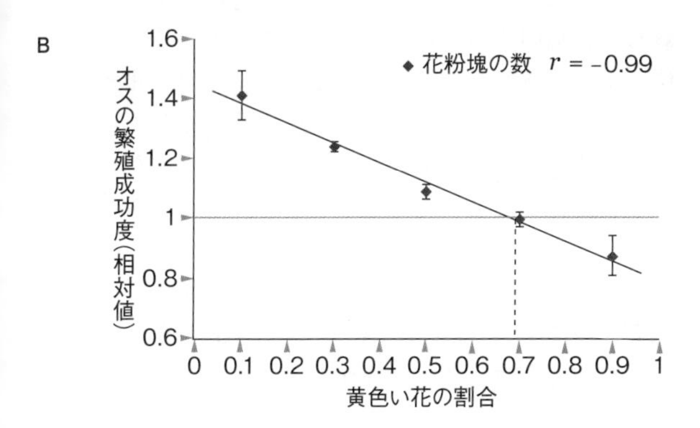

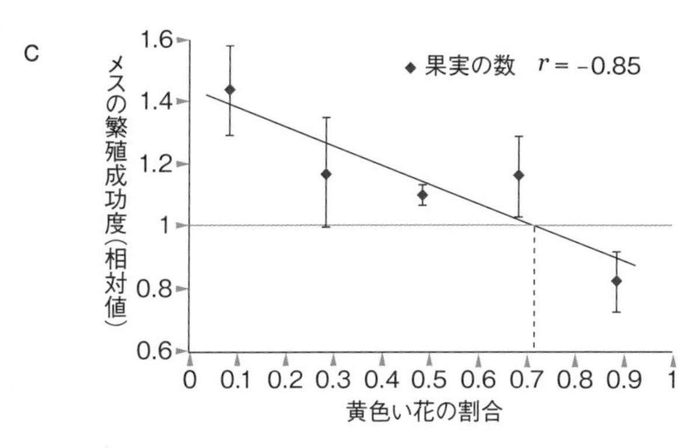

いときほど自然淘汰がよくはたらき、生物に大きな変化を生じさせる。しかし負の頻度依存淘汰では、遺伝子型頻度の変化に伴って遺伝子型それ自体の適応度も変化するのだ。

負の頻度依存淘汰の好例は、フランスに生息するムホウシュウラン（*Dactylorhiza sambucina*）だ。このムホウシュウランには紫色の花を咲かせるものと黄色い花を咲かせるものがあり、これらは遺伝的に決まっている。

このランの花粉は、花蜜を求めて花を訪れるマルハナバチに付着して、別の花へと運ばれる。ところが、このランは花蜜を作らない。花粉を運んでくれる昆虫に、何の報酬も与えないのだ。こうやってハチをだませば、花蜜を作るエネルギーを節約できるが、リスクも伴う。マルハナバチはだまされたことを学習し、今後この花を避けるようになるからだ。

エクセター大学のリュク・ジゴールらは、ランの花の色と適応度の関係を調査した。まず草地を10の区画に分け、黄色と紫色の花を様々な比率で植えた（図5-20）。黄色い花の数が少ないときは、黄色い花が適応的だった。黄色い花は多くのハチに花粉を運ばせ、たくさんの果実をつけた。黄色い花より紫色の花の方がたくさんあるので、ハチは最初に紫色の花にとまることが多く、紫色の花を避けることを学習したのだろう。しかし黄色い花が集団の多数を占める頃には、黄色い花の適応度は紫色の花よりも低くなっていた。おそらく、紫色の花よりも黄色い花を避けるように学習したハチの方が多くなったのだろう。

このように負の頻度依存淘汰がはたらけば、異なる2色の花が共存できる。一方の色が減少すると、その適応度が増加して消滅の瀬戸際から引き戻される。逆に数が増えると、適応度が低下して数が減り始める。このように周期的に頻度を増減させながら、頻度依存淘汰は両方の色の花を集団に共存させるのだ。

また、ヘテロ接合体がホモ接合体よりも高い適応度を持つときも、自然淘汰は対立遺伝子の変異を維持するようにはたらく。片方の対立遺伝子を固定させるのではなく、両方の対立遺伝子を共存させるようにはたらくのだ。コラム５．３で述べたヘモグロビンに関する対立遺伝子 *S* と *A* は、この例である。ナイジェリアでは *S* のホモ接合体（*SS*）はわずかしかいない。対立遺伝子 *S* はヘモグロビンを変形させてしまうからだ。変形したヘモグロビンを持つ赤血球は、長く湾曲した鎌状の形になる。

変形した赤血球は、鎌状赤血球貧血という重篤な症状を引き起こす。大量の赤血球が死滅したり凝集したりして、血管や臓器や関節に損傷を与えるのだ。鎌状赤血球貧血の人（*SS*）には強い負の淘汰がはたらくので、成人まで生きられる人はほとんどいない。

しかしナイジェリアには、*A* のホモ接合体（*AA*）も少ない。そして、ハーディー・ワインベルク平衡から予想される以上のヘテロ接合体（*AS*）が存在している（コラム５．３を参照）。対立遺伝子 *S* は、ただ赤血球を鎌状にするだけではない。マラリアから人を守っているのだ。マラリアは、年間約２億4700万人が感染し、88万1000人が死亡している感染症である。

マラリアはマラリア原虫によって発症する。マラリア原虫はプラスモディウム属（*Plasmodium*）の単細胞原生生物で、蚊を媒介として感染する。蚊に刺されると、マラリア原虫は人の血流に入り込む。それから赤血球に侵入して、その中で増殖する。感染した赤血球細胞は粘度が高まり、血管を詰まりやすくさせる。その結果、ときには致死的な出血を引き起こす。対立遺伝子 S は、このマラリアに感染した赤血球の粘度を抑え、死亡率を下げることが知られている。

対立遺伝子 S を1つ持っている人々（AS）はマラリアに耐性があり、S を2つ持っている人々（SS）のように鎌状赤血球貧血に苦しめられることもない（図5-21）。その結果、マラリアの多いナイジェリアでは、遺伝子型 AS はハーディー・ワインベルク平衡の予測よりも多く、遺伝子型 AA は少ない。

この遺伝子座では、自然淘汰が両方の対立遺伝子（S と A）を残すことで、集団の遺伝的多様性が維持されている。ヘテロ接合体の適応度がいずれのホモ接合体の適応度よりも高いので、A も S も集団に固定することはない。コラム5.7で

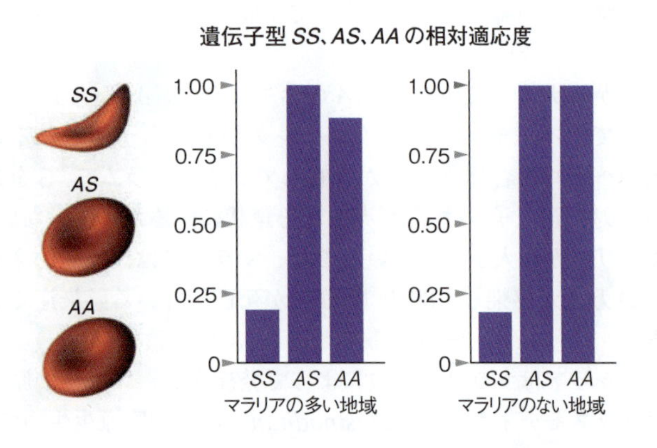

図5-21　対立遺伝子 S を2つ持つ人（SS）は、鎌状赤血球貧血に苦しむ。S をまったく持たない人（AA）は、マラリアによる死亡率が高い。S を1つ持つヘテロ接合体（AS）の適応度が一番高いのだが、そのため SS ホモ接合体もある程度は生まれてしまう。

は *S* と *A* の平均過剰適応度の計算方法と、*S* の頻度により自然淘汰の効果が変化することを紹介する。

このような自然淘汰は**平衡淘汰**＊16 と呼ばれる。全体的に考えれば、集団は平衡淘汰によりマラリアへの抵抗性を獲得した。その反面、数百万人もの人々が鎌状赤血球貧血で苦しむことにもなった。もし対立遺伝子 *S* にマラリアへの抵抗性がなければ、ホモ接合体 *SS* は *AS* や *AA* よりも残せる子どもの数が少ないので、急速に数を減らすだろう。しかし実際にはヘテロ接合体 *AS* が繁殖的成功をおさめているため、集団内には多数の対立遺伝子 *S* が存在している。このために、対立遺伝子 *S* を２つ持つ子どもが生まれる確率は高くなってしまうのだ。

鎌状赤血球貧血の例は、適応度の本質をついている。適応度は遺伝子型にもともと備わっている性質ではない。それは個体と環境の相互作用によって、初めて決まるものである。もし明日にでもマラリアが撲滅されれば、遺伝子型 *AS* は即座に適応的優位性を失い、対立遺伝子 *S* は減少し始めるだろう。

＊15　**負の頻度依存淘汰**：ある遺伝子型の頻度が低いほど、その遺伝子型の適応度が高くなるような自然淘汰。この過程は集団内の遺伝的多様性を維持する（減少させない）ように作用する。

＊16　**平衡淘汰**：複数の対立遺伝子を残すようにはたらく自然淘汰。偶然や突然変異から予測される以上に複数の対立遺伝子頻度を高く保ち、集団の遺伝的多様性を維持する。

コラム 5.6 劣性対立遺伝子における突然変異と自然淘汰のバランス

有害な対立遺伝子を除去するのに、自然淘汰はあまり有効でない（図 5-19 参照）。対立遺伝子が劣性で、頻度が低いときには特にそうである。その場合、有害な対立遺伝子は長期間にわたって集団に存在し続けるので、突然変異率（μ）が頻度に影響する重要な力となってくる。たとえば対立遺伝子 A_2 は劣性で数も少ないとしよう。1 世代当たり μ の割合で突然変異が起こり、元からあった対立遺伝子（祖先的対立遺伝子）A_1 から A_2 に変化するとする。話を簡単にするために、A_2 から A_1 へ戻る突然変異は無視できるほど少ないと考える。A_1 と A_2 の頻度はそれぞれ p と q とする。

$p+q=1$、よって、$p=1-q$

A_2 の頻度 q は突然変異により増加する。世代ごとの対立遺伝子頻度の変化 Δq は、

$\Delta q = p \times \mu$

これは A_1 の初期頻度に、A_1 から A_2 への突然変異率を掛けたものである。突然変異率を p に掛けるのは、集団中のどの A_1 にも突然変異は起こり得るからだ。しかし、もし μ がつねに小さければ、突然変異による進

化的変化はわずかなものになる（A_2 が A_1 へ戻る量は $q \times \mu$ である。しかし q も μ も小さいため、それらを掛けたものは非常に小さくなる。そこで A_2 から A_1 へ戻る突然変異は無視する）。

対立遺伝子 A_2 が有害で劣性のとき、A_2 の頻度は突然変異によって増加し、自然淘汰によって減少する。したがって A_2 の頻度変化は以下のように表せる。

$$\Delta q = \Delta q \text{（突然変異による）} + \Delta q \text{（自然淘汰による）}$$

コラム５．５から

$$\Delta q \text{（自然淘汰による）} = (q \,/\, \overline{w}) \times a_{A_2}$$

a_{A_2} は対立遺伝子 A_2 の平均過剰適応度なので、

$$\Delta q \text{（自然淘汰による）} = (q \,/\, \overline{w}) \times [q \times (w_{22} - \overline{w}) + p \times (w_{12} - \overline{w})]$$

突然変異と自然淘汰による q の変化は、

$$\Delta q = \Delta q \text{（突然変異による）} + \Delta q \text{（自然淘汰による）} = p \times \mu + (q \,/\, \overline{w}) \times [q \times (w_{22} - \overline{w}) + p \times (w_{12} - \overline{w})]$$

A_2 は有害な劣性対立遺伝子なので、各遺伝子型の相

対適応度は以下のようになる。

遺伝子型：	A_1A_1	A_1A_2	A_2A_2
適応度：	w_{11}	w_{12}	w_{22}
	1	1	$1-s$ $(s>0)$

A_2 は劣性対立遺伝子なので、A_1A_1 と A_1A_2 の適応度は同じになる。A_2 が有害な対立遺伝子なので、A_2A_2 の適応度は、他よりも小さくなる。

ただし、A_2 は数が少ないうえに、突然変異による A_2 頻度の増加量も小さい。そのため集団内の A_2 頻度は無視できるほど小さい（$q \approx 0$)。したがって A_1 頻度は 1 に近い（$p \approx 1$)。

このとき集団の平均適応度は

$$
\begin{aligned}
\overline{w} &\approx p^2 \times w_{11} + 2pq \times w_{12} + q^2 \times w_{22} \\
&\approx 1 \times (1) + 0 \times (1) + 0 \times (1-s) \\
&\approx 1
\end{aligned}
$$

そして自然淘汰と突然変異の作用による A_2 の頻度変化は以下のようになる。

$$
\Delta q = p \times \mu + (q/\overline{w}) \times [q \times (w_{22} - \overline{w}) + p \times (w_{12} - \overline{w})]
$$

$$= 1 \times \mu + (q/1) \times [q \times (1 - s - 1) + 1 \times (1 - 1)]$$
$$= \mu + q \times (-sq)$$
$$= \mu - sq^2$$

$\Delta q = 0$ とすれば、突然変異と自然淘汰によって平衡に達した状態の A_2 頻度、$\hat{q}$（キューハットと読む）を求めることができる。平衡状態とは q が世代を経ても変化しないことなので、$\Delta q = 0$ になるのである。

$$0 = \mu - sq^2$$
$$sq^2 = \mu$$
$$q^2 = \mu/s$$
$$\hat{q} = \sqrt{\mu/s}$$

この式は、有害な対立遺伝子が劣性であるとき、その頻度は自然淘汰によって減少するが、ゼロにはならないことを示している。また、自然淘汰による除去と突然変異による供給がつり合って、集団が（その対立遺伝子に関して）平衡状態に達することも示している。

ただし多くの場合、劣性対立遺伝子の効果が優性対立遺伝子によって完全に隠されることはない。たいていの劣性対立遺伝子は、部分的に劣性なのだ。このような一般的な状況では、対立遺伝子がヘテロ接合体の中で発現する程度（これを優性係数［h］と呼ぶ）を導入した式を使用する。突然変異と自然淘汰がつり合っている状態を、優性係数を含めて記述すると以下のようになる。

$$\hat{q} = \mu / hs$$

ここで hs は、適応度の高いホモ接合体とヘテロ接合体の、相対適応度の差を表している。この方程式は、先ほどまで扱っていた劣性対立遺伝子が完全に劣性であるときの方程式とは直接比較できないが（最初の仮定が異なるため）、様々な場面で有用である。たとえば、ある対立遺伝子がほぼ劣性で有害である場合を考えてみよう。このとき、表現型にはたらく自然淘汰は弱くなるため、対立遺伝子にはたらく自然淘汰も弱くなる。適応度の高いホモ接合体に比べて、ヘテロ接合体の相対適応度はわずかに低いだけだろう。たとえば $hs =$ 1/10000 としよう。この場合、平衡に達した対立遺伝子頻度は以下のようになる。

$$\hat{q} = \mu / hs$$
$$\hat{q} = \mu / (1/10000)$$
$$\hat{q} = \mu \times 10000$$

完全に劣性な有害対立遺伝子の場合と同じく、ほぼ劣性な有害対立遺伝子の場合にも、自然淘汰と突然変異がつり合って、対立遺伝子頻度は平衡状態に達する。もしも突然変異が起こらず、自然淘汰だけがはたらけ

ば、有害対立遺伝子は最終的に除去される（$\mu = 0$ なので、$\hat{q} = 0$ になる）。逆に負の淘汰がはたらかず、突然変異だけが起こるなら、対立遺伝子は最終的に集団に固定される。自然淘汰か突然変異の片方だけなら、平衡状態にはならない。しかし両者がそろうと、均衡が生じる。対立遺伝子頻度は低いもののゼロにはならず、長い間集団にとどまることだろう。

コラム 5.7　βグロビンの対立遺伝子の平均過剰適応度の計算

少なくとも過去2000年にわたり、中央アフリカと西アフリカに住む人々は、マラリアに苦しんできた。マラリアは寄生虫による病気であり、今日でも世界中のいたるところで主な死因となっている。過去のある時点で、アフリカ集団のβグロビン遺伝子に突然変異が起こり、対立遺伝子 S が生じた（以前からあった対立遺伝子は A とする）。「S」は赤血球が鎌状（sickle）になることに由来する。S のホモ接合体では赤血球が変形し、それが原因で重度の貧血（鎌状赤血球貧血）になる。その有害な効果にもかかわらず、対立遺伝子 S は世界の多くの場所で集団に定着した。その理由は、ヘテロ接合体（AS）にある。ホモ接合体（SS）では適応度が大きく低下するが、ヘテロ接合体では低下しない。それどころかマラリアが流行している地域では、ヘテロ接合体の適応度は A のホモ接合体（AA）の適応度よりも高くなる。なぜならヘテロ接合体は、マラリアの感染を防ぐことができるからだ。どうやらヘテロ接合体（AS）における対立遺伝子 S の有益な効果は、ホモ接合体（SS）の有害な効果を上回るらしい。この現象をよりよく理解するため、対立遺伝子 A と S の平均過剰適応度を計算し、対立遺伝子 S の頻度が変化したときに何が起こるのかを考えてみよう。

マラリアが存在する環境では、各遺伝子型の表現型と相対適応度は以下のように表せる。

遺伝子型：	AA	AS	SS
表現型（貧血）：	正常	正常	貧血
表現型（マラリア）：	感受性	抵抗性	感受性
適応度：	w_{AA}	w_{AS}	w_{SS}
	0.9	1.0	0.2

コラム5．5で取り上げたように、対立遺伝子 A の平均過剰適応度 a_A は、

$$a_A = [p \times (w_{AA} - \overline{w})] + [q \times (w_{AS} - \overline{w})]$$

そして対立遺伝子 S の平均過剰適応度 a_S は、

$$a_S = [p \times (w_{AS} - \overline{w})] + [q \times (w_{SS} - \overline{w})]$$

どちらの値も対立遺伝子の頻度と集団の平均適応度$\overline{w}$に左右される。ここで、突然変異によって集団内に対立遺伝子Sが出現したとする。このとき、ASに変異した１個体を除けば、集団はすべてAAで占められているので、$p \approx 1$、$q \approx 0$である。すると集団の平均適応度は、

$$\begin{aligned}\overline{w} &= p^2 \times w_{AA} + 2pq \times w_{AS} + q^2 \times w_{SS} \\ &= 1 \times (0.9) + 0 \times (1) + 0 \times (0.2) \\ &= 0.9\end{aligned}$$

対立遺伝子AとSの平均過剰適応度は、

$$\begin{aligned}a_A &= [p \times (w_{AA} - \overline{w})] + [q \times (w_{AS} - \overline{w})] \\ &= [1 \times (0.9 - 0.9)] + [0 \times (1 - 0.9)] \\ &= 0\end{aligned}$$

$$\begin{aligned}a_S &= [p \times (w_{AS} - \overline{w})] + [q \times (w_{SS} - \overline{w})] \\ &= [1 \times (1 - 0.9)] + [0 \times (0.2 - 0.9)] \\ &= 0.1\end{aligned}$$

この計算から、対立遺伝子Sが少ないときは、Sの平均過剰適応度が正の値になることがわかる。ホモ接合体になった場合は非常に有害であるにもかかわらず、対立遺伝子Sは自然淘汰によって頻度が増加していくのだ。集団がランダム交配をしているとすれば、しば

らくの間はSのホモ接合体（SS）の頻度は0である。集団中のほとんどの個体はAAなので、Sを持つ個体（AS）が交配するとしたら、その相手はAAしかいない。したがって、SSの子は生まれないのである（ASがAAと交配すると、その子はAAかASにしかならない）。集団にはホモ接合体SSが存在しないため、有害な効果は表れない。自然淘汰に関係するのは、マラリアへの抵抗性という有益な特徴だけだ。そこで正の淘汰がはたらき、対立遺伝子Sの頻度を増加させるのである。

次に、対立遺伝子Sの頻度（q）が0から0.1へ増加した場合を考えてみよう。そのときの集団の平均適応度は、

$$
\begin{aligned}
\bar{w} &= p^2 \times w_{AA} + 2pq \times w_{AS} + q^2 \times w_{SS} \\
&= 0.81 \times (0.9) + 0.18 \times (1) + 0.01 \times (0.2) \\
&= 0.911
\end{aligned}
$$

対立遺伝子AとSの平均過剰適応度は、

$$
\begin{aligned}
a_A &= [p \times (w_{AA} - \bar{w})] + [q \times (w_{AS} - \bar{w})] \\
&= [0.9 \times (0.9 - 0.911)] + [0.1 \times (1 - 0.911)] \\
&= -0.001
\end{aligned}
$$

$$
\begin{aligned}
a_S &= [p \times (w_{AS} - \bar{w})] + [q \times (w_{SS} - \bar{w})] \\
&= [0.9 \times (1 - 0.911)] + [0.1 \times (0.2 - 0.911)] \\
&= 0.009
\end{aligned}
$$

対立遺伝子Sの頻度が増加すると状況は変化した。a_Sはやはり正だが、以前ほど大きな値ではない。集団内でSが増えてきたので、Sのホモ接合体（SS）が少し生まれ始めたのだ。誕生したSSの適応度は著しく低いので、Sの平均過剰適応度は低下していく。一方、ヘテロ接合体（AS）頻度は増加し、ASの有利さはさらに顕著になる。この時点までは、対立遺伝子Aの平均過剰適応度はわずかだが負の値をとり続け、この先もSの平均過剰適応度は正の値をとり続けた。したがって集団は、この先もSが増加しAが減少していくと予想される。

だが本当にそうだろうか。対立遺伝子Sが集団内に増えていくと、ホモ接合体SSがつねに生まれるようになるだろう。そうなるとa_Sの値は減少し始めるのではないだろうか。果たして実際にそうなるのだ。たとえば、対立遺伝子Sの頻度が0.2になると、Sの平均過剰適応度は負の値になってしまう。

このとき、$p = 0.8$、$q = 0.2$であるから、

$$\begin{aligned}\overline{w} &= p^2 \times w_{AA} + 2pq \times w_{AS} + q^2 \times w_{SS} \\ &= 0.64 \times (0.9) + 0.32 \times (1) + 0.04 \times (0.2) \\ &= 0.904\end{aligned}$$

対立遺伝子AとSの平均過剰適応度は、

$$a_A = [p \times (w_{AA} - \overline{w})] + [q \times (w_{AS} - \overline{w})]$$

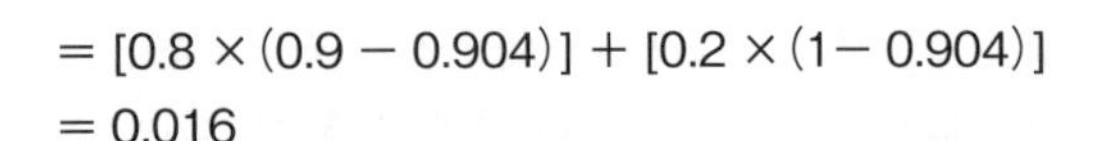

$$= [0.8 \times (0.9 - 0.904)] + [0.2 \times (1 - 0.904)]$$
$$= 0.016$$

$$a_S = [p \times (w_{AS} - \overline{w})] + [q \times (w_{SS} - \overline{w})]$$
$$= [0.8 \times (1 - 0.904)] + [0.2 \times (0.2 - 0.904)]$$
$$= -0.064$$

対立遺伝子Sが増えていくと、ついには平均過剰適応度が0以下になり、負の淘汰がはたらき始める。このように、ホモ接合体よりもヘテロ接合体が有利な場合、自然淘汰は集団内の遺伝的多様性をいつまでも維持する仕組みとなる。Sの数が少なければ、自然淘汰はその頻度を増加させる。しかし自然淘汰によってSが集団に固定することはない。Sの数が多くなると、自然淘汰はこれまでとは反対に、その頻度を減少させるようにはたらき始めるからである。

この例では、遺伝子型の相対適応度は一定とし、対立遺伝子Sの頻度だけが自然淘汰を変化させる要因とした。この仮定はマラリアが流行している地域の実情によく合っている。そのような環境でこそヘテロ接合体（AS）が適応的に有利になるからである。

一方、マラリアの存在しない地域ではどうなるだろうか。このような地域の集団では、各遺伝子型の表現型と相対適応度は以下のように表せる。

遺伝子型：　AA　AS　SS

表現型：	正常	正常	貧血
適応度：	w_{AA}	w_{AS}	w_{SS}
	1.0	1.0	0.2

遺伝子型 AS の適応度は AA の適応度と同じである。対立遺伝子 S の唯一の効果は、ホモ接合体 SS に生じる有害なものだけとなる。この場合は、頻度にかかわらず S の平均過剰適応度が負になるのは明らかだが、一応計算によって確かめてみよう。対立遺伝子 S の頻度を 0.1 と仮定する。

つまり $p = 0.9$、$q = 0.1$ になる。

$$\begin{aligned}\bar{w} &= p^2 \times w_{AA} + 2pq \times w_{AS} + q^2 \times w_{SS} \\ &= 0.81 \times (1) + 0.18 \times (1) + 0.01 \times (0.2) \\ &= 0.992\end{aligned}$$

対立遺伝子 A と S の平均過剰適応度は、

$$\begin{aligned}a_A &= [p \times (w_{AA} - \bar{w})] + [q \times (w_{AS} - \bar{w})] \\ &= [0.9 \times (1 - 0.992)] + [0.1 \times (1 - 0.992)] \\ &= 0.008\end{aligned}$$

$$\begin{aligned}a_S &= [p \times (w_{AS} - \bar{w})] + [q \times (w_{SS} - \bar{w})] \\ &= [0.9 \times (1 - 0.992)] + [0.1 \times (0.2 - 0.992)] \\ &= -0.072\end{aligned}$$

マラリアが存在しなければ、自然淘汰は対立遺伝子 S

の頻度を減らすように強くはたらく。

βグロビンについての調査は、自然淘汰の重要な事実を明らかにした。1つ目は、対立遺伝子の増減は、対立遺伝子自身の頻度に影響されることだ。2つ目は、遺伝子型の相対適応度（および平均過剰適応度）は環境によって変化することだ。今回の場合、マラリアの多い環境では、自然淘汰は対立遺伝子Sを（ある程度まで）増加させた。しかしマラリアのない環境では、自然淘汰はSを減少させる方向に作用した。

自然淘汰のこのようなパターンは、対立遺伝子Sの世界的分布に影響している。対立遺伝子Sの頻度分布を地図にすると、マラリアの地理的分布とよく似たものになるのである。

5.7 近親交配と王朝の崩壊

鎌状赤血球貧血の例は、逆説的だが、自然淘汰がどのようにして病気を集団に保持するのかを示してくれた。それでは次に、集団内に病気が現れる別の仕組みを見てみよう。近親交配である。少数の有害な突然変異でも、近親交配がおこなわれればホモ接合体になってしまうのだ。人間社会にも自然界にも多くの例があるが、ここではその中でも劇的な例であるスペイン帝国の崩壊を取り上げよう。

ハプスブルク家は1516年にスペインを支配下に置き、その勢力を急速に拡大した。スペイン国王カルロス2世は、このハプスブルク家の出身であった（図5-22）。1665年にカ

図5-22　スペイン国王カルロス２世は、100年以上にわたる近親交配の犠牲者である。その影響で、カルロス２世は身体的にも精神的にも脆弱であった。

ルロス２世が国王に即位したとき、スペイン帝国は世界最強の帝国だった。その勢力は、新世界ではカリフォルニアから南アメリカ南端のティエラ・デル・フエゴまでおよんでいた。ヨーロッパではイタリアの半分を所有し、ほかにもフィリピンとカリブ海の大部分を支配していた。しかしその黄金期も終わりに近づいていたのである。

カルロス２世は４歳で王位についた。そのときから彼が不幸な君主であることは明らかだった。カルロス２世はいくつもの先天的な異常を持っていたのだ。あごが大きすぎて咀嚼が困難で、舌も大きくて何をしゃべっているのかよくわからなかった。８歳になるまで歩くことができず、学習能力も乏しいので正規の教育を受けることができなかった。生涯下痢と嘔吐に苦しめられ、30歳のときにはすでに老人のようだったという。カルロス２世は「呪われた人」と呼ばれていた。すべては魔術をかけられたせいだと信じられていたのだ。

カルロス２世の治世下でスペインの国力は衰えた。小規模な戦争がいくつか起こり、経済が縮小した。しかし最大の問題は、カルロス2世に後継ぎを作る能力がないことだった。これはハプスブルク家が、長年恐れてきたことだった。スペインの統治権を失わないために、ハプスブルク家は一族の間で結婚を繰り返してきたのである。だが、結局カルロス2世は、2人の妻との間に子どもができなかった。王位を継承できる兄弟や適当な親族もいなかった。カルロス2世が1700年に39歳の若さで亡くなると、王位はカルロス2世の異母姉とフランスのルイ14世の孫にあたるフランスのアンジュー公フィリップへと継承された。

フィリップはスペイン王になっただけではなく、フランスの王位継承権も持っていた。つまりフィリップは、スペインとフランス両方の国王になれるのだ。これは他のヨーロッパ諸国を震撼させた。そしてフィリップの巨大帝国誕生を阻止するために、イギリス、オランダ、神聖ローマ帝国などが、宣戦を布告した。戦闘はヨーロッパだけでなく、植民地でもおこなわれた。北アメリカのカロライナのイギリス人は、フロリダのスペイン人と戦い、カナダでもフランス・インディアン連合軍と戦った。

このスペイン継承戦争では1714年の終戦までに数十万人の命が失われた。スペインとフランスは敗戦し、領土のかなりの部分を失った。フィリップはフランス王位継承権を放棄させられた。スペインは凋落し、イギリスが世界最強の帝国へと歩み始めた。

もちろんスペイン継承戦争のように大きな歴史的事件を、1つの要因だけで説明することはできない。しかしスペイン継承戦争の最大の原因の一つが、集団遺伝学にかかわる事実であることは確かだろう。つまり、スペイン王たちの遺伝子

がハプスブルク家の中でどう受け継がれていったか、ということだ。

王朝にはよくあることだが、ハプスブルク家も親族間での結婚が多かった。いとこ同士の結婚は珍しくなく、叔父と姪が結婚することさえあった。親族同士の結婚には、権力を一族が保持できるという良い面もあるが、近親交配という副作用も存在する。

本章の前半で取り上げたように、頻度の低い劣性対立遺伝子は、たとえ有害でも、集団が大きければ保持される。なぜなら頻度の高い優性対立遺伝子が（ヘテロ接合体となることで）劣性対立遺伝子の効果を隠してしまうからである。しかし近親交配がおこなわれると、少数の劣性対立遺伝子もホモ接合体になってしまう。両親が近縁なため、その子どもは頻度の低い対立遺伝子を、父からも母からも受け継ぐ可能性が高いからである。近縁者同士が結婚して子どもを作ると、その子どもがこれらの対立遺伝子でホモ接合体となる確率は、他人同士の子どもに比べて格段に高くなるのだ。両親が近縁であるほどその確率は高まる。そうすると劣性対立遺伝子が2つそろってホモ接合体となり、表現型に影響をおよぼすようになる。

近親交配それ自体は、集団中の対立遺伝子頻度を変化させない。少数の劣性対立遺伝子を並べ替えて、ホモ接合体を作るだけである。つまり近親交配とは進化のメカニズムではなく、進化の起こりやすい状況を作り出すものといえる。少数の劣性対立遺伝子には有害なものがあり、それらはホモ接合体になると遺伝病を発症させる。自然淘汰はこれらの劣性対立遺伝子の頻度を低下させ、集団の遺伝的多様性を減少させるのだ。

2009年にスペインのサンティアゴ大学の遺伝学者ゴンザロ・アルヴァレズらは、カルロス2世を含むハプスブルク家の近親交配の程度を、詳細な系図を作ることにより調査した。カルロス2世の祖先と親戚3000人の血縁関係を作図し（図5-23)、カルロス2世の遺伝子座がホモ接合である確率を計算した。彼の父フェリペ4世は、彼の母マリアナ・デ・アウストリアの伯父だった。さらにフェリペとマリアナも、16世紀初期まで遡る近親交配の歴史の落とし子であった。その結果、カルロス2世の**近交係数***17は、普通の伯父と姪の結婚によって生まれた子どもよりもはるかに高かった（図5-24)。実際、カルロス2世の近交係数は、兄と妹（または姉と弟）の間に生まれた子どもよりも高かったのだ。

近親交配もここまで進むと、ハプスブルク家の人々の遺伝子座におけるホモ接合の数は、劇的に増加していたはずだと、アルヴァレズらは考えた。しかし、故人のDNAを直接調べてホモ接合の数を確認することはできなかったので、ハプスブルク家の乳児死亡率から間接的にこの仮説を検証した。ホモ接合率が高くなるほど、致死的な遺伝病の発症率は高くなるからだ。アルヴァレズらが調べてみると、実際にハプスブルク家の乳児死亡率は非常に高かった。スペインの王族として快適な生活を送っていたにもかかわらず、ハプスブルク家の乳児たちは約半数しか最初の誕生日を迎えることができなかった。ちなみに同時代のスペインの農村では、1歳まで生きられた乳児は5名のうち4名だった（図5-25)。

カルロス2世は長年にわたる近親交配によって劣化した遺伝子型を受け継いでしまった。カルロス2世の症状の多くは2つの珍しい遺伝病によるものだろうと、アルヴァレズは考えている。複合下垂体ホルモン欠損症と遠位尿細管性アシ

ドーシスだ。また、近親交配により不妊の原因となる劣性対立遺伝子のホモ接合も生じる。カルロス２世に子どもができなかったのは、たぶん、そのためだ。ハプスブルク家の凋落と18世紀における世界の勢力図の変化の一因は、近親交配だったのだ。

近親交配が見られるのは王朝だけではない。少人数の創始者からなる集団の子孫が他の集団から孤立していたら、その集団の遺伝的多様性の元は創始者の遺伝子だけである。創始者がヘテロ接合体として持ち込んだ劣性対立遺伝子は、ホモ接合体になって子孫の表現型に表れるかもしれない。もしその劣性対立遺伝子が有害なら、ホモ接合体の適応度は低下するだろう。それらの個体は遺伝病に苦しみ、子どもができにくいかもしれない。子どもが少なければ、自然淘汰によってこの劣性対立遺伝子は集団から取り除かれる。その結果、近親交配をしている集団の遺伝的多様性はますます低くなる。この**近交弱勢**＊18として知られる現象によって、すでに遺伝的浮動により減少している対立遺伝子の多様性は、近親交配と自然淘汰によってさらに打撃を受けるのだ。

現在のノーフォーク島の島民は、創始者効果とボトルネックによる遺伝的遺産を受け継いでいる。最初の移入者が持っていたとされるいくつかの対立遺伝子の頻度は、近隣のオーストラリアやポリネシアの集団よりも、ノーフォーク島の集団の方がはるかに高い。また、ノーフォーク島民は高血圧と肥満の患者数が非常に多く、遺伝性の心臓血管病危険因子の保有率も高い。

創始者効果、ボトルネック、そして集団規模の小ささは、絶滅危惧種を救おうとしている保全生物学者の心配の種である。ある種が生息地の多くを失うと、個体数が減少して集団

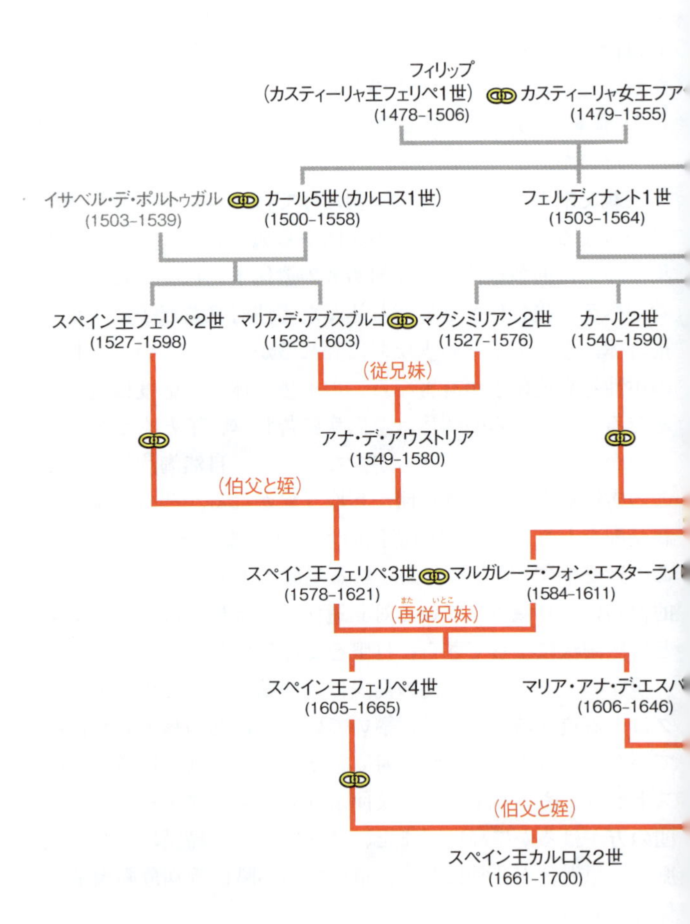
フィリップ
(カスティーリャ王フェリペ1世)
(1478-1506)
カスティーリャ女王フア
(1479-1555)
イサベル・デ・ポルトゥガル
(1503-1539)
カール5世(カルロス1世)
(1500-1558)
フェルディナント1世
(1503-1564)
スペイン王フェリペ2世
(1527-1598)
マリア・デ・アブスブルゴ
(1528-1603)
マクシミリアン2世
(1527-1576)
カール2世
(1540-1590)
(従兄妹)
アナ・デ・アウストリア
(1549-1580)
(伯父と姪)
スペイン王フェリペ3世
(1578-1621)
マルガレーテ・フォン・エスターライ
(1584-1611)
(再従兄妹)
スペイン王フェリペ4世
(1605-1665)
マリア・アナ・デ・エスパ
(1606-1646)
(伯父と姪)
スペイン王カルロス2世
(1661-1700)

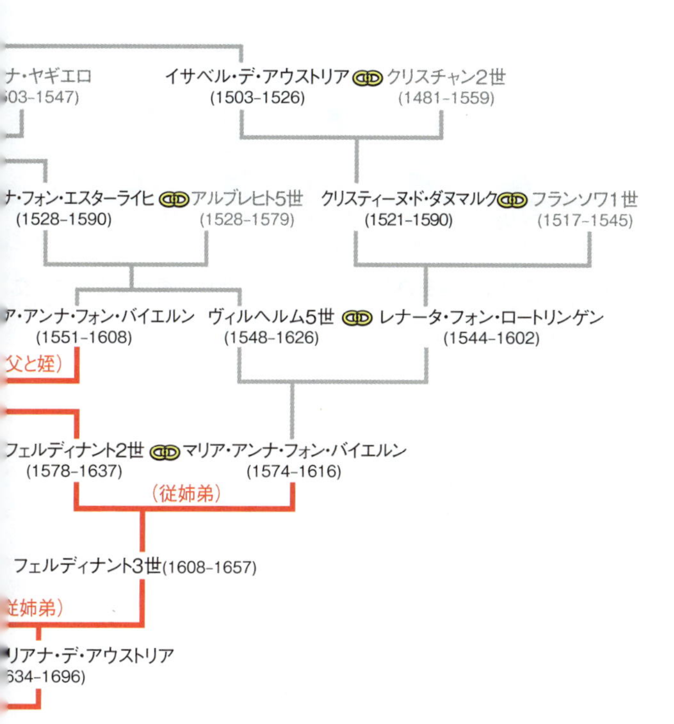

図 5-23　ハプスブルク家は権力を保持するために、一族同士で結婚を重ねた。その近親交配の結果、子孫は様々な遺伝病に苦しむことになった。ゴンザロ・アルヴァレズらはカルロス２世の親族 3000 名の系譜を追跡し、近親交配の程度を推定した。

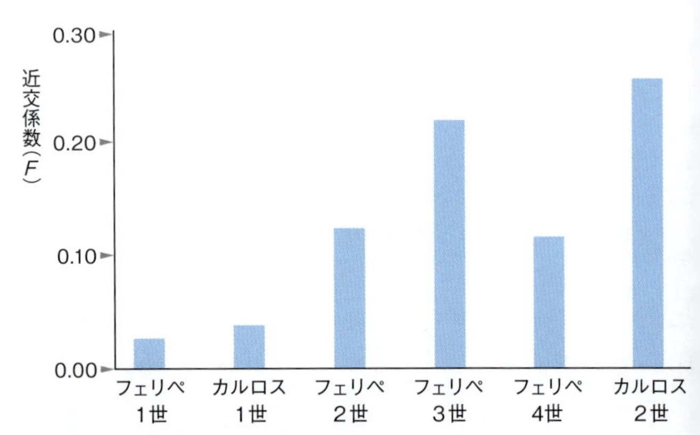

図5-24　スペイン国王の近親交配の程度。世代を重ねるごとに近交係数は増加する傾向にある。カルロス２世の近交係数は、兄妹（姉弟）間に生まれる子どもの近交係数 0.25 よりも高い。（アルヴァレズら、2009 年より改）

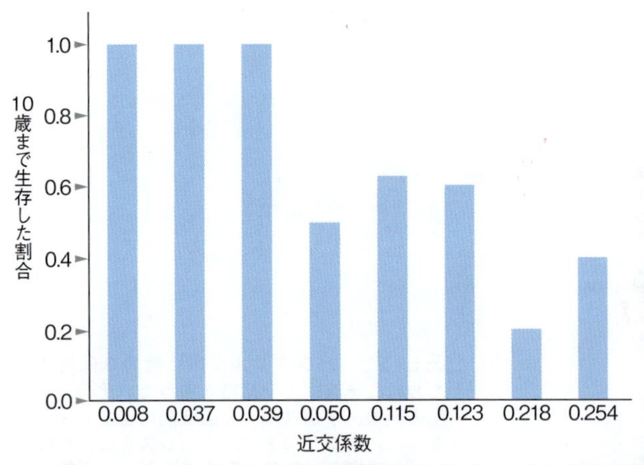

図5-25　ハプスブルク家における近親交配と子どもの生存率の関係。近交係数が高いほど、乳児生存率は低くなる。そのためスペイン王家には子どもが少なく、カルロス２世は後継ぎを残すことなくこの世を去った。（アルヴァレズら、2009 年より改）

が小さくなる。集団が小さくなると、遺伝的浮動によって対立遺伝子の多様性が減少する。さらに集団が小さくなると近親交配が始まり、ホモ接合が増加して、健康や能力や適応度に有害な影響が表れる。そこまでくると小集団には病気と不妊が広がり、さらなる個体数の減少を引き起こす。そして、もしも保全生物学者が個体数を回復させたとしても、ボトルネック効果が尾を引いて、遺伝的多様性の低さに苦しむことになるのだ。

＊17　**近交係数**：１個体の任意の遺伝子座において、２つの対立遺伝子が祖先の同一対立遺伝子に由来する確率。
＊18　**近交弱勢**：近親交配によって生まれた個体の平均適応度が、異系交配（類縁の遠い個体間の交配）によって生まれた個体の平均適応度よりも低いこと。有害だが数が少ない劣性の対立遺伝子が、ホモ接合になり表現型に表れることが原因である。

選択問題

１．ある遺伝子座に、優性と劣性の対立遺伝子があるとする。このとき、ヘテロ接合体と劣性ホモ接合体が交配するとどうなるか。

a.　その子どもはヘテロ接合体か、劣性ホモ接合体になる。
b.　その子どもは優性ホモ接合体か、ヘテロ接合体か、劣性ホモ接合体になる。
c.　両親と同じ対立遺伝子を持っているので、子孫は進化しない。
d.　この集団では、劣性対立遺伝子は最終的に優性対立遺伝子になる。

e. a～dのいずれにも該当しない。

2. ハーディー・ワインベルクの定理はなぜ進化学に重要なのか。

a. 優性対立遺伝子が劣性対立遺伝子よりも一般的であることを示しているから。

b. 外的要因がなければ、集団における対立遺伝子頻度は世代を重ねても変化しないことを示しているから。

c. 1つの遺伝子座には2つの対立遺伝子のうち、どちらか1つしか存在できないことを示しているから。

d. ヘテロ接合体がつねに優れていることを示しているから。

e. 生物が進化することを示しているから。

3. 対立遺伝子頻度がハーディー・ワインベルク平衡にもっとも近い集団は次のどれか。

a. 急激に生息環境が変化した集団。

b. 新たな個体が頻繁に流入している集団。

c. 現在は進化が起きていない大きな集団。

d. 個体数が周期的に増減する集団。

4. 遺伝的浮動について誤っているものはどれか。

a. 種からある対立遺伝子を失わせることがある。

b. 小集団よりも大集団で急速に作用する。

c. 集団をつねに進化させ続ける原因である。

d. aとb

e. bとc

5. ボトルネックによって集団に起こることはどれか。

a. 対立遺伝子の消失

b. 遺伝的多様性の低下
c. 遺伝的浮動の増加
d. a～cのすべてが起こる
e. a～cのいずれも起こらない。

6.「対立遺伝子の適応度」とは何か。

a. 対立遺伝子が集団内で生き残る能力
b. 遺伝子型の強さと健康への対立遺伝子の寄与
c. 遺伝子型の繁殖成功への対立遺伝子の寄与
d. 対立遺伝子が優性か劣性か
e. 対立遺伝子が有害か有益か

7. ある遺伝子座で一番適応度が高い対立遺伝子は、集団に広がるか。

a. つねにそうなる。
b. 決してそうはならない。
c. 自然淘汰の強さによる。
d. 自然淘汰の強さと集団の大きさによる。

8. 集団に突然変異が起きて新しい有害対立遺伝子が生じたとき、その対立遺伝子頻度はどうなると予想されるか。

a. 対立遺伝子の表現型への効果によって異なる。もし劣性対立遺伝子なら、少数でも長期間にわたって集団に残る可能性がある。
b. 対立遺伝子の表現型への効果によって異なる。もし劣性対立遺伝子なら、集団内に残るかどうかは遺伝的浮動によって決まる。
c. 対立遺伝子はずっと少数のままなので、ホモ接合体になって表現型に表れることはほとんどない。

d. 有害な対立遺伝子はつねに集団から即座に除去される。

e. aとbとc

9. 平衡淘汰について正しく述べたものはどれか。

a. 有性生殖をする種にだけ起こる現象である。

b. ヒトでは、鎌状赤血球貧血を起こす対立遺伝子 S を集団中に維持するはたらきをしている。

c. ヘテロ接合体が高い適応度を持っているときには起こらない。

d. 鎌状赤血球貧血がマラリアが多い地域で見られない理由である。

e. いずれも正しくない。

10. 近親交配に関する記述のうち、正しいものはどれか。

a. 近親交配は進化のメカニズムではない。

b. 近親交配は個体の適応度に影響をおよぼすが、必ずしも集団中の対立遺伝子頻度を変えるとはかぎらない。

c. 近交弱勢は保全生物学者が憂慮している現象である。

d. 近親交配は子孫の2つの対立遺伝子が両方とも祖先の同一遺伝子に由来する確率を高める。

e. a～dはすべて正しい。

【解答】 1. a　2. b　3. c　4. b　5. d　6. c　7. d　8. e　9. b　10. e

第6章

量的遺伝学と表現型の進化

ホピ・フークストラは毎年2月になると、ニューイングランドに住む人々と同じことをする。飛行機で南へ向かい、フロリダのビーチで数週間を過ごすのだ。しかし、ハーバード大学の生物学者であるフークストラにとって、この旅は休暇ではない。フロリダの砂浜で同僚たちと、生物の適応に関する分子的証拠を探すのである。彼女たちは、ダーウィンが夢見ていたことを実行しているのだ。

雪のように白い砂丘を歩きながら、彼女と学生は小さな金属の箱をいくつも砂に埋めていく。箱の中には餌が入っている。そして、しばらくしてから箱を埋めた場所に戻り、小さなお客が罠にかかっていないか調べるのだ。彼女たちのお客は、ハイイロシロアシマウス（*Peromyscus polionotus*）である。砂丘の地下の巣穴に棲んでいて、夜になると植物の種子を集めるために外に出てくる。腹部とわき腹は白く、背中の中央には小麦色の細い帯がある（図6-1）。

ハイイロシロアシマウスは内陸にも生息している。内陸では、放棄された農地や開けた森林地帯の、粘土質の黒い土壌

図6-1　ホピ・フークストラはハーバード大学の進化生物学者である。彼女はハイイロシロアシマウスの毛の色に関する遺伝的な仕組みを明らかにした。

を掘って巣穴を作る。内陸のハイイロシロアシマウスの毛色は、砂浜のものとはかなり違う。背中は濃い茶色で、腹部の白い部分は小さい。

両者の毛色は､それぞれが生息する環境とよく合っている。砂浜のマウスの明るい毛は、白い砂浜に溶け込み、内陸のマウスの暗い毛は、古い畑の土に似ている。さらに興味深いことに、ハイイロシロアシマウスが棲んでいるフロリダの砂浜とその沖の砂州島ができたのは、わずか4000～6000年前なのだ。暗い毛のマウスはたった数千年で、明るい毛色を進化させたのである。

2000年代の初めにフークストラは、環境への適応を調べる研究において、ハイイロシロアシマウスがすばらしいサンプルであることに気づいた。集団は最近分かれたばかりだが、すでに表現型がはっきりと異なっている。しかもこの表現型は遺伝する。実験室でハイイロシロアシマウスを繁殖させると、暗い色の両親からはたいてい暗い色の子どもが生まれ、明るい色の両親からはたいてい明るい色の子どもが生まれる。特に背中の色は、親から子へと正確に伝えられる。つまり毛色は、少なくとも部分的には、遺伝的に決まっているのだ。精子や卵子によって、親から子へと伝えられるのである。

過去100年間にわたって遺伝学者がマウスを研究してきた実績も、フークストラがハイイロシロアシマウスに注目した理由だ。1900年代初頭にメンデルのエンドウマメに関する遺伝学的研究が再発見されると、すぐに研究者たちは、エンドウマメのように遺伝学的研究ができる動物を探し始めた。そしてハツカネズミ（*Mus musculus*）が選ばれ、最初に研究された表現型の一つが毛の色だったのだ。その後の100年間で数千個におよぶ遺伝子の機能が研究され、2002年には全ゲノムが解読された。ハツカネズミとハイイロシロアシマウス（*Mus* 属と *Peromyscus* 属）の祖先は2500万年以上前に分岐したらしい。しかし今でも両者は十分に似ている。少なくともハツカネズミの膨大な研究成果を、ハイイロシロアシマウスに応用できる程度には似ているのである。

6.1　量的形質の遺伝学

生存と繁殖に重要な多くの形質は、複雑な遺伝的基盤を持っている。これらの遺伝子はポリジーンで、発現には多数の遺伝子が関与している。形質は、対立遺伝子間の相互作用に依存することもあり（エピスタシスなど）、あるいは環境と対立遺伝子の相互作用によって形成されることもある（表現型可塑性）（コラム6.1）。これらの形質は多数の対立遺伝子の影響を受けているため、その変異は連続的になることが多い。そのため個体間の差異は定性的というよりもむしろ定量的になる。種類が違うのではなく、程度の違いなのだ（図6-2）。このような複雑な表現型の進化を扱う分野は、**量的遺伝学**＊1と呼ばれる。量的遺伝学では、遺伝的変異、環境変異、そして遺伝と環境の相互作用を含むモデルをよく使う。

集団遺伝学者と量的遺伝学者は、遺伝子型から表現型にいたる関係の、それぞれ反対側から進化にアプローチする。集団遺伝学者は遺伝子座の対立遺伝子から始め、遺伝子型から表現型を組み立てていく。一方、量的遺伝学者はトップダウン方式を採用し、集団における表現型の分布からスタートする。そして自然淘汰などによって、表現型の分布がどのように変化していくかを明らかにするのだ。

量的遺伝学者にとってもっとも重要な情報の一つが、集団

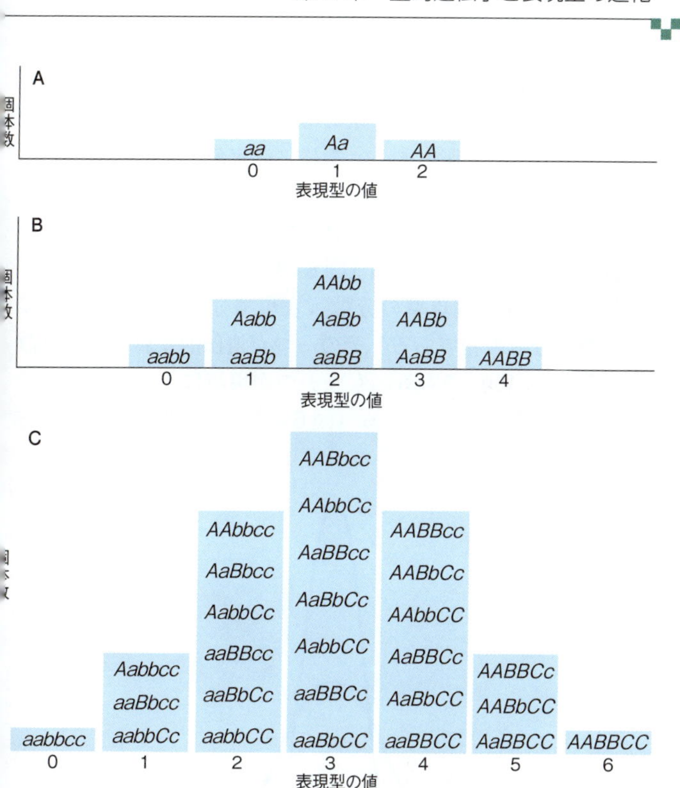

図6-2　ハーディー・ワインベルクの定理は、形質が複数の遺伝子座の影響を受ける場合にも拡張できる。遺伝子座が増えれば、生じる遺伝子型の組み合わせは増加するので、表現型も増えることになる。たとえば、体長に相加的効果を与える2つの対立遺伝子が、1つの遺伝子座に存在する場合を考える。仮に、効果の小さい対立遺伝子（a）が示す表現型の値を0、効果の大きい対立遺伝子（A）が示す表現型の値を1とする。すると3つの遺伝子型（aa、Aa、AA）と3つの表現型（0、1、2）が生じる（**A**）。2つの遺伝子座にそれぞれ2つの対立遺伝子がある場合は、9つの遺伝子型と5つの表現型が生じる（**B**）。3つの遺伝子座にそれぞれ2つの対立遺伝子がある場合は、27個の遺伝子型と7つの表現型が生じる（**C**）。遺伝子座が増えるにつれて表現型の数も増加し、表現型の変異は連続的な変化に近づいていく。（プロミンら、2009年より改）

における形質の変異量の見積もりである。これを**分散**＊2と呼ぶ。まず、形質の分散を求めるために、集団中の多数の個体について形質を測定する。次に、測定値が集団の平均値からどのくらい外れているか（偏差）を計算する。それから、各個体の偏差の2乗の和を個体数で割る。変異の幅が大きい形質ほど分散は大きくなる（図6-3）。

集団における表現型の分散（表現型分散：V_P）は、実際は複数の分散の和である。その一つが遺伝的差異による分散（遺伝分散：V_G）である。もう一つが環境によって生じる分散（環境分散：V_E）である（図6-4）。この関係は単純な方

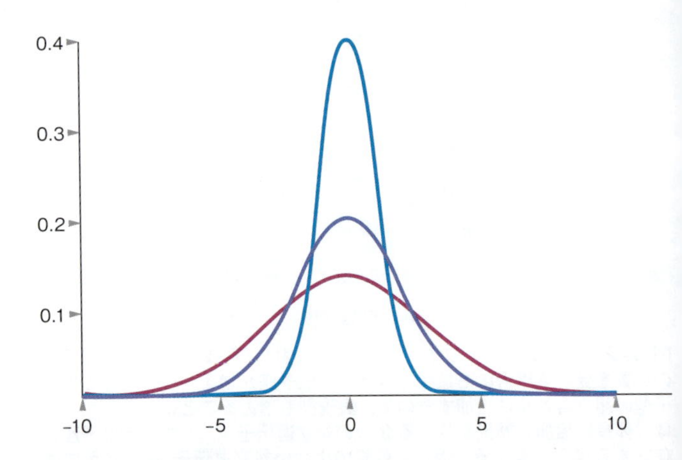

図6-3　複雑な表現型は集団内で連続的に変異し、その形質値は集団の平均値を中心に正規分布することが多い。図に3つの仮想的集団を示す。形質値の平均は3つとも0で、分散を1（高さが最高の曲線、青）から3（高さが最低の曲線、赤）まで変化させた。各分布の分散は、形質値が平均からどれくらい広がっているかを示す（数学的には、分散σ^2は標準偏差の2乗に等しい）。分散の増加に伴い、平均から大きく外れる形質値を持つ個体も増える。（コナーとハートル、2004年より改）

程式で表せる。

$$V_P = V_G + V_E$$

ある形質では表現型の分散に、遺伝子よりも環境が強く作用している。この場合、$V_E > V_G$ である。逆に、環境は表現型の分散にほとんど影響をおよぼさず、分散の主な原因が遺伝子である場合もある。この場合は、$V_E \approx 0$、$V_P \approx V_G$ である。「遺伝率」という用語は、表現型分散の中で遺伝分散が占める割合として使用される。

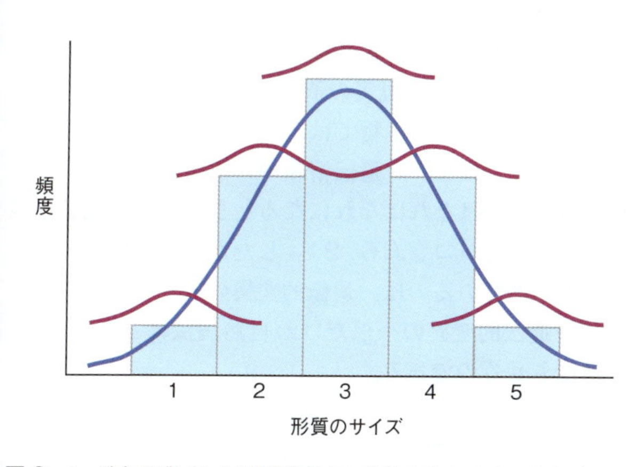

図6-4　遺伝分散 V_G と環境分散 V_E を組み合わせることによって、連続的な表現型分布が生じる。図は、対立遺伝子が２個ある遺伝子座が、２つある場合である。棒グラフは、２つの遺伝子座における対立遺伝子の相加的作用によって生じた５つの表現型値を表す（図6-2Bと同じ）。遺伝子型の分散は V_G である。棒グラフの上の小さな正規分布曲線は、各遺伝子型の表現型に対して、環境によって生じた表現型の分布（V_E）を示す。小さな分布は重なり合って、滑らかな正規分布曲線に近くなる（青い曲線）。つまり、遺伝と環境の影響が組み合わさることにより、連続的な表現型の分布が生じるのだ。（コナーとハートル、2004年より改）

この定義には、数学的にいくつかの表し方があり、それぞれ異なる問題を解決することに適している。たとえば量的遺伝学者は、以下のような広義の遺伝率（H^2）を用いることがある。

$$H^2 = \frac{V_G}{V_P} = \frac{V_G}{V_G + V_E}$$

広義の遺伝率は、遺伝と環境が、表現型にどのくらい影響しているかを測るのに適している。しかし、たとえば連続的変異に自然淘汰が作用する精密なモデルを作るときには、あまり適していない。

広義の遺伝率の問題は、すべての遺伝分散を１つの値で表現していることにある。現実の遺伝分散ははるかに複雑だ。たとえば有性生殖をする生物では、すべての遺伝的効果が子孫に伝わるわけではない。遺伝情報の一部は、染色体が分かれて対立遺伝子がはなればなれになるとき、つまり減数分裂のときに失われる（コラム６．２）。したがって、両親と子どもの表現型が似ているのは、遺伝的変異の一部のせいにすぎない。この遺伝的変異の一部だけが自然淘汰にさらされて、集団を進化させるのである。

このような事情があるので、V_G（遺伝分散）はいくつかの要素に分割されることがある。各要素はそれぞれ異なる方法で、対立遺伝子から影響を受ける。**第５章**で取り上げたように、ある対立遺伝子は相加効果を、また別の対立遺伝子は優性効果を持つ。ある遺伝子座の対立遺伝子の作用が、他の遺伝子座の対立遺伝子の影響を受ける場合もあり、これをエピスタシスと呼ぶ。この場合は、ある対立遺伝子の表現型への作用が、別の遺伝子座に対立遺伝子 A があるときと対立

遺伝子 B があるときで異なるのだ。

V_G を３つに分けることによって、上記の効果を方程式に含めることができる。

$$V_G = V_A + V_D + V_I$$

V_A は相加的遺伝分散、V_D は対立遺伝子の優性効果による分散（優性分散）、V_I は様々な遺伝子座における対立遺伝子間のエピスタシス的相互作用による分散(エピスタシス分散)を表している（V_I の I は「interaction（相互作用）」を表す。エピスタシスの頭文字の E を使って V_E としないのは、すでに環境分散の意味で V_E を使っているからである)。

これを先の等式に反映すると以下のようになる。

$$V_P = V_G + V_E$$
$$V_P = V_A + V_D + V_I + V_E$$

相加的遺伝分散 V_A は、進化の研究において特に重要である。なぜなら血縁者同士が似ている理由がそこにあるからだ。つまり血縁者同士は非血縁者とよりも、多くの対立遺伝子を共有しているのである。また、本章の後半で見るように、V_A は自然淘汰によって、集団の表現型分布に予測可能な進化を引き起こす。そのため、対立遺伝子の相加的遺伝分散が、表現型分散全体に占める割合を計算することは有用である。この値を**狭義の遺伝率**（h^2）＊3 という。h^2 は以下のように表せる。

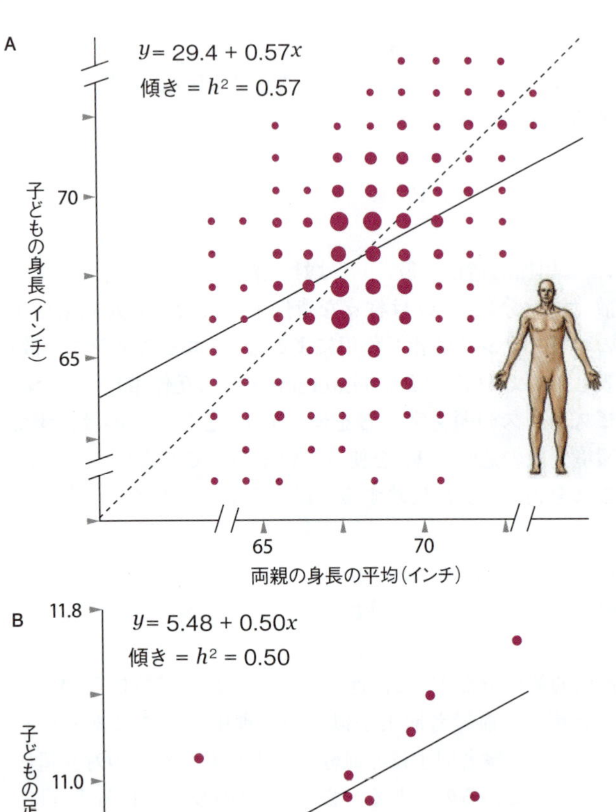
A
y= 29.4 + 0.57x
傾き = h² = 0.57
子どもの身長(インチ)
70
65
65
70
両親の身長の平均(インチ)

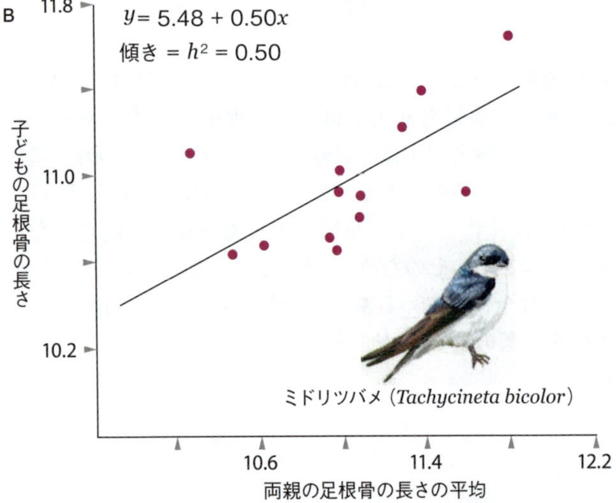
B
11.8
y= 5.48 + 0.50x
傾き = h² = 0.50
子どもの足根骨の長さ
11.0
10.2
ミドリツバメ(Tachycineta bicolor)
10.6
11.4
12.2
両親の足根骨の長さの平均

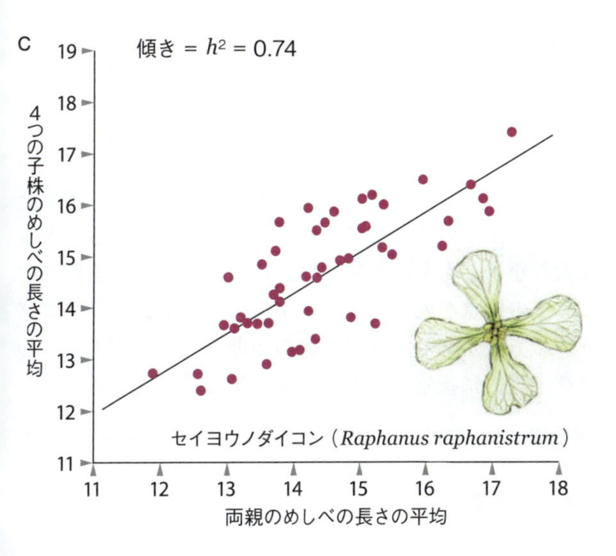

図６-５　狭義の遺伝率を推定する方法の一つは、親と子の形質値を測定することである。回帰直線の傾きが、狭義の遺伝率に等しくなる。（**A**）ヒトの身長（65インチは約165cm、70インチは約178cm）、（**B**）ミドリツバメの足根骨の長さ、（**C**）セイヨウノダイコンのめしべの長さ。いずれの形質も狭義の遺伝率を示す。（A：ゴールトン、1889年より。BとC：コナーとハートル、2004年より改）

$$h^2 = \frac{V_A}{V_P} = \frac{V_A}{V_G + V_E} = \frac{V_A}{V_A + V_D + V_I + V_E}$$

狭義の遺伝率を計算する方法はいくつもある。たとえば魚の体重について狭義の遺伝率を測定したいときは、研究室の水槽からランダムに選んだ1対を繁殖させ、親と子の体重を測ればよい。狭義の遺伝率が高いほど、子は親に似る。大きな魚は大きな子どもを産む傾向にあるのだ。類似性を測定するには、子の体重を両親の体重の平均に対して、グラフにプロットする方法がある。回帰直線の傾きから、体重の狭義の遺伝率を定量的に推定できる（コラム6．3、図6-5）。

＊1　**量的遺伝学**：連続的に変異する表現型と、その進化メカニズムの研究。

＊2　**分散**：形質値の平均からのばらつきを表す統計量。

＊3　**狭義の遺伝率**（h^2）：表現型分散の中で、対立遺伝子の相加的効果による分散（相加的遺伝分散）が占める割合。子が親に似る原因となる要素である。また自然淘汰によって、集団に予測可能な進化を生じさせる要因となる。

コラム 6.1　表現型可塑性：どれが進化なのか

1個体の生物が生きている間に変化することは、私たちもよく知っている。赤ん坊は大人になるし、冬が近づくと木は葉を落とす。サンショウウオはしっぽを切って逃げる。これらの多くは、環境の変化をうまく切り抜けるのに役立っている。たとえばカンジキウサギの毛色は、夏は茶色である。しかし秋になって日が短くなると、毛は白く変化する。白い毛はウサギを雪景色に溶け込ませ、捕食者に見つかりにくくさせるのだ。しかし、表現型可塑性として知られるこの変化は進化ではない。1個体が生きている間には、進化は起こらないのだ。個体の一生の間に生じる適応的な表現型の変化には、様々な遺伝子の発現が関係しているかもしれない。しかし、子どもへと伝えられる生殖細胞の対立遺伝子が変化するわけではない。進化は集団の対立遺伝子頻度が変化したときにだけ起こるのだ（第５章を参照）。

カンジキウサギの毛色の変化は、多くの遺伝子が相互作用する複雑な過程である。カンジキウサギは日照時間と気温の変化に反応する。すると、ホルモンが毛の細胞にシグナルを送り、最終的には新しい毛に含まれる色素の量と種類を変更するのだ。カンジキウサギ

図6-6　カンジキウサギの毛色は、背景に合わせて変化する。この毎年の変化は表現型可塑性であって進化ではない。

には、毛色の変化に関する対立遺伝子がいくつもある。したがって、表現型可塑性にも変異がある。たとえば個体ごとに、どれだけ敏感に気温や日光に反応するかが異なるのである。

カンジキウサギには、表現型可塑性に関して遺伝的変異がある。遺伝的変異があれば、表現型可塑性は進化できる。たとえば、白色個体の割合は集団によって異なる。茶色から白色になる時期が早い集団もある。少数だが、毛色が変化しない集団も存在する。

コラム 6.2　なぜ狭義の遺伝率 h^2 に優性遺伝やエピスタシスが含まれないのか

遺伝する表現型だけが、自然淘汰によって進化できる。形質の遺伝率は、親世代から子世代へと伝わる変異（個体間の違い）として考えられる。つまり、遺伝率は表現型分散の中の遺伝する要素だ。遺伝情報を共有しているため、血縁個体は似ているのだ。

しかし遺伝子は様々な方法で表現型に作用するし、そのすべてが親から子へと伝わるわけではない。対立遺伝子が相加的であるときは（第5章）、もう一方の対立遺伝子が何であれ、表現型につねに同じ影響を与える。両者は独立に作用するからである。このため相加対立遺伝子による表現型の違いは、正確に親から子へ

と伝えられる。対立遺伝子の相加的効果は血縁個体同士を似せ、また個体を自然淘汰によって進化させる。

優性遺伝をする対立遺伝子やエピスタシス対立遺伝子は、相加対立遺伝子とは異なる伝わり方をする。優性遺伝やエピスタシスは、対立遺伝子間の相互作用だ。優性遺伝は同じ遺伝子座の対になる対立遺伝子（もう一方の相同染色体上にある）との相互作用で、エピスタシスはゲノム上の他の遺伝子座にある対立遺伝子との相互作用である。どちらの場合も対立遺伝子の表現型への効果は、他の対立遺伝子に依存する。たとえば、体を小さくする劣性対立遺伝子の場合、もし同じ対立遺伝子と対になると（ホモ接合）、体を小さくする効果を発揮する。しかし異なる対立遺伝子と対になると（ヘテロ接合）、体の大きさには効果をおよぼさない。

優性遺伝をする対立遺伝子あるいはエピスタシス対立遺伝子の作用は、遺伝子型に左右される。しかし遺伝子型は減数分裂によって、世代ごとに解消される。相同染色体が分離して一倍体の配偶子を作るとき、対となる対立遺伝子の相互作用はすべて失われるのだ。また、染色体が組み換えられ、いろいろな組み合わせで配偶子に入るときに、異なる遺伝子座における対立遺伝子間の関係も失われる。つまり優性遺伝とエピスタシスは遺伝的変異に強く影響するものの、その効果は１世代かぎりなのだ。子孫に伝わらないため、血縁個体同士を似せる効果はない。そして、選択に対する進化的応答（115ページ参照）にも関係しない。このため狭義の遺伝率（h^2）は、対立遺伝子の相加的効果だけを含み、有性生殖をする二倍体の集団における、選択への進化的応答を予測するのに役立つのだ。

しかし、対立遺伝子間の相互作用が親から子へと伝わる状況も存在する。その場合は、優性遺伝やエピスタシスも遺伝率に含まれる。たとえば細菌は減数分裂をしない。無性生殖をする植物や動物も減数分裂をしない。そのためこれらの種では、エピスタシスが子孫の表現型に影響する。

減数分裂で対立遺伝子がかき混ぜられても、優性遺伝とエピスタシスの効果が残ることがある。たとえば近親交配がおこなわれている集団では、多くの対立遺伝子がホモ接合になっている（第５章）。そのため対立遺伝子間の相互作用は、親と子でほとんど変化しない。こういう場合（無性生殖や近親交配）は、広義の遺伝率（H^2）で選択への進化的応答を予測できる。

コラム 6.3　親子回帰直線の傾きが狭義の遺伝率 h^2 と等しい理由

狭義の遺伝率（h^2）は、表現型分散の中の、親から子へと伝わる割合である（コラム６．２）。したがって h^2 が、自然淘汰によって集団が進化する要因となる。h^2 を測定する方法の一つが親子回帰と呼ばれる方法で

ある。親子の表現型（の値）を測り、両親の平均値（x軸）に対する子の平均値（y軸）を１つの点としてプロットする。これを多くの親子についておこなって、回帰分析をするのだ。

多くの親子での結果をグラフ上にプロットすると、その相関はこの形質が親子でどの程度似ているかの指標となる。そこに明らかな正の相関（傾きがゼロより大きい）があれば、平均よりも形質値の大きい両親からは、形質値の大きい子どもが生まれる傾向がある（逆も成り立つ）。図6-7の上の２つのグラフは、このような正の相関関係を示している。

２種類の魚の体長を調べるとしよう。左右のグラフとも、親の値はx軸に、子の値はy軸に示されている（x軸もy軸も、原点が体長の平均値になっている）。どちらの回帰直線も正の傾きを持つが、左の方が傾きが大きい（それぞれの傾き（a）は0.8と0.2である）。つまり、左側のグラフの子は右のグラフの子よりも親と似ているのだ。

ここで、次世代になると表現型がどのように変わるのかを考えよう。自然淘汰などの進化のメカニズムがなければ、集団は進化しない。たとえ遺伝する形質でも、子の表現型は親と同じままなのだ（これは第５章で見たハーディー・ワインベルクの定理の表現型バージョンである）。

この集団が選択を受けると、どうなるだろうか。選択は世代間で対立遺伝子頻度を変える、強力な進化の

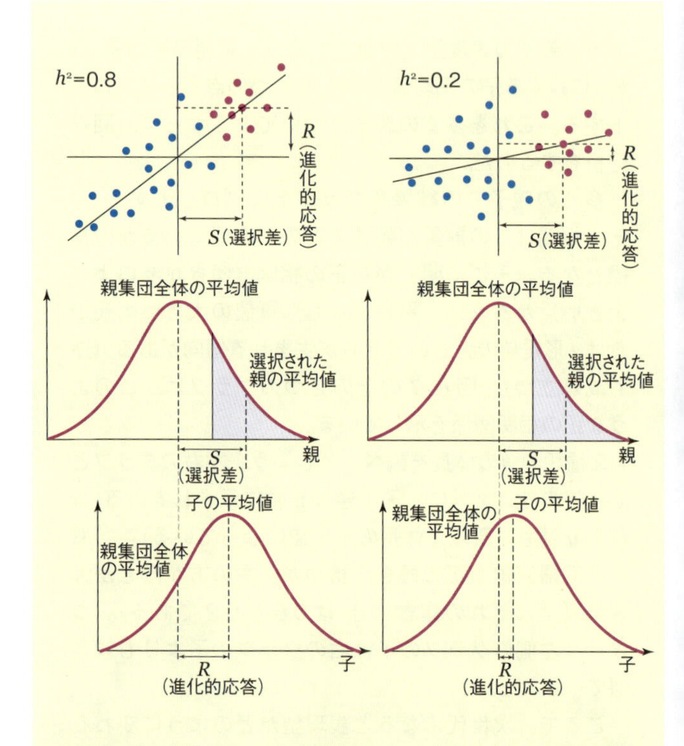

図6-7　上段の2つのグラフは2つの集団に対する親子回帰の結果を表している。赤の点は繁殖した個体を示す。集団全体の平均値と繁殖個体群の平均値の差は、選択差（S）である。選択への進化的応答（R）はSだけでなく、狭義の遺伝率にもよるが、狭義の遺伝率は親子回帰直線の傾きで示される。中段は、親集団における形質の分布を、下段は子集団における形質の分布を表している。左側の図では、狭義の遺伝率が高いため、進化的応答が大きい。

メカニズムであることはすでに述べた（コラム5．5）。対立遺伝子の相加的効果は血縁者の表現型が似る原因であるから、選択は表現型を進化させる、つまり表現型の分布を変化させるのだ。

図6-7に示す2種の魚において、大きな個体への選択が存在するとしよう。そして選択の結果、繁殖できた個体を赤色の点で表す。赤色の個体のみが次世代の集団へ子どもを残したのだ。これは正の方向性淘汰である。なぜなら選択された親の形質の平均値は、親集団全体の平均値より大きいからである。この平均値の差を選択差（S）（117ページ参照）という。

選択により子世代がどれだけ進化するかを予測するためには、親子回帰を用いる。まず上の2つの図で、x軸上の選択された親の平均値から、y軸と平行に直線を引く（垂直方向の破線）。その直線と回帰直線の交点から、x軸と平行に直線を引く（水平方向の破線）。この直線とy軸の交点からy軸の値を読み取れば、これが予想される子世代の平均値になる。この予想値がゼロでなければ、集団は選択によって進化したことになる。この例で、y軸と破線の交点が原点よりも上なので、子世代の体長の分布は大きい方へシフトしたことになる（子の平均値と選択される前の親全体の平均値の差は、集団の選択に対する進化的応答（R）と呼ばれる）。

親子回帰直線の傾きが大きければ、子世代の表現型分布は大きく移動する。傾きが小さければ、少ししか移動しない。つまり回帰直線の傾きは、集団が選択によってどの程度進化したかを示している。前述のとおり、選択によって集団を進化させる分散の中の成分は、定義から、狭義の遺伝率（h^2）である。したがって、親子回帰直線の傾きは h^2 と等しくなる。

回帰直線の方程式からも、同じ結論を導くことができる。（線形）回帰直線は以下のように表せる。

$$y = a \times x + b$$

傾き a は、y 軸に沿った形質値の変化 ΔY を x 軸に沿った形質値の変化 ΔX で割った値なので、

$$a = \Delta Y / \Delta X$$

親子回帰直線では、$\Delta Y = R$、$\Delta X = S$ である。

$$a = \Delta Y / \Delta X = R / S$$

育種家の方程式（121ページ参照）$R = h^2 \times S$ より、

$$h^2 = R / S$$

ゆえに、回帰直線の傾き a は h^2 と等しい。

6.2　選択への進化的応答

量的形質の分散の原因がわかれば、その形質の進化を研究することができる。ある湖に棲んでいる魚の体長の進化を研究するとしよう。まずは魚の繁殖成功度を調べる。体長と繁殖成功度の間に少しでも関係があれば、体長に自然淘汰がはたらいていると考えられる。図6-8に自然淘汰のパターンをいくつか示す。形質分布の末端の形質が有利な場合、集団はその方向に進化する。たとえば、大きな魚より小さな魚の方が干ばつに強いという場合だ。このような自然淘汰は「方向性淘汰」と呼ばれる（図6-9）。

また、形質分布の中央の個体が有利で、両端の個体が不利になるときもある。湖の魚の場合、小さな魚や大きな魚よりも、平均的な大きさの魚の方が、多くの子孫を残す。これは「安定化淘汰」として知られ、集団の形質値が狭い範囲から外れないようにはたらく。さらに別のケースとして、形質分布の両端の個体の方が、平均的な個体よりも有利な場合もある。つまり平均的個体よりも、大きな個体や小さな個体の方が子孫をたくさん残す場合だ。これは「分断性淘汰」と呼ばれる（図6-10）。次章で、これら３種類の自然淘汰を実例で紹介する。

ただし注意しなくてはならないことは、図6-8に示すような「選択」によって必ず進化が起こるとはかぎらないことだ。進化するには集団中の対立遺伝子頻度が変化しなくてはならない。繁殖成功度の差と遺伝的変異の間に何らかの関係があれば、選択によって進化が起きる可能性がある。選択によって集団が進化する速さは、「集団内に表現型の変異がどれくらい存在するか」と「その変異がどれくらい遺伝するか（h^2）」の両方によるのだ。

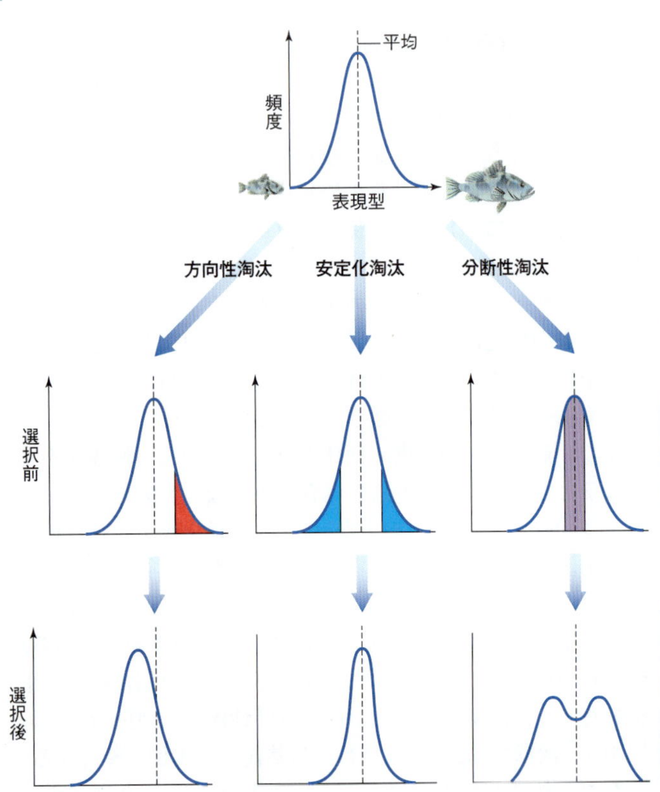

図6-8 集団にはたらく自然淘汰には、いくつかのパターンがある。方向性淘汰（左）では、体の小さな個体のように、形質分布の末端の個体が有利になる。図では、大きな個体（赤）の適応度が低い。もしもこの形質が遺伝するならば、自然淘汰の後、表現型の分布は左に移動し、体長の平均は小さくなる。安定化淘汰（中央）では、形質分布の平均に近い個体が有利になる。図の場合、体長が大きい、あるいは小さい魚（青）は適応度が低く、安定化淘汰後の世代では集団の変異の幅が小さくなる（平均値は変わらない）。分断性淘汰（右）では、平均的な個体が不利で（紫）、形質分布の両端の個体が有利になる。もしも分断性淘汰が強力であれば集団は２つに分かれ、二形（２つの異なる形質を示す状態）となる。

選択によってどの程度進化が起きるのかを計算するには、まず選択の強さを測らなくてはならない。第5章では淘汰係数という、集団遺伝学者が用いる選択の強さを測る方法を紹介した。その値 s は集団内でもっとも高い適応度と、ある遺伝子型の適応度との差であった（コラム5．4）。しかし量的遺伝学者は、それとは異なる方法を用いる。ある形質に対する選択を、繁殖個体群の形質値の平均と集団全体の形質値の平均との差によって測るのである（**選択差**（S）＊4）（図6-11）。方向性淘汰は、繁殖個体群の表現型値の平均（$\overline{X}_B$）が、親世代の集団全体の表現型値の平均（$\overline{X}_P$）と異なれば起きる。その差が大きければ、選択は強くなる。さきほどの

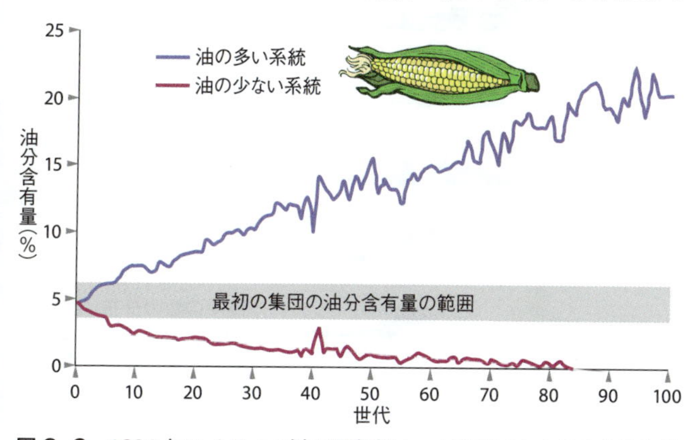

図6-9　1896年にイリノイ州の研究者は、1世紀におよぶ方向性淘汰の実験を始めた。最初に数千個体のトウモロコシの中から163個の実を選び、油分含有量を測定した。その後、油の多い24個体を選んで1つの系統を作成した。同様にして、油の少ない24個体からも1つの系統を作成した。それから毎年、油の多い系統の中から、さらに油の多い実を選択し、油の少ない系統からは、さらに油の少ない個体を選択し続けた。グラフに示したとおり、各系統の油分含有量の平均は着実に変化していった。今日では各系統の油分含有量は、元のトウモロコシとはかけ離れたものになっている。（ムースら、2004年より改）

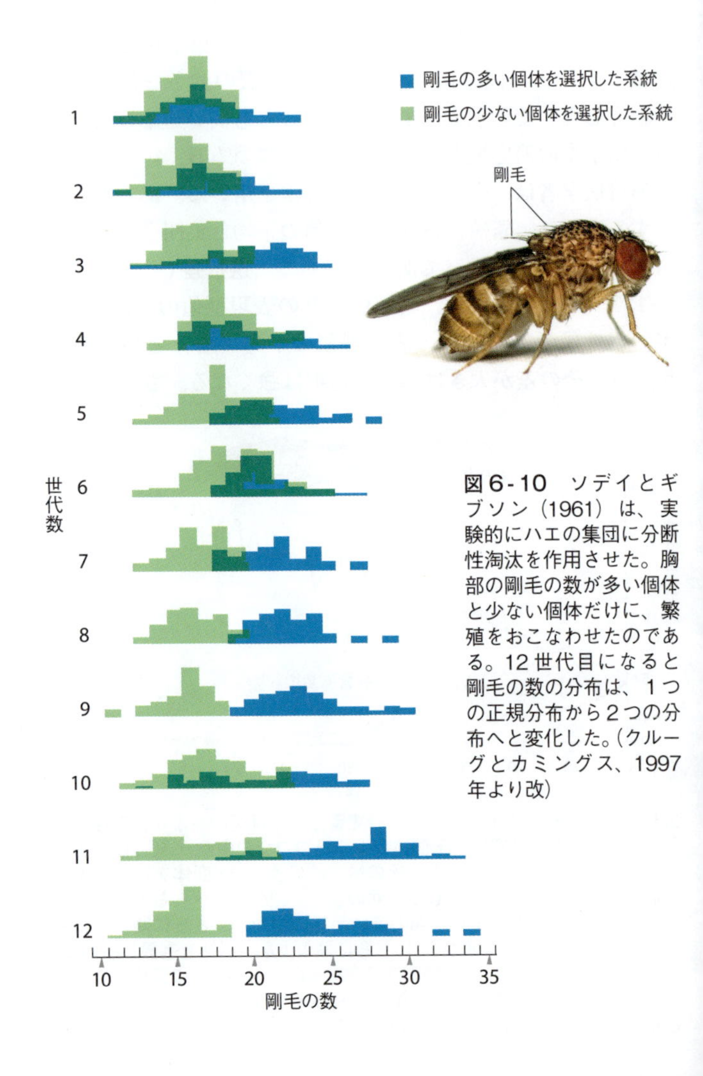

図6-10 ソディとギブソン（1961）は、実験的にハエの集団に分断性淘汰を作用させた。胸部の剛毛の数が多い個体と少ない個体だけに、繁殖をおこなわせたのである。12世代目になると剛毛の数の分布は、1つの正規分布から2つの分布へと変化した。（クルーグとカミングス、1997年より改）

湖の例では、環境が厳しいときには、大きな魚は小さな魚よりも繁殖成功率がはるかに高くなる。一方、穏やかな環境では、小さな魚も大きな魚と同様に繁殖することができる。つまり図6-11に示すように、厳しい環境では大きな個体への選択が強く（$\overline{X}_B >> \overline{X}_P$）、穏やかな環境では選択は弱まる（$\overline{X}_B > \overline{X}_P$）ことになる。

選択はどちらの環境にも存在する。なぜなら、一定の傾向を持つ一部の魚が、平均よりも多くの子を残すからだ。この

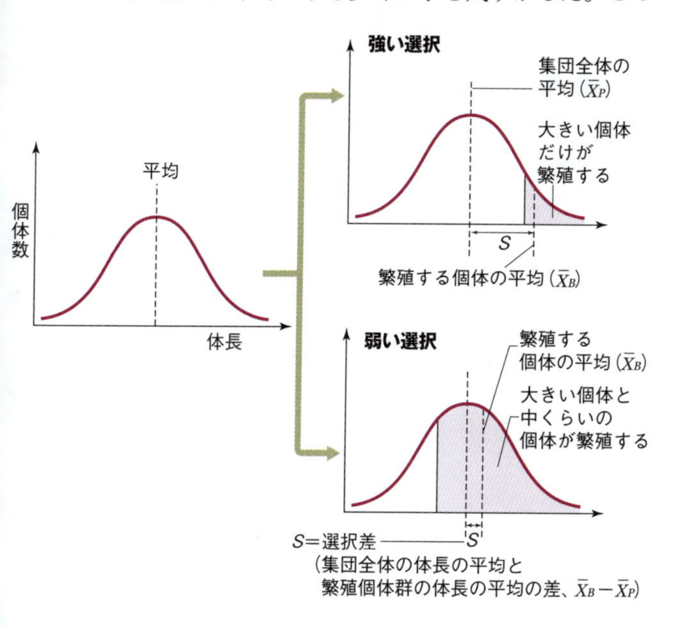

図6-11　左：仮想集団における体長の分布。右上：大きい個体だけが繁殖するとき、集団は個体を大きくする向きに強い選択を受ける。繁殖個体群の平均体長は集団全体の平均体長よりもずっと大きくなる。右下：大きい個体と中くらいの個体が繁殖するとき、弱い選択がはたらく。繁殖個体群の平均体長は集団全体の平均体長とあまり変わらない。

ような選択によって進化は起こるだろうか。それは、表現型（体長）の違いがどの程度遺伝するかによる。つまり、狭義の遺伝率（h^2）に依存するのである。

魚の体長が完全に環境（たとえば水温や餌の量）によって決まるのなら、h^2 は0である。つまり、大きな親から大き

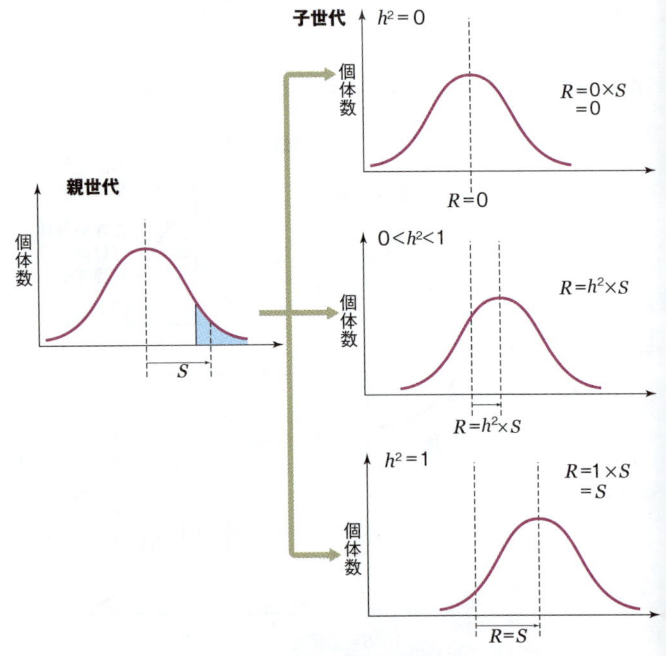

図6-12　進化的応答（R）は、選択を受ける形質の遺伝率によって変化する。左：集団中の大きな個体が選択される。右上：$h^2=0$ のとき。体長は遺伝せず、両親の体長は子どもの体長に何の影響もおよぼさない。体長に対する強い選択を受けても、次世代の集団の平均体長は変化しない。進化的応答はゼロである。右中：$0<h^2<1$ のとき。子どもの体長は、親世代の全体の平均体長と親世代の選択された個体群の平均体長の間になる。進化的応答は、選択の強さと狭義の遺伝率を掛けた値（$R=h^2\times S$）になる。右下：$h^2=1$ のとき。体長は完全に遺伝する。進化的応答は選択の強さと等しい。

な子どもが生まれるといった傾向はない。その結果、子どもの体長の分布は、親の体長の分布と同じになる。つまり選択が存在しても、集団は進化しないのである。

もう一方の極端な例として、h^2 が1の場合がある。この場合の表現型の違いは、すべて対立遺伝子の違いが原因である。子どもは両親の体長を完全に受け継ぐ。水温や餌の量といった環境の違いは、体長に何の影響もおよぼさない。一方、体長に対する選択は、次世代の平均体長を変化させる。次世代の平均体長は、選択を受けた両親の平均体長と等しくなる。このとき、選択への進化的応答は、選択の強さと等しくなる（図6-12）。

これで、選択に対する集団の進化的応答は、ある形質にかかる選択の強さと、その形質の遺伝率によって変化することがわかった。実際、進化的応答（R）は、育種家の方程式と呼ばれる簡単な式で求めることができる。

$$R = h^2 \times S$$

右辺はダーウィンが、選択による進化に必要だと考えた2つの要素に対応している。適応度に影響する表現型の変異（S）と、子どもに表現型を伝える能力（h^2）である。選択が強ければ、遺伝率が低くても、集団は進化する（進化的応答をする）。反対に選択が弱くても、遺伝率が高ければ、集団は進化的応答をする。もちろん、選択が強くて遺伝率が高ければ、もっとも急速な進化的応答が起きる。

＊4　**選択差（S）**：表現型に作用する選択の強さの指標。集団全体の平均と、次世代に子孫を残す個体群の平均との差。

6.3　複雑な形質を分解する：量的形質の遺伝子座解析

量的形質の進化とその遺伝的基盤を結びつけるためには、科学的な探偵になって、表現型変異と遺伝子型変異の関係を見つけなければならない。そんな調査に威力を発揮するのが、**量的形質遺伝子座（quantitative trait locus、QTL）**＊5の解析である。

たとえば湖に生息する魚の体長に関する遺伝的基盤を、QTL解析で明らかにする場合を考えてみよう。まず湖から同種の魚を捕まえてきて、2つの集団に分ける。一方では大きな魚を選択し、もう一方では小さな魚を選択して、繁殖させ続ける（図6-13A）。このようにして同系交配（同一系統の中での交配）を繰り返すと、各系統はほぼ純系（すべての遺伝子がホモ接合の系統）となる。つまり、体長に関連する多くの遺伝子座がホモ接合になる。次に2つの系統を交雑させて、ヘテロ接合体の子ども（雑種第1代、F_1）を作る。さらにF_1同士を交配させて、雑種第2代（F_2）を作る。

F_2には、様々な体長の魚がいる。それは減数分裂の際に組み換えが生じ、染色体の様々な部分が2つの系統の間で交換されたからである。組み換えによって、染色体上の対立遺伝子が新たに並べ替えられたのだ。F_2の体長は、それぞれの遺伝子座において大小どちらの系統から対立遺伝子を受け継いだか、という組み合わせによって決まる（図6-13B）。大きな系統から対立遺伝子をたくさん受け継いだ魚もいれば、小さな系統から対立遺伝子をたくさん受け継いだ魚もいるのである。

次に、できるだけ多くのF_2世代のDNAを調べ、体長と相関のある遺伝子座を探す。将来的には、全ゲノムを調査す

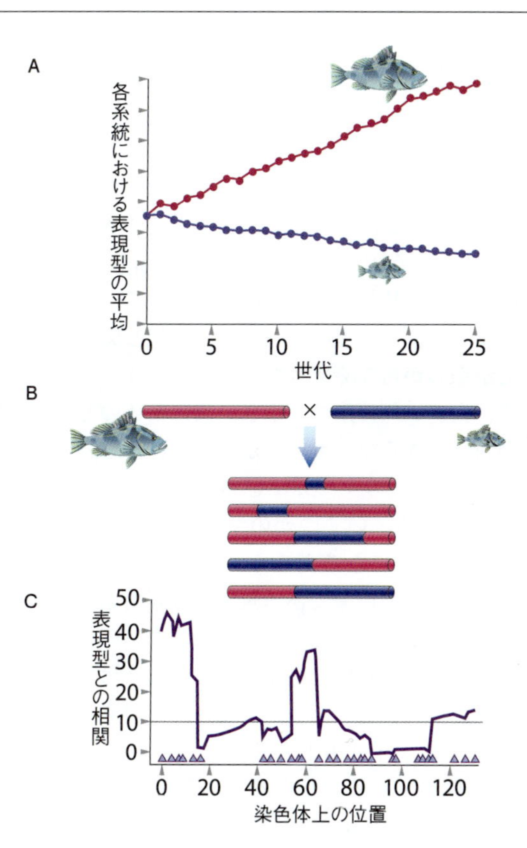

図6-13　A：QTL マッピングでは、まず１つの集団を２つに分け、何世代もかけて両者の表現型が異なっていくような選択をおこなう。そして、表現型が大きく異なる２つの純系を作る。　**B**：次に２つの純系を交雑し、様々な組み合わせの遺伝子型を作る。２回交雑して生まれた F_2 個体の染色体から、遺伝マーカーを探す（遺伝マーカーはあらかじめ、親の染色体上でいくつも特定しておく）。そして量的形質と統計的に有意に関係のある遺伝マーカーを見つける。　**C**：図中の三角形は、１本の染色体上にある遺伝マーカーの位置を示す。２つの領域（10 と 60 付近）で、形質との強い相関が見られた。このような量的形質遺伝子座を見つけたら、次に遺伝子の同定へと進み、量的形質に影響する遺伝子を見つけることをめざす。（マッカイ、2001 年より改）

ることも可能になるだろうが、今はゲノム地図を作って探している。

ゲノム地図を作るために、最初の世代（F_0）の2系統（大きい魚の系統と小さい魚の系統）で、特徴的な短いDNA領域（遺伝マーカー）をたくさん同定する。これらのマーカーとしてよく使われるのは、一塩基多型（single nucleotide polymorphisms、SNPs）、単純な反復配列、転移因子である。ここで大事なのは、すべてのマーカーは母親と父親のどちらに由来したかがわからなくてはならないということだ。この例でいえば、大きい魚の系統と小さい魚の系統のどちらに由来するかが判定できるマーカーしか使えないのだ。

その後F_2世代の魚のマーカーを調べ、体長と相関があるかどうかを検証する。いくつかのマーカーは体長と関連していることが明らかになるだろう。たとえば、マーカーである対立遺伝子が父親由来である魚が、母親由来の魚よりも大きい場合だ。しかし注意しなくてはならないのは、この対立遺伝子自体が体長に影響をおよぼしているとは限らないことだ。実際に体長に影響しているのは、この対立遺伝子の近くにある、別の遺伝子かもしれない。とはいえマーカーを使うことで、探している遺伝子を含む領域を、ゲノムの中で絞り込むことができるのだ。このように、表現型と統計的に有意に相関のあるDNAマーカーを、量的形質遺伝子座（quantitative trait locus、QTL）という（図6-13C）。

このようなQTLマッピングには膨大な作業が必要だ。F_2の子どもを数百個体も育て、表現型を測定する。さらにそれから、莫大な数の遺伝マーカーの比較をおこなわなければならない。しかし、労力は十分に報われる。QTLマッピングによって、複雑な表現型の進化にかかわるゲノム領域が明ら

かになるのだから。たとえば植物遺伝学者は、穀物に重要な影響をおよぼす遺伝子を同定し、その知見を利用して干ばつ、塩害、病気などに強い新たな品種を開発できる。遺伝医学者は糖尿病や高血圧症などに関係する遺伝子を同定することができる。

ホピ・フークストラらも、ハイイロシロアシマウスの毛色の変異の原因となる遺伝子を特定するため、QTLマッピングをおこなった。最初は、砂浜と内陸の個体同士を交配させた（両集団は数千年前に分かれたにもかかわらず、今でも生

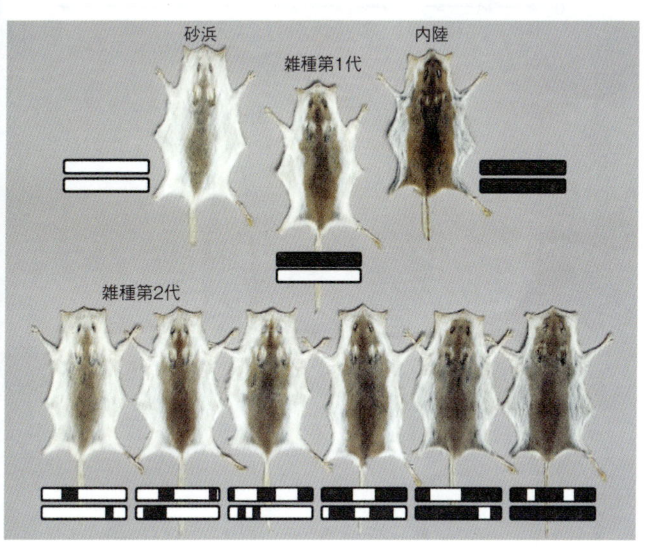

図6-14　ホピ・フークストラらは、砂浜と内陸のハイイロシロアシマウスにおける毛色の遺伝を研究した。まず、砂浜のマウス（ほぼ白色）と内陸のマウス（背中が茶色）を交配させた。子どもは両親から染色体を１組ずつ受け継いでおり、毛色は両親の中間である。さらに子ども同士を交雑させて、雑種第２代を作った（博物館標本を図に示す）。F_2個体のDNA領域の組み合わせは様々で、毛色も様々である。これで、毛色に関係するマーカーをF_2個体で探す準備が整ったことになる。

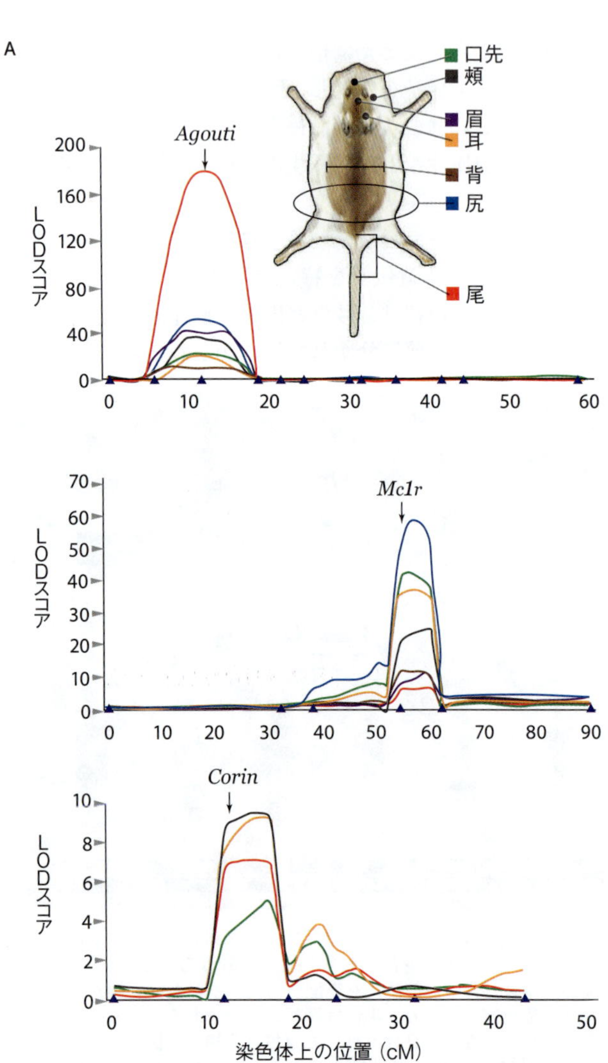
A
口先
頬
眉
耳
背
尻
尾
Agouti
Mc1r
Corin
LODスコア
染色体上の位置（cM）

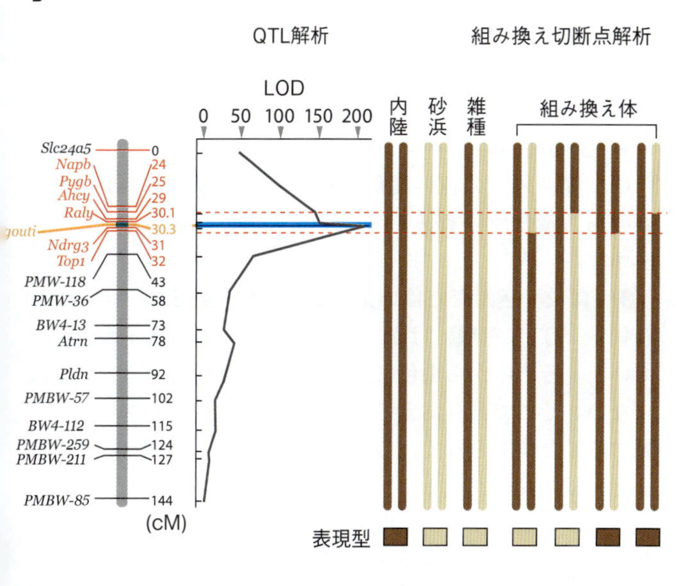

図6-15　ホピ・フークストラらは、砂浜と内陸のハイイロシロアシマウス集団を交雑させて生まれたF2世代で、QTL解析をおこなった。毛皮の図に示すように、1個体につき7ヵ所で毛色を調べ、対立遺伝子との相関を解析した。　**A**：毛色と有意な相関を持つ3つの遺伝子座が発見された。毛色に関係することがすでに知られていた遺伝子（*Agouti*、*Mc1r*、*Corin*）が、3つのQTL領域に1つずつ含まれていたのである。LODスコア（対数オッズスコア）は、同じ染色体上にある2つの遺伝子座（マーカーと目的の遺伝子など）が近接していることを統計的に推測するための値で、一般にLODスコアが3以上の時に連鎖していると判定する。cM（センチモルガン）は染色体上の距離の単位である［訳注：センチモルガンは100回の減数分裂で1回交叉が起きる距離］）。　**B**：砂浜と内陸のハイイロシロアシマウスを交配させて、さらにくわしく*Agouti*を含む領域を調べた。その結果、毛色と相関する領域を狭めることができた。*Agouti*はこの領域の中で、毛色ともっとも相関が強い遺伝子であることが明らかとなった。（シュタイナーら、2007年、マンソーら、2011年より改）

殖能力を持つ雑種を産むことができる)。両集団から3個体ずつ選んで2回交配をおこない、F_2を465匹得た。F_2の毛色は、ほぼ白からほぼ茶色まで様々であった。

フークストラらは、シロアシマウス属ゲノムの遺伝マーカー124個を使ってゲノム地図を作成し、マーカーと毛(顔、背中、尻、尾)の色の関係を調べた。その結果、毛色と関係のある遺伝マーカーを3つに絞り込むことができた(図6-14)。

3つに絞り込んだとはいえ、それぞれの遺伝マーカーを含む領域(QTL領域)はかなり広く、多くの遺伝子が含まれていた。その中から毛色に関係する遺伝子を探さなければならない。そこでとりあえず、先行研究によりマウスの色に影響することが知られている100個の遺伝子から調べ始めた。

その結果フークストラらは、3つのQTL領域それぞれに、毛色を決める遺伝子が1個ずつ含まれていることを明らかにした。そして3つの対立遺伝子(*Agouti*、*Mc1r*、*Corin*)の変異によってF_2個体の毛色の変異を、ほぼ説明することができた(図6-15)。

さらにくわしく調べた結果、*Corin*の毛色への影響はわずかであることがわかった。一方*Agouti*と*Mc1r*は、メラニン色素の合成に重要なタンパク質を産生する。砂浜に棲むハイイロシロアシマウスの明るい毛色は、メラノコルチン1受容体(*Mc1r*)のアミノ酸が1つ変化したことが原因である。この突然変異のために*Mc1r*の活性が低下した(図6-16)。さらに第2の突然変異が*Agouti*の発現を増加させた。*Agouti*は*Mc1r*の発現を阻害する遺伝子である。この2つの突然変異のせいでメラニン合成量が減少し、明るい毛色のハイイロシロアシマウスが生まれたのだ。シュタイナーら

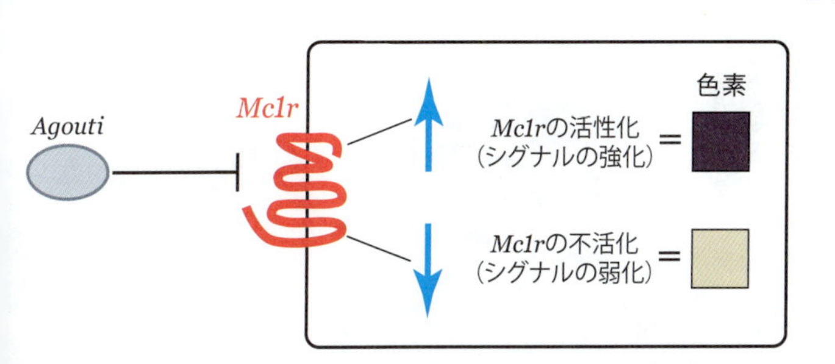

図6-16　*Mc1r* 遺伝子は、色素形成の引き金となる受容体をコードしている。*Mc1r* の１つの対立遺伝子は、受容体から強いシグナルを出させ、色素形成細胞に暗い色素を形成させる。別の対立遺伝子は、受容体からのシグナルを弱め、明るい色素を形成させる。さらに *Agouti* も、明るい色素の原因となる。*Agouti* は *Mc1r* 受容体を阻害するリプレッサー（制御タンパク質）をコードしているので、受容体からのシグナルを弱め、明るい色素を形成させるのだ。

(2007) の研究は、このたった２つの遺伝子座の相互作用でさえ、複雑な結果をもたらすことを示した。*Agouti* と *Mc1r* は明るい色を作り出すのに、相加的にははたらかなかった。砂浜のハイイロシロアシマウスの *Agouti* は、*Mc1r* にエピスタシス的に作用するのだ。これも毛色の変異に影響を与えているだろう。

フークストラは砂浜と内陸のハイイロシロアシマウスについて、*Agouti* がいつどこで発現するのかについて研究を続けた。そして、彼女の研究室のポスドク研究員であるマリー・マンソーらとともに、*Agouti* が妊娠中期の受精12日後の胚で発現を始めることを明らかにした（**訳注**：胚とは多細胞生物の発生初期の個体のこと。動物では受精卵から自分で食物を取るようになる前までを指すことが多い）。

それは意外な結果だった。なぜなら発生初期のマウスは、

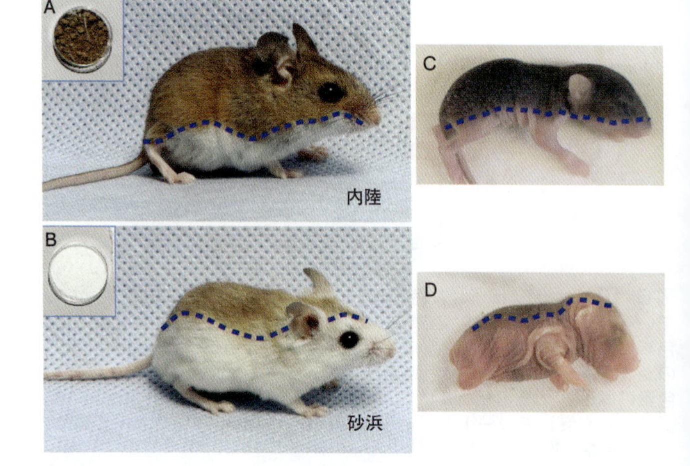

図6-17 内陸のハイイロシロアシマウスの成体では、背側の暗い毛と腹側の明るい毛の境界は、体の低い位置にある（A の破線）。一方、砂浜の成体では、境界は背側に寄っている（B の破線）。この境界の変化は、それぞれのマウスの生息環境で保護色として役立っている（A の枠内は内陸の土壌、B の枠内は砂浜の砂である）。毛色の境界は、毛が生える前の胚の段階から確認できる（C、D の破線）。（マンソーら、2011 年より改）

まだ色素を形成していないからだ。*Agouti* はプレパターン（**訳注**：構造の空間的配置の原因となる化学物質の空間的配置）を作ることで、毛色を変化させていたのだ。哺乳類では胚の発生が進むにつれて、上皮細胞の一部が色素を形成するメラノサイトへと分化し、毛に移動する。このメラノサイトの成熟が、*Agouti* の発現のせいで遅れることが明らかになった。*Agouti* の発現はマウス胚の腹側で強く、背側で弱い。したがって腹側のメラノサイトはゆっくりと成熟する。メラノサイトができるのは、すでに毛が発達した後である。そのため

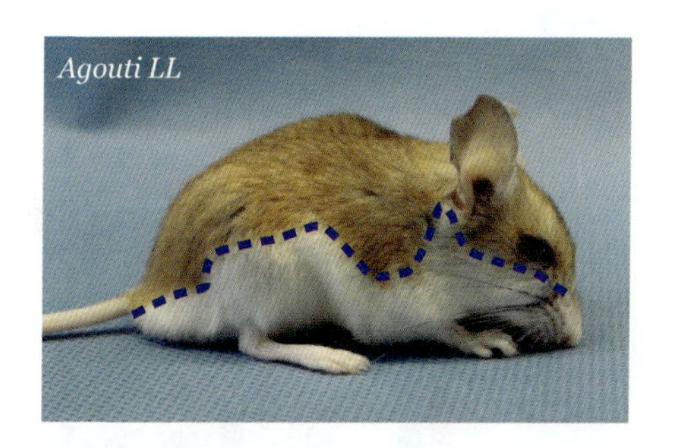

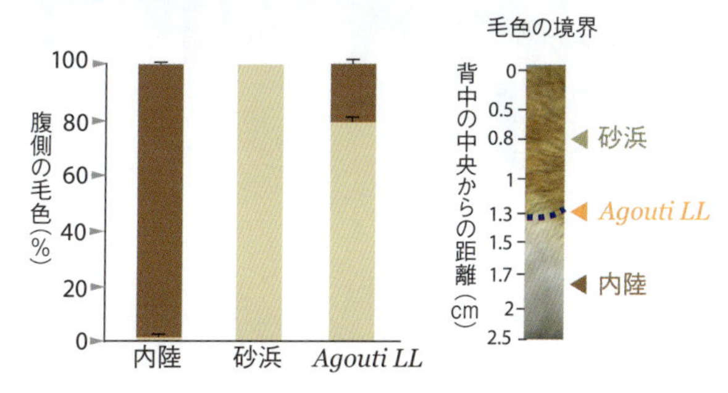

図6-18　ハイイロシロアシマウスの２つの集団で、*Agouti* が毛色におよぼす効果を検証するために、フークストラらは内陸のマウスの対立遺伝子を、砂浜のマウスの対立遺伝子に置き換えた。この遺伝子組み換えマウス（*Agouti LL*）では、明るい腹側の毛と暗い背側の毛の境界が、通常の内陸マウスよりも背側に寄っている。毛色の境界の移動は、色素形成境界の移動を示している。（マンソーら、2011 年より改）

毛を茶色にできないのだ。一方、背側では、メラノサイトは正常に成熟するので、毛は茶色になるのである（図６-17）。

フークストラらは、砂浜と内陸のハイイロシロアシマウスで *Agouti* の発現パターンを比較した。そして、砂浜のマウスは内陸のマウスより *Agouti* の発現領域が広く、かなり背側まで発現していることを発見した。次に、彼女らは内

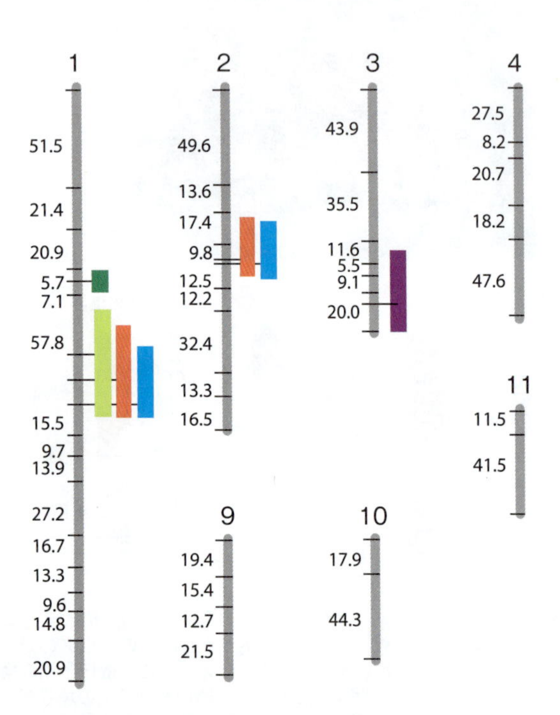
1
51.5
21.4
20.9
5.7
7.1
57.8
15.5
9.7
13.9
27.2
16.7
13.3
9.6
14.8
20.9
2
49.6
13.6
17.4
9.8
12.5
12.2
32.4
13.3
16.5
3
43.9
35.5
11.6
5.5
9.1
20.0
4
27.5
8.2
20.7
18.2
47.6
11
11.5
41.5
9
19.4
15.4
12.7
21.5
10
17.9
44.3

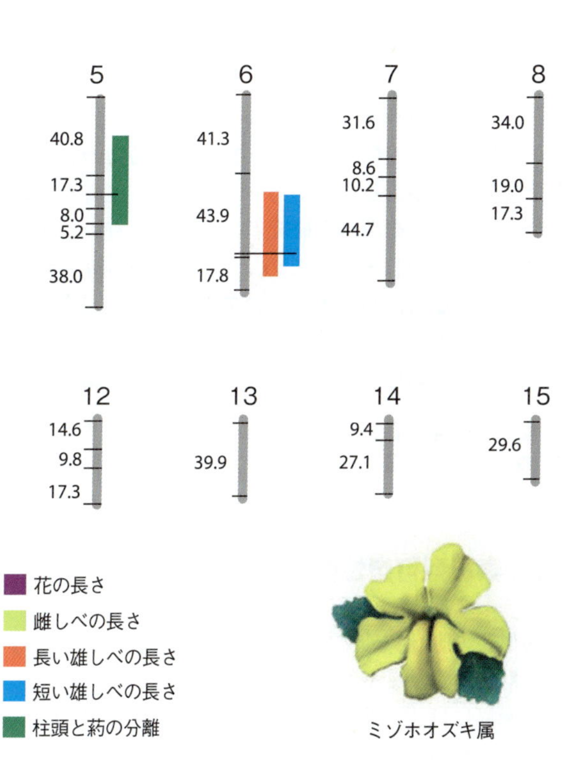

図 6-19　QTL 解析により様々な形質に関係する遺伝子を特定できるようになった。図はミゾホオズキ属の近縁な２種についての研究結果で、染色体上の QTL 領域を示している。この結果、花の長さや雌しべの長さなどの変異に関係する遺伝子座が明らかになった。（リンとリトランド、1997 年より改）

陸のマウスを遺伝子操作して、*Agouti* に関して明るい毛色にする対立遺伝子のホモ接合体にした。すると予想どおり*Agouti* の発現の境界は、背側へと変化していた（図6-18）。

フークストラの研究は、マウスの色のメカニズムを初めて明らかにした。この発見は、ヒトを含めた動物の色素形成に重要なヒントを与えるものであった。また、皮膚がんにおける色素のはたらきを調べる研究者にとっても有用だった。しかしフークストラにとってこのQTL解析から得られたもっとも重要なことは、ハイイロシロアシマウスの適応における分子的基盤が理解され始めたことだ。次章でもフークストラの、野生動物における自然淘汰に関する研究を紹介しよう。

＊5　**量的形質遺伝子座（QTL）**：量的形質の変異に影響するDNA領域。集団における量的形質の変異に関係する遺伝子や、その遺伝子に近接する領域のこと。

6.4　表現型可塑性の進化

量的形質の進化に重要なのは、形質の遺伝的変異だけではない。形質の環境変異も同じように重要だ。

環境変異には、発生に影響するすべての外的要因が含まれる。温度や食料から感染症にいたるまで、すべてだ。さらに環境変異は、生物が環境に対してどう反応するかにも影響される。この反応は、たいてい理にかなっている。生物は色々な環境で生き残れるように、柔軟に適応しているからだ。

たとえば植物は、生長するときに二者択一をせまられる。生長のためのエネルギーを得るには、葉が必要である。しかし葉を作るために多くの材料を使うと、根や種子を作る材料が減ってしまう。この問題に対して植物は、環境によって対

図6-20　遺伝的に同じ植物でも、日照量によって形が変わる。光が少なければ葉（青）を大きくするが、全体のバイオマス（赤）は小さくなる（左）。光が多ければ、葉は小さくバイオマスは大きくなる（右）。これは表現型可塑性の例である。

応を変えている。日がよく当たるところで育つと、葉を小さくして他の部分を大きくする。日があまり当たらないところで育つと、遺伝的には同じ植物でも、葉を大きくして他の部分を小さくする。もちろん全体のバイオマス（生物量）で比べれば、前者より後者の方が小さくなる（図6-20）。

このような形質は、可塑的（plastic：もともとの意味は「自由な形にできる」）といわれる。コラム6．1で述べたように表現型可塑性は、同じ遺伝子型の生物が環境によって複数の表現型になれる能力である。環境に対する個体の応答は、**反応規準** ＊6 で表すことができる（図6-21）。ある環境に生息しているとき、どんな表現型になるかは、反応規準を見ればわかるのだ。

反応規準を調べるもっとも簡単な方法は、遺伝的に同じ個体を異なる環境下で飼育することである。遺伝的に同じ個体としては、クローン、近交系（近親交配を繰り返して、ほぼすべての遺伝子座がホモ接合になっている系統）、兄弟姉妹などが使われる。図6-21は、同じ遺伝子型の植物を様々な光量の下で生長させて、全体の重さに対する葉の面積を測定するという仮想実験の結果である。この植物は表現型に変異を示す（表現型分散は V_P）が、この変異に遺伝的要因はかかわっていない。遺伝的にはすべて同一だからだ（遺伝分散 $(V_G) = 0$、表現型分散 (V_P) = 環境分散 (V_E)）。また、表現型に対する環境の効果はランダムではない。特定の遺伝子型の植物が特定の環境で生長すれば、必ず同じ表現型が生じるのだ。

異なる遺伝子型の反応規準を比較することもできる。遺伝子型が異なれば、同じ環境で育っても、異なる表現型になることがある。たとえば植物の場合、光が少ない環境への反応

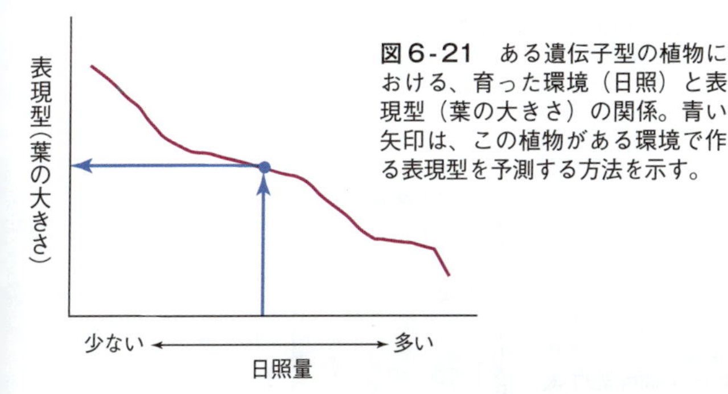

図 6-21　ある遺伝子型の植物における、育った環境（日照）と表現型（葉の大きさ）の関係。青い矢印は、この植物がある環境で作る表現型を予測する方法を示す。

として、ある遺伝子型は他の遺伝子型よりも大きな葉をつけることがある。この種の表現型変異は、遺伝的応答自体に変異があるために生じたものである。つまり反応規準自体が遺伝子型によって異なる場合もあるのだ。

遺伝子と環境の相互作用は $G \times E$、その分散は $V_{G \times E}$ と表す。遺伝子型ごとに反応規準が異なれば、環境がすべて同じ作用をおよぼすときよりも、表現型が変わってくる。この変化の項を表現型分散の式に追加すると、以下のようになる（図 6-22）。

$$V_P = V_A + V_D + V_I + V_E + V_{G \times E}$$

オランダのヴァーヘニンゲン大学のヤン・カメンガらは、線虫（*Caenorhabditis elegans*）の研究で $V_{G \times E}$ の好例を見つけた（図 6-23）。遺伝的に異なる系統の線虫を交配させ、様々な温度で飼育したのだ。図 6-23A は、温度を変えたときに、各個体が性成熟するまでの日数を示している。どの系統でも、温度が高い方が早く成熟した。一方、温度への反応

図6-22　植物の可塑的形質（葉の大きさ）における表現型分散の成分。

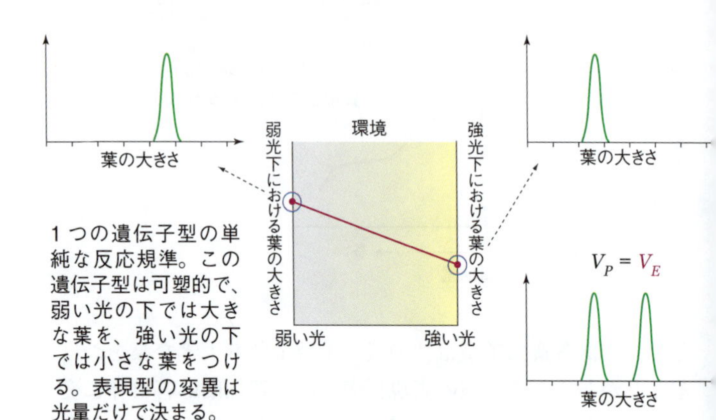

葉の大きさ
環境
弱光下における葉の大きさ
強光下における葉の大きさ
弱い光
強い光
葉の大きさ
$V_P = V_E$
葉の大きさ
1つの遺伝子型の単純な反応規準。この遺伝子型は可塑的で、弱い光の下では大きな葉を、強い光の下では小さな葉をつける。表現型の変異は光量だけで決まる。

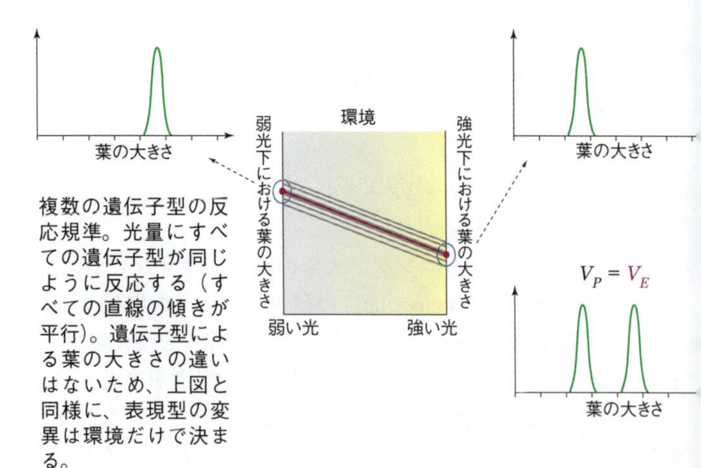

葉の大きさ
環境
弱光下における葉の大きさ
強光下における葉の大きさ
弱い光
強い光
葉の大きさ
$V_P = V_E$
葉の大きさ
複数の遺伝子型の反応規準。光量にすべての遺伝子型が同じように反応する（すべての直線の傾きが平行）。遺伝子型による葉の大きさの違いはないため、上図と同様に、表現型の変異は環境だけで決まる。

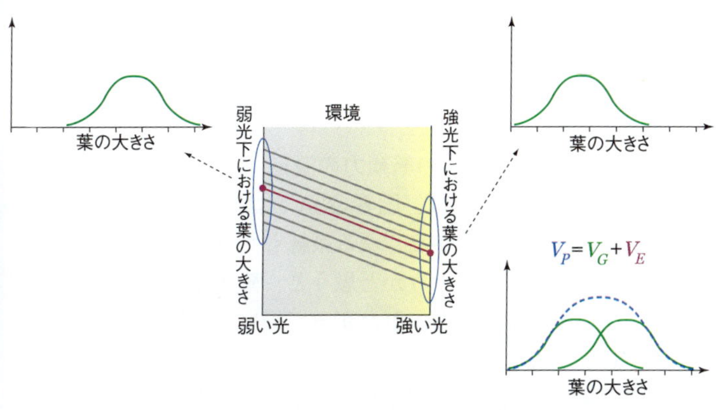

遺伝子型によって葉の大きさが異なる場合。同じ光量でも、葉の大きさに遺伝的変異がある。また、どの遺伝子型でも、光が強いほど葉は小さくなるので、環境変異も存在する。したがって、葉の大きい遺伝子型の植物でも強い光の下で育てば、葉の小さい遺伝子型の植物よりも葉が小さくなることもある。

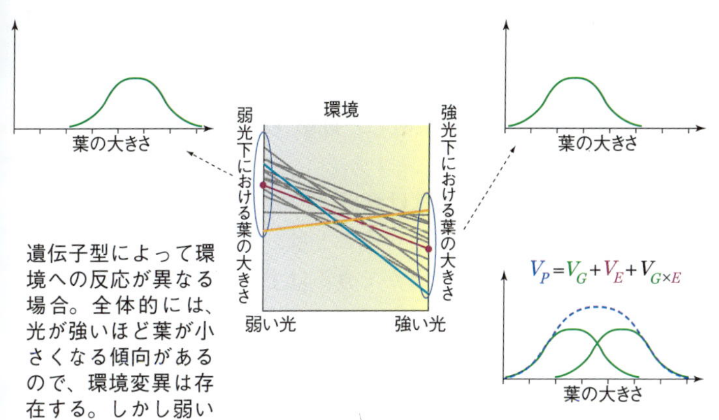

遺伝子型によって環境への反応が異なる場合。全体的には、光が強いほど葉が小さくなる傾向があるので、環境変異は存在する。しかし弱い光の下で最小の葉をつける遺伝子型（オレンジ色）と、強い光の下で最小の葉をつける遺伝子型（青色）は異なる。つまり遺伝子型と環境の間に相互作用（$V_{G \times E}$）が存在する。環境への反応自体に遺伝的変異があるのである。

の強さ（直線の傾き）は、系統が違っても大差なかった。この実験は、線虫の成長は温度に対して表現型可塑性があることを示している。しかし環境に対する反応には、遺伝的変異はほとんど存在しない。

図6-23Bは、線虫の繁殖力の温度に対する変化を表している。このパターンは、図6-23Aとはまったく異なる。温度が高い方が繁殖力が高くなる系統もあれば、繁殖力が低くなる系統もあった。そうかと思うと、繁殖力が温度の影響を受けない系統もあった。したがって線虫は、繁殖力については$V_{G \times E}$が大きいといえる。

この線虫の例は、表現型可塑性が遺伝子型によって変化することを示している。そしてこのような例ではQTL解析で可塑性を変化させる遺伝子を探すことができる。カメンガらは線虫で純系同士を交雑させ、温度への反応と遺伝マーカーの相関を調べた。そして、様々な形質の可塑性に関係する5つのQTLを発見した。図6-23Cは、第4染色体上にある、繁殖力の可塑性に関係するQTLを示す。現在カメンガらはQTL周辺の遺伝子を探索し、可塑性の遺伝的基盤を調べている。

$V_{G \times E}$がゼロより大きければ、環境への応答の可塑性は進化する可能性がある。ということは、人為淘汰を使えば可塑性の進化を実験することができるはずだ。ノーザンイリノイ大学のサミュエル・シャイナーとリチャード・ライマンは、ショウジョウバエで実験をおこなった。線虫のように、ショウジョウバエも温度によって発生が変化する。低温では小さなハエに、高温では大きなハエになるのである。

シャイナーとライマンは同じ系統のハエを2つに分け、それぞれ19℃と25℃で育てた。高温と低温で育てたハエの大

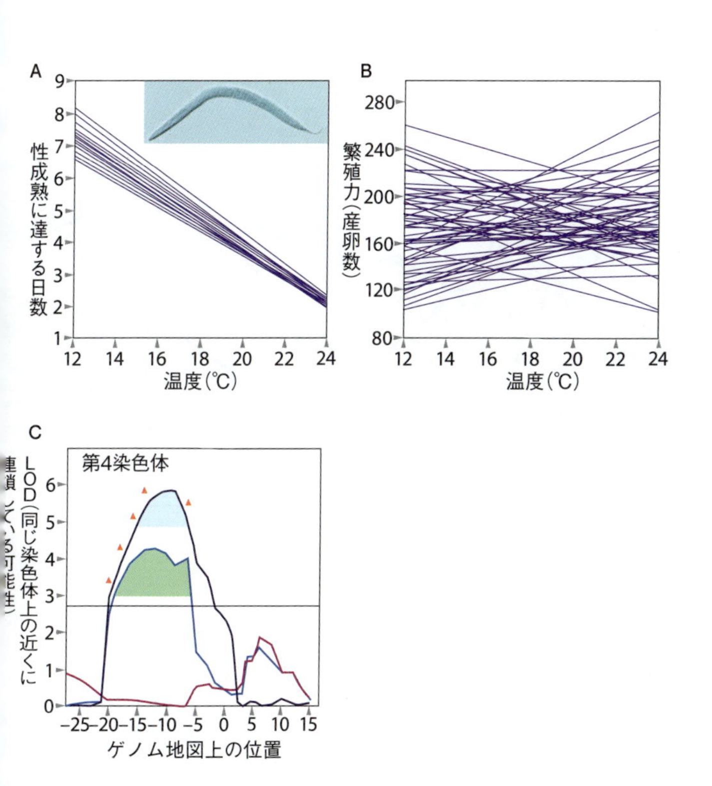

図６-23　線虫（*Caenorhabditis elegans*）の様々な系統で可塑性を検証した。それぞれの直線は、各系統の温度への応答を示す。　A：低温よりも高温の方が早く成熟した。系統による差はほとんどなく、この形質の $V_{G\times E}$ はゼロと考えられる。　B：繁殖力の気温に対する応答は、系統ごとに異なっている。温度が高くなると繁殖力が高くなる系統もあれば、低くなる系統もあった。この形質の $V_{G\times E}$ は大きい。　C：QTL 解析の結果、繁殖力の可塑性（B）に関係している遺伝子座は、第４染色体上にあることが明らかになった。（ガッテリングら、2007 年より改）

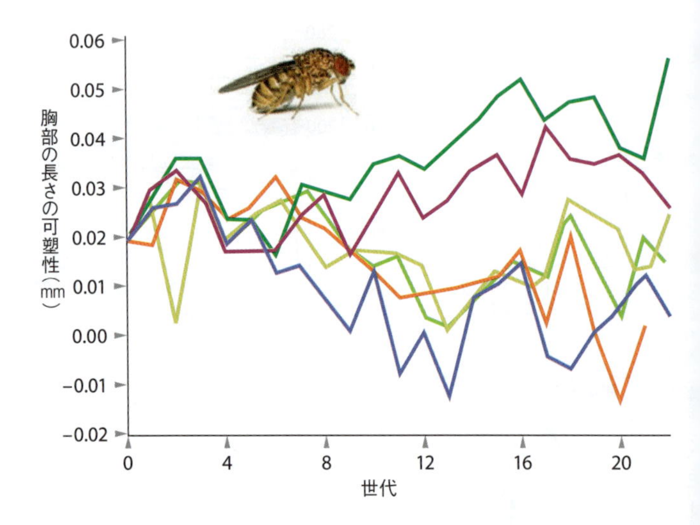

図6-24　ショウジョウバエは温度が高いと大きくなる。この性質を使って、表現型可塑性の進化を研究するために、人為淘汰実験をおこなった。遺伝的に近いハエを２つのグループに分け、それぞれ高温と低温で飼育した。高温で飼育した中で最大のハエと、低温で飼育した中で最小のハエを選び、再び一緒にして次世代とした。つまり可塑性が大きいハエを選択したわけだ。この実験は独立に２系統でおこなわれた（緑と赤紫）。それと並行して、高温で飼育した中で最小のハエと、低温で飼育した中で最大のハエを選ぶ実験も、独立に２系統でおこなわれた。こちらは可塑性が小さいハエを選択したことになる（青とオレンジ）。さらに対照群として、ハエを無作為に選択して次世代とする実験も、２系統でおこなわれた（黄と黄緑）。これら３種類、計６系統について22世代にわたって実験をおこなった。その結果、可塑性の大きい個体を選んだ２系統では可塑性が増加し、可塑性の小さい個体を選んだ２系統では可塑性が減少したのだ。この実験により、可塑性自体が進化することが示されたのである。（シャイナー、2002年より改）

きさの差は、一定ではなかった。そこで温度による差が最大のハエ、すなわち遺伝的可塑性が最大のハエを選択して、飼育を続けた。正確を期すため、独立に2つの集団で同じ実験をおこなった。一方、別の2集団では、温度による差が最小になるハエを選択して飼育を続けた（図6-24）。22世代にわたって実験をおこなった結果、前の2集団では可塑性が増加し、後の2集団では減少した。表現型可塑性は、人為淘汰によって進化したのだ（コラム6．4）。

可塑性は、生物の生理メカニズムに柔軟性を与え、環境変化に適応できるようにする。たとえばカンジキウサギは、日長の変化に応じて毛色を変えることで、一年中景色にカモフラージュできる（コラム6．1）。しかし環境が変化すれば、適応的でなくなる生物も出てくる。過去100年にわたって世界の気温は上昇した。北極地方ではその影響が顕著で、雪がなかなか降らなかったり、すぐ春になったりする。カンジキウサギも、このような環境に適応的でなくなってきた。春に

図6-25　北極圏も温暖化によって冬が短くなり、カンジキウサギに適した環境ではなくなりつつある。カンジキウサギの可塑性は、今まさに自然淘汰を受けているのかもしれない。

は雪が溶けた後も毛が白いままだし、秋には雪が降る前に白くなってしまうのだ。カンジキウサギの表現型可塑性は、現在とは異なる環境で進化したからである。今ではカンジキウサギは簡単に捕食者たちに見つかるようになり、死亡率が上昇している（図6-25）。

しかし、カンジキウサギの毛色の可塑性には、個体ごとに変異がある。温暖化が続けば、新たな気候に適応するように、可塑性は選択を受けるだろう。選択に応答する速度は、本章で述べたように、遺伝率などで決まる。カンジキウサギが温暖化に間に合うように適応できるかどうかは、まだわからない。未来の科学者にとって温暖化は、可塑的で複雑な表現型の進化に対する、思いがけない巨大な実験となるだろう。

＊6　**反応規準**：同一の遺伝子型の個体が、ある範囲内で環境を変化させたときに示す表現型のパターン。それぞれの遺伝子型について、表現型を環境の関数として表したもの。

コラム6.4　$V_{G \times E}$とh^2の関係は？

$V_{G \times E}$はh^2のように子の表現型を親に似せる原因となる。そのため、選択に対する集団の進化的応答に寄与する。$V_{G \times E} > 0$のとき、環境への可塑的反応は親から子へと伝えられる。ある植物が対立遺伝子の相加的効果によって光に特殊な反応をするとき、その対立遺伝子を受け継いだ子も光に対して同じ反応をするだろう。したがって本質的には、$V_{G \times E}$は狭義の遺伝率h^2

の一部である。

しかし $V_{G\times E}$ が h^2 の一部になるには、ある条件が必要である。たとえば熱帯多雨林の低木すべてが光の少ない環境で生きているとすると、光が強いときに生じる表現型の出番はまったくないだろう。そのとき低木集団には、強光用の表現型は存在しないのと同じことになる。そうなれば強光用の表現型は、V_P と完全に無関係になる。しかし大きな嵐が来て巨木が何本も倒れると、光をさえぎっていた高木層に穴があいて、暗い低木層にも光が部分的に注ぎ込むだろう。嵐の後の低木は、弱光と強光という２つの環境に出合うことになる。すると強光用の表現型が表れ、V_P に影響を与え始める。こういった光に対する反応が遺伝性であれば（たとえば $V_{G\times E} > 0$)、進化する可能性がある。この例の意味するところは、集団が不均一な環境に棲んでいて、かつ環境変化に反応する遺伝子型に変異があるときに、$V_{G\times E}$ が存在するということだ。

つまり $V_{G\times E}$ を求めるには、それぞれの遺伝子型の個体を、何種類もの環境で育てなければならないのである。子どもの弱光環境や強光環境への反応を、親の弱光環境や強光環境への反応と比較する必要もある。もしもこのような実験がおこなわれて、子の可塑的反応が親の可塑的反応と似ていて（たとえば、親子回帰直線の傾きが正（$a > 0$))、かつ可塑的反応が遺伝すれば（$h^2 > 0$)、$V_{G\times E} > 0$ となるだろう。

$V_{G\times E}$ が h^2 の一部であることは、一部の実験でしか検証されていない。量的遺伝学の研究では、たいてい$V_{G \times E}$を測定しないからだ。しかしそれは、自然集団に$V_{G \times E}$が少ないことを意味してはいない。実際、複雑な形質では表現型可塑性がいたるところで観察されるので、環境に適応して進化していくうえで$V_{G \times E}$が決定的に重要なことはまちがいないだろう。

選択問題

1．表現型の変異が連続的な分布をすることが多いのはなぜか。

a. 表現型は優性と劣性の相互作用の結果だから。

b. 表現型は遺伝子型と無関係だから。

c. 表現型は環境だけで決まるから。

d. 表現型にはしばしばポリジーンが関与するから。

2．狭義の遺伝率（h^2）について正しいものはどれか。

a. 狭義の遺伝率には、対立遺伝子の相加、優性、エピスタシス効果が含まれる。

b. 狭義の遺伝率には、対立遺伝子の相加効果だけが含まれる。

c. 狭義の遺伝率には、対立遺伝子のエピスタシス効果だけが含まれる。

d. 狭義の遺伝率は、回帰分析を使って量的形質の遺伝子座の比較をすることにより測定できる。

e. a～dのいずれも正しくない。

３．育種家の方程式は、自然淘汰に必要な２つの条件を含んでいる。その２つとは何か。

a. 対立遺伝子の表現型の生存率（S）と繁殖成功度（R）が高いこと。

b. 表現型の変異（R）と相加的対立遺伝子の遺伝率（h^2）。

c. 生存と繁殖に影響を与える表現型の変異（S）と、その表現型が少なくとも部分的には遺伝すること（h^2）。

d. 相加的対立遺伝子の遺伝率（h^2）と集団の進化的応答（R）。

e. a～dのいずれでもない。

４．性成熟の年齢が表現型可塑性を持つ形質だとしたら、どのような関係が予想されるか。

a. 遺伝子型によって、繁殖年齢が異なる。

b. 栄養のような環境条件が、繁殖年齢に影響する。

c. 様々な遺伝子型の繁殖年齢に、体の大きさが影響する。

d. a～cのすべてが当てはまる。

e. a～cのいずれも当てはまらない。

５．進化の結果起こり得るのはどれか。

a. ある形質の遺伝率の減少

b. 遺伝子と環境の相互作用の変化

c. aもbも違う。

d. aもbも起こり得る。

６．進化の例はどれか。

a. カンジキウサギの集団が、前の世代とは異なる対立遺伝子頻度を持つこと。

b. 樹木が秋に落葉すること。

c. ある男性が、若いときにかかった風邪のウイルスに対して免疫を獲得すること。
d. 雌鳥が過去３シーズンに産んだ卵の合計よりも多くの卵を１シーズンで産むこと。
e. a～dのすべてが進化である。

【解答】 1. d　2. b　3. c　4. b　5. d　6. a

第7章

自然淘汰

1835年にチャールズ・ダーウィンは、ビーグル号に乗ってガラパゴス諸島に到着した。しかし上陸できたのは、その中のいくつかの島だけであった。ダーウィンが通り過ぎた多くの島の中には、大ダフネ島として知られる小さな円錐状の火山島がある。ここは現代でも上陸が難しい島だ。大ダフネ島に上陸するためには、小さいボートで険しい断崖に近づき、思い切って岩の上に飛び移らなければならない。大ダフネ島には家も水もない。あるのは背の低い地味な植物と、その種を食べる小さな鳥だけである。

ピーター・グラントとローズマリー・グラントはそろってイギリス生まれの夫婦である。2人は1973年に大ダフネ島に上陸して、数ヵ月を過ごした。それからは毎年、学生を連れて、40年にわたって大ダフネ島を訪れ続けた。もちろん長期滞在に必要なテント、保冷器、水、料理用の燃料、衣服、ラジオ、双眼鏡、ノートなどを用意してである。この熱意によって、現在プリンストン大学の生物学者であるグラント夫妻は、野外におけるもっとも包括的な自然淘汰に関する研究の一つを成し遂げたのだ（図7-1）。

第5章で述べたように、室内実験によって自然淘汰を研究する科学者もいる。たとえば、リチャード・レンスキーは、大腸菌（*Escherichia coli*）の系統を5万世代も追跡した。実験に使った12系統の大腸菌は、すべて同じ共通祖先に由来するものであり、正確に同じ条件で培養されてきた。しかも、凍結された祖先を融かして、進化した子孫と比較することもできるのだ。このように慎重にデザインされた実験によって、彼のチームは細菌の自然淘汰を定量的に測定することができた。

野外で生物を研究する科学者には、こんな贅沢な道具はな

図7-1　A：ピーター・グラントとローズマリー・グラントは、鳥の大きさを測定し、色のついた足環をつけた。B：大ダフネ島。小さな島だ。C：大ダフネ島に上陸するには、この島を取り巻いている断崖をよじ登るしかない。そのため、大ダフネ島は周囲から隔離されており、ほとんど外部から影響を受けていない環境を研究できるのだ。

い。グラント夫妻には、かつて大ダフネ島に棲んでいたすべての鳥の系図を調べ上げることなどできない。数千世代も前の鳥を解凍して、現在生きている子孫と比べることもできない。それでも粘り強さと忍耐力があれば、ダーウィンとウォレスが150年以上前に提唱したプロセスを実証することができるのだ。

本章では、野生の個体群における自然淘汰についての研究を紹介する。こうした研究は自然淘汰の存在を証明するだけでなく、自然淘汰が種に与える複雑な影響も明らかにしてくれる。

7.1　鳥の嘴の進化

グラント夫妻はダーウィンフィンチ類を研究した。ダーウィンがガラパゴス諸島を訪れたときに収集した鳥である。DNAの研究によれば、13種のフィンチ（訳注：フィンチと呼ばれる鳥には異なるいくつかの系統があるが、ここではダーウィンフィンチ類をフィンチと略称している）の共通祖先は約300万年前にガラパゴス諸島へやってきた（DNAの研究については第3巻で紹介する）。それから、それぞれの島の環境に適応して、様々な形態へと急速に多様化したのだ。サボテンフィンチは、サボテンに巣を作り、サボテンで眠り、サボテンで交配し、サボテンの蜜を飲み、サボテンの花や花粉や種子を食べる。道具を使うフィンチも2種いる。小枝やサボテンの棘を拾うと、嘴で先をとがらせ、枯れ枝の樹皮に刺し込んで幼虫をほじくり出すのだ。緑の葉を食べるフィンチもいるが、そんな鳥は今までほとんど知られていなかった。ナスカカツオドリの背中に止まり、翼や尾をつついて血を出し、それを飲むフィンチさえいる。イグアナの背中に止まり、ダニを食べるフィンチもいる（図7-2）。

グラント夫妻が注目したのは、大ダフネ島のガラパゴスフィンチ（*Geospiza fortis*）で、この鳥は主に種子を食べる。島に上陸するのは大変だが（というか、まさにそのおかげで）、大ダフネ島は野生における自然淘汰を研究するには理想的な場所だ。人間の影響をほとんど受けていないからだ。これまでに島で耕作しようとした人はいない。ヤギなどの環境を乱す種も持ち込まれていない。また、グラント夫妻が知るかぎり、大ダフネ島には人が到達してから絶滅した種もいないのである。

図７-２　ダーウィンフィンチ類の多様性。過去300万年の間に、フィンチは様々な食性に特殊化した。A：サボテンの花を食べる種、B：昆虫を樹皮から出すために小枝を道具として使う種、C：卵を食べる種、D：葉を食べる種、E：血を飲む種、F：ダニを食べる種。

さらによいことに、大ダフネ島の生態系はシンプルだ。植物の種類が少ないので、グラント夫妻は、フィンチが食べる種子をすべて同定することができた。島が小さいので、フィンチの個体群も小さい。大ダフネ島で生まれるガラパゴスフィンチは年に数百羽にすぎず、しかもそのほとんどが島内で一生を過ごす。そのため、グラント夫妻はすべての個体に標識をつけ、観察することもできた。また、島から出ていくフィンチも、島にやってくるフィンチも、めったにいない。そのため、島の個体群について対立遺伝子頻度の変化を調べるときには、移動の効果を考えなくてよいのである。

グラント夫妻は、大ダフネ島のすべてのフィンチについて、体重や嘴の幅などを測定した。また、それぞれのフィンチが何羽の子を持ち、さらにその子が何羽の子を持ったかも追跡した。そして毎年、親子を比較して、どの変異がどれくらい遺伝するかを測定した。

グラント夫妻の研究チームは、嘴のサイズが遺伝することを発見した。嘴の長さの表現型分散の約65%、嘴の高さの表現型分散の約90%が、相加的遺伝分散(h^2)と考えられる(h^2 = 0.65 と 0.90)(訳注：相加的遺伝分散は血縁者同士が似ている理由となる。103ページ参照)。すなわち、嘴の大きなフィンチは嘴の大きな子を、嘴の小さなフィンチは嘴の小さな子を作る傾向があるのだ。このように遺伝率が高ければ、育種家の方程式($R = h^2 \times S$、121ページ参照)から、選択による表現型の変化(選択差、S)に対する進化的応答(R)が高くなることがわかる。つまり、大ダフネ島では、嘴の平均サイズが自然淘汰によって急速に進化する可能性があるのだ。

では実際に、フィンチにはどのくらい自然淘汰がはたらいているのだろうか？　グラント夫妻は、嘴のサイズと種子の

食べ方には関係があるだろうと考え、大ダフネ島のフィンチの食物の種類を調査した。島に生えている20種余りの植物の種子について、サイズや硬さを測定した。また種子の分布も調べ、フィンチがいつどこで、その種子を食べることができるかも明らかにした。土を掘り返して、そこに含まれる種子を数え上げることもした。島が小さく、生態系も単純なおかげで、いろいろな種子の相対量などを正確に測定でき、フィンチがどこでどれだけ種子を食べたかも明らかにすることができた。さらにグラント夫妻らは、フィンチが種子を食べるところもくわしく観察した。フィンチがどの種子を選ぶか、嘴のタイプによって種子を食べる時間に違いがあるか、に注目した。そして最初の年だけで、フィンチの食事を4000回以上も観察することができた。

グラント夫妻が、この歴史的な研究を始めてすぐに気づいたことは、フィンチは種ごとに異なる種子を食べるように特殊化しているわけではないということだった。これは予想外だった。大ダフネ島にはガラパゴスフィンチより細くとがった嘴を持つ、コガラパゴスフィンチ（*Geospiza fuliginosa*）も生息している。嘴の形は異なるのに、両種は同じ種子を食べていた。島にたくさんある柔らかくて小さな種子だ。驚いたことに、種子食専門ではないサボテンフィンチなどでさえ、同じ種子を食べていた。

しかし、6ヵ月後にグラント夫妻が戻ったとき、大ダフネ島は一変していた。乾季が始まっており、島には4ヵ月間、一滴も雨が降っていなかった。植物の多くは枯れ、不毛な光景が広がっていた。小さくて柔らかい種子はもはやなく、様々なフィンチが同じ種子を食べるわけにはいかなくなった。そしてフィンチは専門家に変化した。グラント夫妻は、同種の

図 7-3　大ダフネ島のガラパゴスフィンチは、嘴の高さに変異がある。この変異によって、堅い種子を効率よく処理できる個体もいる。

個体同士でさえ、異なる種子を食べていることに気がついた。どの種子を選ぶかは、嘴の形の微妙な違いに依存していた（図7-3）。

ガラパゴスフィンチは、2種類の種子を選ぶことができた。トウダイグサ科のガラパゴスニシキソウ（*Chamaesyce amplexicaulis*）の小さな種子と、一般的にハマビシと呼ばれるオオバナハマビシ（*Tribulus cistoides*）の、大きくて堅い種子である。嘴の大きい（高さ 11 mm）フィンチは、ハマビシの種子を 10 秒で割ることができた。嘴の高さが 10.5 mm だと 15 秒かかった。8 mm 以下だとなかなか割ることができずに諦めてしまった。そして、小さなトウダイグサの種子だけを食べていた。

グラント夫妻は、嘴の大きさがフィンチの生死を分けることに気がついた。1977 年に、大ダフネ島は大干ばつに襲われた。ほとんどのトウダイグサは枯れて、ガラパゴスフィンチの食べる小さい種子がなくなってしまった。そして多くのフィンチが死んだ。おそらくそれらは、大きなハマビシの種子を割ることができなかったフィンチなのだろう。それから数年経つと、フィンチの個体群は回復した。しかし、嘴は以前より高くなっていた。干ばつ前は、嘴の高さは８～11 mm で、平均が 9.2 mm だった。それが干ばつ後には、嘴の高さが 0.5 mm（変異幅の約 15%）増えて、平均が 9.7 mm になった。この変化は、嘴の大きいフィンチの方が、干ばつを生き抜く確率が高かったために起きたのだろう。だから次の世代では、それらが産んだ嘴の高い子が多くなったのだ。つまり、ガラパゴスフィンチの個体群内で自然淘汰が起こり、嘴の平均サイズが大きくなったのである（図７-４）。

それから５年後、グラント夫妻は再び自然淘汰の力を目の当たりにすることになった。1982 年の終わりに、大ダフネ島は激しい雨に見舞われた。トウダイグサは咲きほこり、小さい種子をたくさんつけた。すると、嘴の小さなフィンチが有利になった。嘴の大きなフィンチよりも、小さな種子を効率的に食べることができたため、成長が速くなり、多くのエネルギーを繁殖に回すことができたのだ。そして、わずか数世代のうちに、嘴の平均サイズは約 0.1 mm（変異幅の 2.5%）小さくなった。

グラント夫妻の研究は歴史的に見ても重要なものだった。野生の個体群で自然淘汰の効果が測定されたのは、初めてだったのだ。まずグラント夫妻は、嘴のサイズの遺伝率（狭義の遺伝率、h^2）を測定した。それから、嘴のサイズにはたらく自然淘汰の強さと向き（選択差、S）を測定した。そして、その後個体群に起きたこと（進化的応答、R）を数世代にわたって測定した。彼らは、自然淘汰によってどのように進化が起きるのかを、フィンチで実証したのである（h^2、S、R の関係は育種家の方程式 $R = h^2 \times S$ で表される）。

その後もグラント夫妻は、大ダフネ島で研究を続けた。そして、40 年にもわたって島に通い続けた粘り強さは、十分

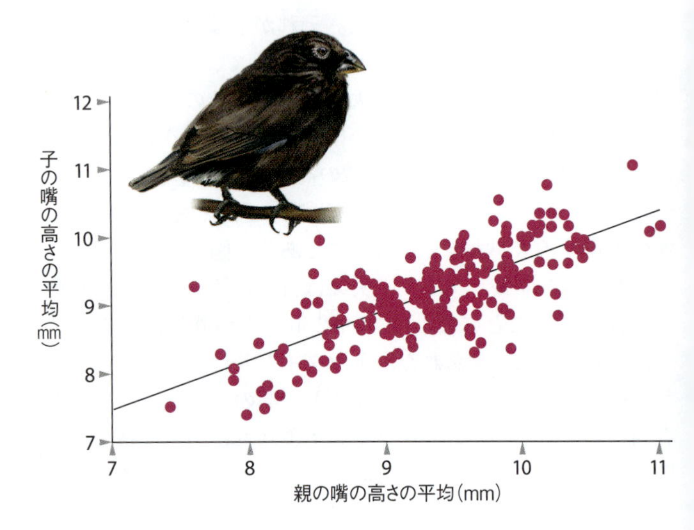

図7-4　上：ガラパゴスフィンチの嘴のサイズは遺伝する。**右上**：1977年の干ばつの間は、嘴が高く大きいフィンチは、嘴が低く小さいフィンチより多くの子を育てた（白い棒グラフは、干ばつ前の大ダフネ島のガラパゴスフィンチの数を、青い棒グラフは、干ばつを生き延びて子を育てたガラパゴスフィンチの数を示す。ともに嘴の大きさごとに分けてある）。**右下**：干ばつを生き延びたフィンチから生まれた子は、嘴の平均サイズが大きくなっていた。破線は、干ばつの前後の年（1977～1978年）における嘴の平均サイズを示す。（グラントとグラント、2002年より改）

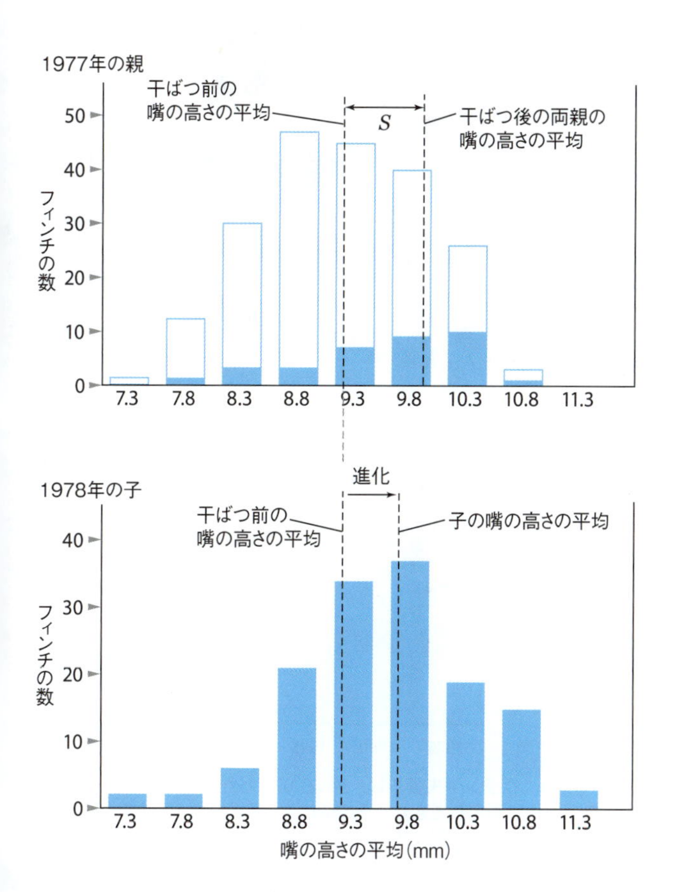
1977年の親
干ばつ前の
嘴の高さの平均
S
干ばつ後の両親の
嘴の高さの平均
フィンチの数
0
10
20
30
40
50
7.3
7.8
8.3
8.8
9.3
9.8
10.3
10.8
11.3
1978年の子
進化
干ばつ前の
嘴の高さの平均
子の嘴の高さの平均
フィンチの数
0
10
20
30
40
7.3
7.8
8.3
8.8
9.3
9.8
10.3
10.8
11.3
嘴の高さの平均（mm）

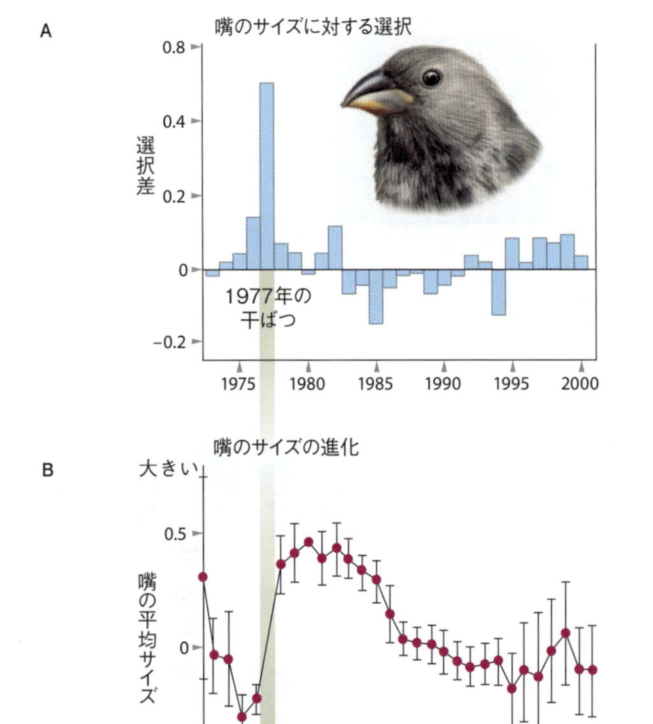

図 7-5　A：グラント夫妻らは、約 40 年にわたって、フィンチの嘴に起きた自然淘汰を測定してきた。その間にも、選択の強さと方向は変化した。グラント夫妻は、個体群全体の嘴の平均サイズと、子を残せた個体の嘴の平均サイズの差（選択差）を年ごとに図示した。**B：**ある年は大きい嘴のフィンチが有利（選択差が正）だったが、小さい嘴のフィンチが有利（選択差が負）な年もあった。また、嘴のサイズによる選択がほとんどない年もあった。こうした選択の強さや向きに応じて、フィンチ個体群における嘴のサイズは変動した。（グラントとグラント、2002 年より改）

に報われた（図7-5）。彼らの研究から、自然淘汰がどのようにはたらくかについての深い洞察が、いくつも得られたのである。

明らかになったことの一つは、自然淘汰そのものが変化することだ。もしもグラント夫妻が雨季にだけ大ダフネ島で調査をしていたら、方向性淘汰に関する重要な現象を見逃していただろう。大きい嘴に有利な選択がはたらくのは乾季の間、特に干ばつの年の乾季なのである。

２つ目は、進化が驚くべきスピードで起こり得ることである。グラント夫妻がこの研究をおこなう前は、多くの進化生物学者が、進化は非常に長い年月をかけて起こると信じていた。数百万年にもわたる化石記録のゆるやかな変化から、自然淘汰の力は非常に弱く、作物や家畜にはたらく**人為淘汰**[*1]と比べても、ずっと弱いと思われていたのだ。しかしグラント夫妻は、野生個体群でも人為淘汰と同じくらい速く進化的変化が起こることを観察した。彼らが測定した選択は強力で、個体群はわずか数世代で進化したのである。

３つ目の、たぶんもっとも重要な洞察は、選択の性質が徐々に変わり得ることである。大きくて高い嘴が有利な年もあれば、小さくて低い嘴が有利な年もある。グラント夫妻が研究している間にも、選択の強さや方向は何度も変化したのである。

＊1　**人為淘汰**：人によっておこなわれること以外は、自然淘汰と同じ。ブリーダーが、経済的に有利な形質を持つ個体を選択するとき、その形質には強い人為淘汰がかかる。

7.2　黒いマウスと白いマウス

ピーター・グラントとローズマリー・グラントの研究は、調査期間が40年にもわたるという点で並外れている。しかし今では、野生個体群における自然淘汰を実証した数百もの研究のうちの一つにすぎない。こうした研究によって、自然淘汰の複雑な姿が明らかにされてきた。それらの中には、自然淘汰がはたらく特定の遺伝子に焦点を絞った研究もある。

第6章で、米国南東部でハイイロシロアシマウス（*Peromyscus polionotus*）を研究するホピ・フークストラについて述べた。フークストラらは、マウスの個体群が異なると、毛色も違うことに興味を持った。フークストラらは、マウスの毛色の決定に関与するいくつかの遺伝子を、量的形質遺伝子座（QTL）マッピングを用いて同定した。これにより、砂浜のマウスと内陸のマウスの毛色の違いが自然淘汰の結果である可能性が高くなった。なぜなら、この形質（毛色）は、自然淘汰がはたらく3つの条件のうちの少なくとも2つを備えていることがわかったからだ。変異があることと、その変異が両親から子へ遺伝することだ。

3つ目の条件は、形質の変異によって、個体群の中で生存率や繁殖能力に差が出ることである。そこでフークストラらは、ハイイロシロアシマウスの色によって、捕食者に殺される確率に差が出るかを調べた。鳥などの捕食者がマウスを捕まえるためには、まずマウスを見つけなくてはならない。しかし、マウスは主に曇った暗い夜に餌を探すので、そう簡単には捕食者に見つからない。そういう習性に加えて、毛の色も、マウスの見つかりにくさに役立っているかもしれない。内陸に棲むハイイロシロアシマウスは、ローム質の黒い土に

似た暗い毛色をしている。一方、白い砂浜に棲むハイイロシロアシマウスは、明るい毛色をしているのだ。

自然淘汰がこうした変異を生み出しているという仮説を検証するために、当時ハーバード大学に所属していたフークストラとサーシャ・ヴィニエリは、シンプルな野外実験をおこなった。ハイイロシロアシマウスの等身大の粘土模型をたくさん作って、内陸や砂浜に置いたのだ。マウスの模型の半数は濃い色に、残りの半数は薄い色にしておいた。そしてフークストラとヴィニエリは、捕食者が模型を襲うのを待った。

捕食者である鳥や哺乳類はマウスの模型を襲ったが、ニセモノだと気づくとすぐに捨てた。フークストラとヴィニエリは模型をすべて集め、捕食者に壊されたものを数えた。壊された模型の多くは、生息地と色が違うものだった。明るい砂浜では暗い色の模型が、内陸部では明るい色の模型が、主に襲われていたのである（図7-6)。

フークストラらはこの結果から、ハイイロシロアシマウスの毛色の進化に関する仮説を立てた。自然淘汰を起こす生態的要因と、それを可能にする遺伝的基盤の両方を説明できる仮説である。内陸の個体群では、色素に関与する対立遺伝子がいくつかあり、そのため毛色に遺伝的変異が見られる。しかし内陸の捕食者は、明るい毛色にする対立遺伝子を持つマウスを襲うため、この対立遺伝子の頻度は低く保たれる。そのため、繁殖できるまで生きるのは、たいてい暗い色のマウスだ。当然その子孫も、暗い色が多くなるだろう。

数千年前、ハイイロシロアシマウスは、メキシコ湾の砂浜とその沖の砂州島に移入してきた。当時のマウスは茶色だったので、砂浜では目立ち、捕食されやすかっただろう。しかし毛色を明るくする遺伝的変異が表れると、自然淘汰によっ

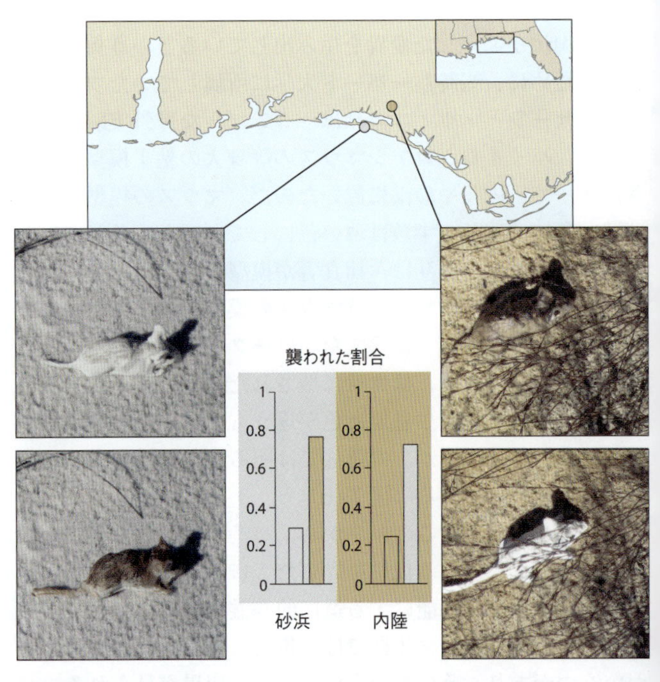

図7-6　ホピ・フークストラらは、ハイイロシロアシマウスの毛色の自然淘汰を実証するために、ある実験をおこなった。粘土でマウスの模型を作り、砂浜や内陸のマウスに似せて色を塗り、フロリダの砂浜と内陸に置いたのだ。すると、砂浜でも内陸でも、背景に近い色のマウスが捕食される割合（被食率）は低かった。砂浜では、暗い色の模型の被食率（**左**）は、明るい色の模型よりずっと高かった。内陸では、明るい色の模型の被食率（**右**）は、暗い色の模型よりずっと高かった。（ヴィニエリら、2010年より改）

て、砂浜の個体群の毛色は明るい色に変化した。メキシコ湾の個体群で調べたところ、毛色が明るくなった要因は、色素沈着にかかわるいくつかの遺伝子の変異であることが明らかになった。ある突然変異によって、メラノコルチン１受容体（*Mc1r*）のアミノ酸が１つだけ変化した。そのため、暗い色素の産生に必要な受容体の感度が下がった。また、別の突然変異によって、アグーチ（*Agouti*）という遺伝子の発現量が増加した。*Agouti* は、*Mc1r* のシグナル伝達を妨げる遺伝子だ。こうした２つの遺伝子の変化が重なったためにメラニン合成量が減り、毛色が明るくなったのである（第６章を参照）。

白いハイイロシロアシマウスは、フロリダのメキシコ湾側だけではなく、大西洋側でも見られる。しかし白いマウスが内陸部の黒い土の上を、300 km も歩いて移動したとは考えにくい。したがって、この２つの個体群は、内陸のマウスから、それぞれ独立に進化した可能性の方がずっと高い。フークストラらは、２つの海岸の個体群について、毛色に関する遺伝的基盤を比較してみた。すると、大西洋側に生息する明るい色のマウスは、メキシコ湾側のマウスで見つかった *Mc1r* 対立遺伝子を持っていなかったのである（図７-７）。

大西洋側のハイイロシロアシマウスの明るい毛色は、別の遺伝子の突然変異によって生じたらしい（現在、フークストラらが探索中である）。これは、自然淘汰ではよくあることだ。同じ淘汰圧を受けている近縁な個体群同士では、しばしば同じ表現型が進化する。しかし、同じ表現型に達するまでの途中の遺伝的経路は、異なっていることもあるのである。

色の進化は、生物学者が読み解き始めたばかりのとても複雑な現象である。たとえば、フークストラらはニューハンプシャーでは、ハイイロシロアシマウスの姉妹種である黒色の

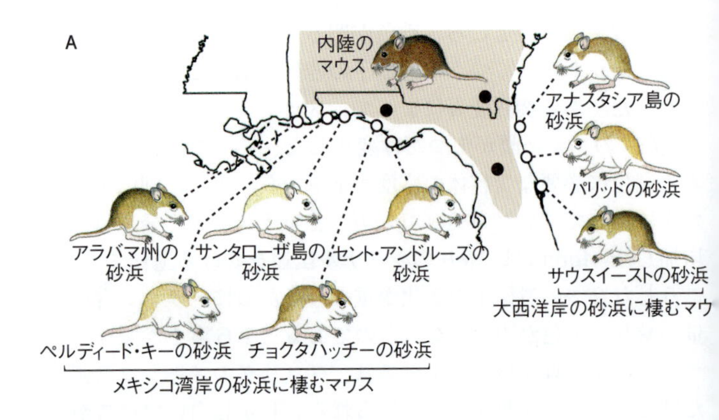

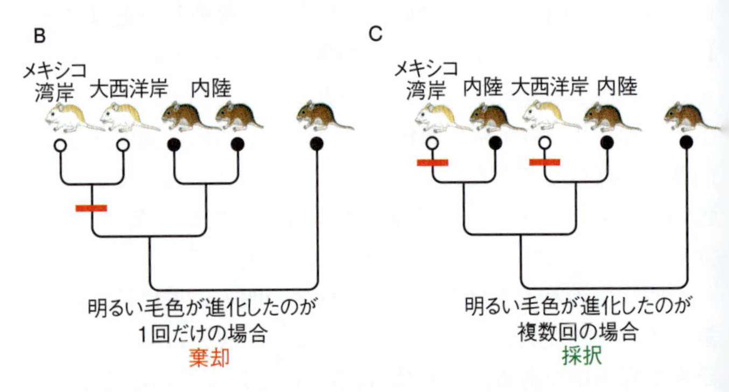

図7-7 A：毛色の明るいマウスの亜種は、フロリダのメキシコ湾岸にも大西洋岸にも分布する。B：明るい毛色が1回だけ進化した場合の亜種間の系統図。DNAデータにもとづけば、この仮説は棄却される。C：砂浜のマウスの明るい毛色は、独立に2回進化したようだ。1回目はメキシコ湾岸の個体群で、2回目は大西洋岸の個体群で進化した。この系統仮説は、毛色を明るくするのに関与する突然変異部位のマッピングによっても支持される。（フークストラ、2010年より改）

シカシロアシマウス（*Peromyscus maniculatus*）を研究している。彼女たちは、シカシロアシマウスが、*Agouti* 遺伝子に新たな変異を持っていることを発見した。今度は、毛色を黒から白にするのではなく、白から黒にするための遺伝的変異だ。*Agouti* を活性化するのではなく不活化して、メラニン産生量を増やしているのだ。メラニン産生を阻害する *Agouti* の活性を減らすことにより、メラニン合成量を増やして、毛色を黒くしているのである。

7.3　適応度と地理

自然淘汰は、時間とともに変異を生み出していくだけでなく、空間的にも変異を作っていく。ある対立遺伝子が個体群の中に広がっていくということは、空間的に広がっていくということだ。もし有利な対立遺伝子を持つキリンがセレンゲティ国立公園を歩き回って、新しい群れに加わったとしよう。その有利な対立遺伝子は、数世代のうちに新しい群れの中に広がっていくだろう。その後、その対立遺伝子は、別のキリンによってもっと遠い群れまで運ばれるかもしれない。どのくらい対立遺伝子が個体群の間を移動（**遺伝子交流**＊2）するかは、多くの変数で決まる。たとえば、個体がどれだけ遠くまで移動するかによるし、配偶子がどれだけ移動するかにもよる。樹木の場合は、根を引き抜いて歩き回るなんてことはできないが、そのかわりに花粉を遠くまで広範囲に分散させることができる。種子なら、鳥の脚にくっついて海を渡ることさえある。

対立遺伝子が個体群間を行き来しても、その効果はたいてい中立である。多くの対立遺伝子は、個体がどこに棲もうと、その個体の適応度を変化させることはない。しかし、遺伝子交流によって、有益な対立遺伝子や有害な対立遺伝子が運ばれることもある。あるいは、以前の個体群では適応度を上げていた対立遺伝子でも、新しい個体群に入ると環境が異なり、今度は適応度を下げるようにはたらく場合もあるだろう。このように、対立遺伝子はある個体群で生じ、他の個体群で消えてしまうこともある。まるで水が蛇口から出て、排水口へと流れていくようだ。

自然界の多くのパターンが、こうした遺伝子の複雑な動きによって説明できる。たとえば、米国東部に生息するスカーレットキングヘビ（*Lampropeltis triangulum elapsoides*）を見てみよう。生息域の南東部に位置するフロリダ州やジョージア州などでは、スカーレットキングヘビは、赤、黄、黒のカラフルな色をしている。しかし、テネシー州、ケンタッキー州、ヴァージニア州などの生息域北部では、赤い部分が多くなる。

2008年、ノースカロライナ大学のジョージ・ハーパーとデイヴィッド・ペニヒは、スカーレットキングヘビを研究して、同種でも生息場所が異なれば、違う色になる理由を解明した（図7-8）。スカーレットキングヘビは、生息域の南東部では、ハーレクインサンゴヘビ（*Micrurus fulvius*）と同所的に生息している。咬まれたら致命的なこのハーレクインサンゴヘビは、多くの有毒な動物と同じように目立つ色をしている。肉食哺乳類などの捕食者は、ハーレクインサンゴヘビの鮮やかな色を見ると、近寄らない。このタイプの警告信号のことを、**警告色**[*3]と呼ぶ。スカーレットキングヘビは毒を持たないが、ハーレクインサンゴヘビと同所的に生息する個体は警告色に似た色をしている。そのため、スカーレッ

トキングヘビは無毒にもかかわらず、捕食者が近寄ってこないのだ。

　スカーレットキングヘビの生息域は、ハーレクインサンゴヘビよりもずっと広い。ハーレクインサンゴヘビがいない生息域の北部では、スカーレットキングヘビの体色はハーレクインサンゴヘビと似ていない。しかし、スカーレットキングヘビの北と南の個体群の間に見られる違いは、それらが遺伝的に隔離されてきたからではない。ハーパーとペニヒはスカーレットキングヘビのDNAを解析し、生息域全体にわたって遺伝子交流が起きていることを示した。生息域南部のスカーレットキングヘビが他の地域へ移住するときには、ハーレクインサンゴヘビを真似るための対立遺伝子も一緒に移動しているのだ。

　それなのになぜ、すべてのスカーレットキングヘビがハーレクインサンゴヘビに似てしまわないのだろうか？　それは、ハーレクインサンゴヘビの真似をすることは、ハーレクインサンゴヘビのいるところに棲む捕食者からの防御にしかならないからである。ハーレクインサンゴヘビのいない地域に棲む捕食者は、目立つヘビを積極的に攻撃する。ある場所では効果的な警告が、別の場所では逆に捕食者の注意を引きつけてしまうのだ。ハーレクインサンゴヘビのいる地域から遠く離れたところに生息するスカーレットキングヘビには、ハーレクインサンゴヘビの真似をしない方向へ自然淘汰が強くはたらいていることに、ハーパーとペニヒは気がついた。そのため、スカーレットキングヘビは、ハーレクインサンゴヘビのいる地域から遠く離れるほど、ハーレクインサンゴヘビのような見かけからも遠ざかっていくのだ。

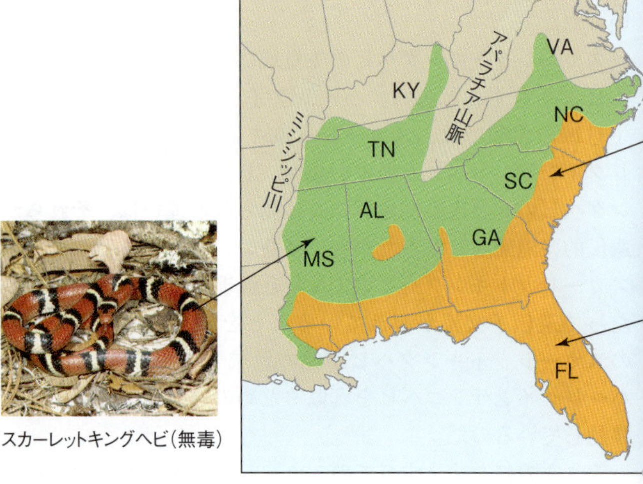

スカーレットキングヘビ（無毒）

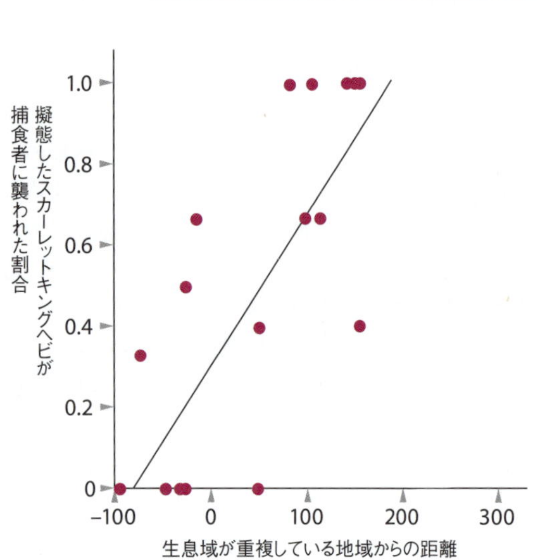

擬態したスカーレットキングヘビ（無毒）

ハーレクインサンゴヘビ（有毒）

図７-８　スカーレットキングヘビは、有毒なハーレクインサンゴヘビと同所的に生息する場所では、この毒ヘビに色が似ている。しかし、ハーレクインサンゴヘビの生息域から遠いところでは、あまり似ていない。生息域が重複している地域では、ハーレクインサンゴヘビに似せる遺伝子が自然淘汰で有利となる。しかし、遺伝子交流によって有毒なハーレクインサンゴヘビのいない地域に移動すれば、この遺伝子は取り除かれる。有毒なハーレクインサンゴヘビの生息域に棲んでいる捕食者は、鮮やかな体色のヘビに近づかないことを学習する。したがって、スカーレットキングヘビも、鮮やかな体色をしていた方が捕食者に襲われにくい。しかし他の地域では、こうした体色をしたスカーレットキングヘビは見つかりやすいため、捕食者に襲われやすい。（ハーパーとペニヒ、2008年より改）

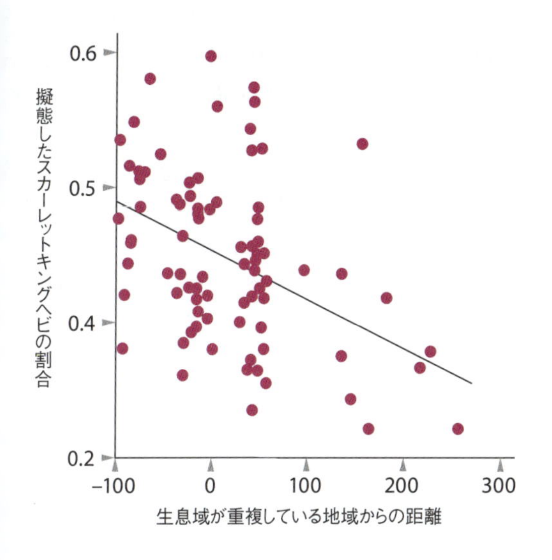

＊2　**遺伝子交流**：ある個体群から別の個体群へ対立遺伝子が移動すること。個体や配偶子が移動するときに起こる。
＊3　**警告色**：捕食される種が使う、危険や味の悪さを示すための対捕食者戦略を警告信号という。警告信号のもっとも有名な例が、警告色である。警告色とは、危険性のある獲物が持つ派手な体色で、捕食を抑止するようにはたらく。

7.4　逆向きにはたらく自然淘汰

1つの形質に対して、複数の自然淘汰がはたらくことがある。つまり、1つの集団が2つの異なる方向に変化するように、同時に引っ張られることがあるのだ。しかし、複数の自然淘汰が作用していることに気づくのは難しい。ちょうど綱引きをしているときに、両チームの力が拮抗していると、綱が動かないような状態である。2つの力がはたらいていることを示すには、慎重な実験が必要だ。このような進化の綱引きの見事な例が、ミバエの一種（*Eurosta solidaginis*）というハエで報告された（図7-9）。

このハエのメスは、セイタカアワダチソウなどのアキノキリンソウ属（*Solidago*）の茎の先端部の中に産卵する。アキノキリンソウ属は、古い畑などに生える植物だ。卵から孵化すると、幼虫は芽の内部を掘って食べる。それから幼虫は、植物細胞の遺伝子発現を変えるタンパク質を含む液体を分泌する。すると植物の細胞は、ゴール（虫こぶ）と呼ばれる丸い腫瘍のような構造を形成する。ゴールの外側は堅いが、内側は柔らかい。ハエの幼虫は植物内部の液体を飲みながら、ゴールの中で育っていく。

ゴールは植物の細胞でできているが、その成長はハエに

図７-９　A：ミバエの一種（*Eurosta solidaginis*）のメスは、卵をアキノキリンソウ属の茎の内部に産みつける。B：ハエの幼虫は孵化すると、化学物質を分泌して、植物にゴール（虫こぶ）を作らせる。C：ゴールは幼虫の餌にもなるし、幼虫を保護するのにも役立つ。写真はウォーレン・エイブラハムソンの厚意による。

よってコントロールされている。そのためゴールは、ハエの**延長された表現型**＊4と考えることもできる。生物学者のアーサー・ワイスとウォーレン・エイブラハムソンは、ゴールの大きさには変異があり、少なくともその一部は、植物ではなくハエの幼虫の遺伝的な違いによることを実験で示した。複数のメスに、複数の植物個体の茎に産卵させたのだ。植物間の遺伝的な違いによる影響を除くため、植物はすべて、遺伝的に同一なクローンを使用した。エイブラハムソンとワイスは、それぞれのメスから生まれたすべての幼虫にゴールを作らせ、できたゴールの大きさの平均値を比較した。すると、ハエの系統によって、できたゴールの大きさはかなり違っていた（図７-10）。

系統によって大きさが違うということは、ハエが植物にゴールを形成させる方法には変異があり、その一部は遺伝することを示している。つまり、個体群内に変異があること、

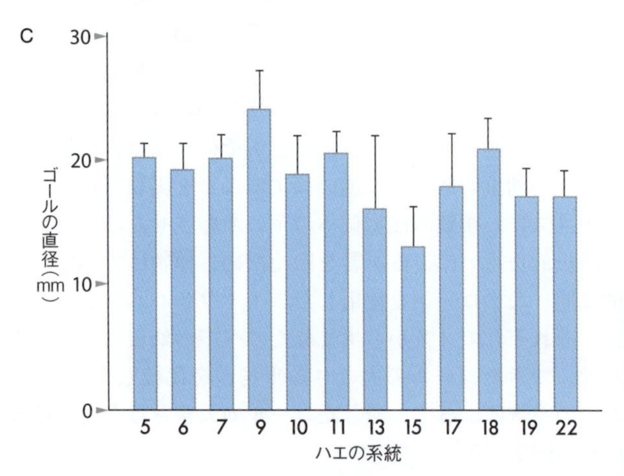

図7-10　ハエの幼虫が作るゴールの直径は、それぞれ異なる（A、B）。この変異の一部は遺伝する。同じ母親から生まれた幼虫は、ほぼ同じサイズのゴールを作る。中には、かなり大きなゴールを作る系統もある（C）。（エイブラハムソンとワイス、1997年より改）

その変異が遺伝すること、という自然淘汰の２つの条件は満たされたことになる。

それでは、自然淘汰の３つ目の条件はどうだろう。ゴールは、生存率に影響するだろうか。野生個体群で、ゴールの大きさとハエの生存率の関係が調査された。その結果、ゴールの大きさは、とても重要であることがわかった。ゴールは幼虫を、2つの主要な死亡要因から保護している。その2つとは、鳥と寄生バチである。鳥はゴールを裂いて幼虫を引きずり出す。一方、メスの寄生バチはゴールに産卵管を突き刺し、ハエの幼虫の上に産卵する。寄生バチの卵が孵化すると、その幼虫はハエの幼虫よりずっと速く成長する。寄生バチの幼虫は、ゴールとハエの幼虫の両方を食べながら成長するのである。

それぞれの要因で死亡する可能性は、ゴールの大きさに影響される。しかし、その影響は逆向きだ。エイブラハムソンとワイスは、鳥による捕食が、ゴールを小さくするとても強い選択となっていることを発見した。植物が枯れて少なくなる冬の間、大きなゴールは鳥に見つかりやすい。そのため、大きなゴールは小さなゴールより食べられやすいのだ。エイブラハムソンとワイスが、いつどこで観察しても、このパターンは同じだった。すべてのケースで鳥の捕食は、ゴールを小さく目立たないようにする淘汰圧としてはたらいていた。

寄生バチもゴールに強い淘汰圧をかけているが、その向きは鳥による捕食と反対である。寄生バチのメスは、タマバエの幼虫の上に産卵するために、産卵管をゴールの中心部まで届かせる必要がある。寄生バチは非常に長い産卵管を持っているが、ときにはゴールが大きすぎて、中にいる幼虫まで産卵管が届かないことがある。そのため、大きいゴールにいる

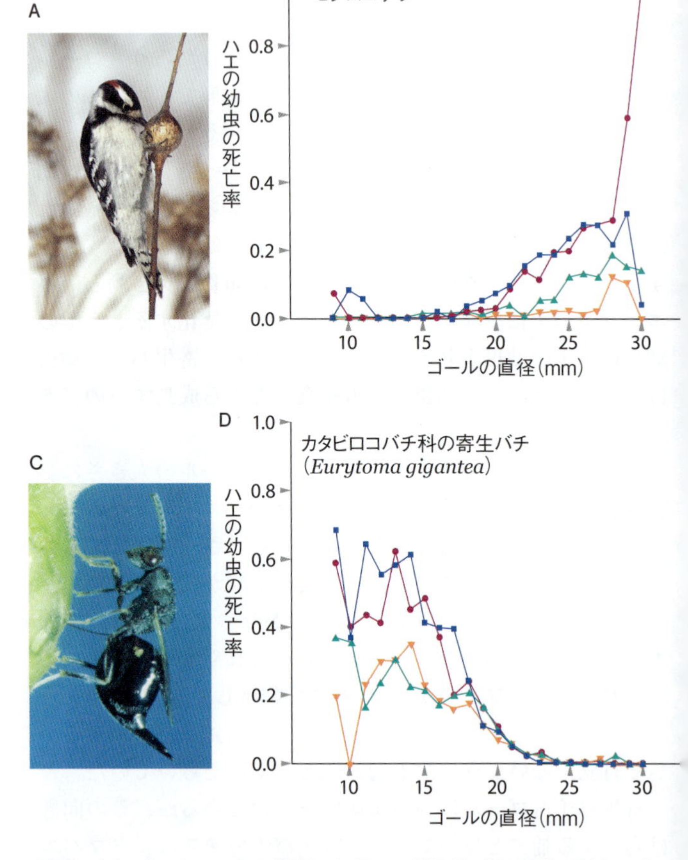

図7-11 A：キツツキの仲間のセジロコゲラは、畑の植物が枯れ、ゴールがもっともよく見える冬の間に、セイタカアワダチソウのゴールを襲う。B：セジロコゲラが見つけるのは、主に大きいゴールだ。C：寄生バチは、卵をゴールに注入する。D：寄生バチの犠牲になるのは、小さいゴールの幼虫だ。両者による選択の結果、中間的な大きさのゴールを作るハエが有利になる。（ワイスら、1992年より改）

幼虫が、寄生を免れることが多い。したがって寄生バチは、ゴールを大きくする淘汰圧としてはたらいていることになる。このパターンも、いくつもの個体群で繰り返し観察された（図7-11）。

エイブラハムソンとワイスの研究を総合すると、大切なのはバランスのようだ。ゴールが大きすぎると、幼虫の多くは鳥に食べられる。ゴールが小さすぎると、幼虫の多くは寄生バチによって死んでしまう。その結果、鳥と寄生バチはトレードオフとしてはたらき、ゴールは中間的な大きさへ向かう安定化淘汰を受けることになる。

＊４　**延長された表現型**：生物によって作られた構造で、その生物の生存や繁殖に影響する可能性があるもの。それらはその生物体の一部ではないが、構造はそれぞれの個体の遺伝子型に影響される。鳥の巣やハエのゴールなどの例がある。

7．5　自然による実験

イトヨ（*Gasterosteus aculeatus*）というトゲウオの仲間は、北半球の広い範囲に生息する小さな魚である。北アメリカやヨーロッパ、アジアの沖合には、成魚からなる個体群が暮らしている。成魚は川を遡って、内陸の淡水で産卵する。そして子どもは、再び海まで戻ってくる。しかし、このトゲウオの中には、海へ帰らずに湖で一生を送る個体群もいる。彼らの祖先は、最終氷期が終わる１万1000年前より以前に、湖まで辿り着いた。そして氷河が後退すると、再び陸地が現れ、湖は海から切り離された。海に戻れなくなったトゲウオは湖の中で孤立し、新たな淘汰圧にさらされることになった。こうした湖群の中のトゲウオは、リチャード・レンスキーの実験におけるフラスコの中の大腸菌のようなもので、自然が進化の実験をしているとみなすことができる。現在では、湖の個体群と海の個体群は、多くの点で異なっているが、ここでは、1つの変化に注目しよう。トゲウオがどのように鎧を失ったかである（図7-12）。

海に棲むトゲウオには、捕食者から身を守るための棘や硬い鱗板が発達している。ノドキリマスが棘を持ったトゲウオを飲み込もうとしても、10回に9回は失敗して、獲物を吐き出してしまう。たとえ吐き出されても、多少はトゲウオも

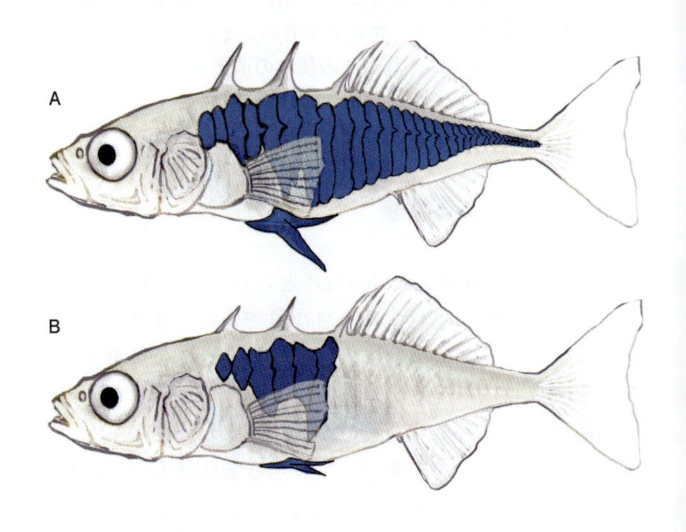

図7-12　A：海に生息するイトヨは、背や腹にある長い棘や、体側部に並ぶ丈夫な鱗板によって捕食者から身を守る。B：淡水の湖では、こうした防御用の構造を減らすことができる。

傷つく。しかし、体の側面に発達した鱗板によって、致命傷は免れるのだ。

トゲウオの鎧となる鱗板の量は、個体によって異なる。スタンフォード大学のデビッド・キングズリーらは、この変異が遺伝することを発見した。彼らは、QTLマッピングを使い、この変異を起こす部分をトゲウオのゲノムの中から探した。そして、エクトジスプラシン（*ectodysplasin*、*Eda*）遺伝子の対立遺伝子（弱い *Eda* 対立遺伝子）が、トゲウオの鱗板の変異に関与していることをつきとめた。

Eda によるシグナル伝達は、脊椎動物の成体の外皮や歯の形成に関与する。トゲウオの *Eda* は、体側部の鱗板の成長をコントロールしているようである。劣性である弱い *Eda* 対立遺伝子を２つ持つトゲウオは、鱗板があまり発達しない。キングズリーらが発見したこの弱い *Eda* 対立遺伝子は、正常な *Eda* 対立遺伝子と４つの部位で異なっていた。それぞれの部位で突然変異が起こり、塩基が変化したことで、最終的にできるタンパク質のアミノ酸もそれぞれ変わっていた。

このトゲウオの研究から、自然淘汰の３つの必要条件がすべて明らかにされた。生き残るために鱗板が重要であること、鱗板の数などの表現型が個体間で異なること、そして、こうした表現型の違いを起こした原因が遺伝的な違いであること、の３つである。海洋には捕食者がいるので、鱗板を頑丈にする *Eda* 対立遺伝子が選択された。しかし、捕食者がほとんどいない湖に取り残されると、トゲウオが受ける淘汰圧は変化した。立派な鱗板を持っていても、適応度は上がらないのだ。

トゲウオは数百万年前、海水面が変動した時期に、海洋から淡水湖へと進出した。ニューヨーク州立ストーニー・ブルック大学のマイケル・ベルらは、ネバダ州の1000万年前の地層から、淡水に棲むトゲウオの素晴らしい化石を発見した。この豊かな化石記録のおかげで、彼らは11万年にわたるトゲウオの進化史を、10年単位で再現できたのだ。トゲウオの長期にわたる自然淘汰の歴史を再現するために、彼らは化石に見られる鎧を測定した。

最初の9万3000年間は、小さな棘を少しだけ持ち、鱗板のほとんどないトゲウオばかりだった。それから、この祖先的なトゲウオに、立派な鱗板と長い棘を持つ、完全装備のトゲウオが加わった。おそらく海のトゲウオが、洪水によって湖に運ばれてきたのだろうと、ベルは考えている。化石記録で見るかぎり、この2タイプのトゲウオは、100年間共存した。その後、棘と鱗板のほとんどない初期のタイプは消えてしまった。

次の1万7000年間は、新しいタイプのトゲウオで、防御形質の退化が起こった(図7-13)。棘は少しずつ短くなって、消えてしまった。鱗板は小さくなった。結局、新しいタイプのトゲウオは、以前に棲んでいた初期のタイプにそっくりになったのだ。

最終氷期の後に湖に孤立したトゲウオにも、同じことが起きている。大きな鎧（鱗板）を持つ個体が淡水湖に広がったが、子を多く残したのは鎧の小さい個体だったのだ。そのため、時間が経つうちに、鱗板は小さくなっていった。今日、淡水湖のトゲウオは、海生の近縁種に比べて、棘が少なく鎧も小さくなっている。この防御形質の退化という進化は、いろいろな湖で繰り返し起きている。

ブリティッシュ・コロンビア大学のドルフ・シュルーターらは、防御が自然淘汰によって失われていくプロセスを理解

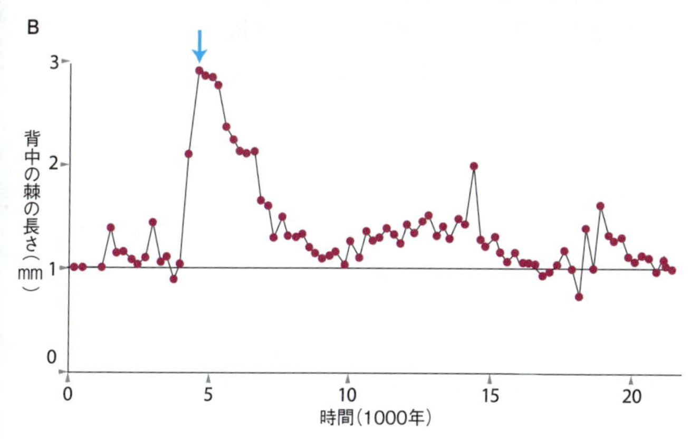

図７-13　**A**：トゲウオは、並外れて豊富な化石記録を持つため、漸進的な進化を再現できる。**B**：ネバダでは、1000万年前のある湖に棲んでいたトゲウオの化石が、10万年以上の期間にわたって保存されている。このグラフは、この連続的な化石記録の最後の２万年における、背中の棘のサイズを示す。矢印は、完全装備のトゲウオが突然現れた時期を示す。おそらく、捕食者がいる海洋からやってきたのだろう。こうしたトゲウオは、元から湖にいた個体群と入れ替わったものの、その後、湖で暮らすうちに自身の棘も徐々に失われていった。鎧である鱗板でも同じ傾向が見られた。横軸の原点は約1000万年前。（ベルら、2006年より改）

するために、カナダの湖に生息する現生のトゲウオの個体群を研究した。湖には捕食魚がいないので、発達した鎧は何の役にも立たない。それどころか、淡水は骨の成長に必要なイオンの濃度が低いので、湖で鎧を作るのはとても高くつくことがわかった。そのため、弱い *Eda* 対立遺伝子を持つトゲウオの方が、淡水では有利となるのだ。丈夫な鎧を作る *Eda* 対立遺伝子を持つトゲウオよりも、弱い *Eda* 対立遺伝子を持つトゲウオの方が、幼魚のうちに大きく成長し、冬の生存率を増し、早く繁殖し始めるのである。

こうした研究をまとめると、淡水湖における自然淘汰の最近の歴史を再現できる。弱い *Eda* 対立遺伝子は、海のトゲウオには少ない。なぜなら、頑丈な鎧を持つトゲウオの方が、捕食者の多い環境では生き残りやすいからである。しかし、海のトゲウオが淡水湖へ移住すると、状況は一変する。捕食者がほとんどいないので、頑丈な鎧を持っていてもいいことはない。それどころか、棘と鎧を作るのにコストがかかるので、他のトゲウオよりも成長が遅くなってしまう。かつてトゲウオが海にいた頃には、適応度を下げた弱い *Eda* 対立遺伝子が、捕食者のいない湖では適応度を上げるようになったのだ。そして弱い *Eda* 対立遺伝子は広がり、鱗板の数は減少した。

様々なトゲウオの個体群で弱い *Eda* 対立遺伝子を比較するうちに、シュルターはこの対立遺伝子がとても古いことに気がついた（対立遺伝子の起源がどのくらい古いかを推定する方法については**第3巻**で議論する）。弱い *Eda* 対立遺伝子は、遅くとも200万年前に生じた。もちろん、淡水のトゲウオの祖先がまだ海にいる頃だ。その対立遺伝子は、トゲウオの一部が湖に移入するまで、低頻度ながらも何とか消えずに残っていた（**第５章**で、頻度の少ない劣性対立遺伝子には自然淘汰がほとんどはたらかないので、たとえ不利な遺伝子であっても長期間にわたって個体群に残り得ることを述べた）。そしてトゲウオが淡水湖に移入すると、弱い *Eda* 対立遺伝子は自然淘汰で有利になったのだ。

さて、最後のピースをはめて、このパズルを完成させよう。法則を証明するためには、実は例外を探すことが有効なのだ。シアトルの近くのワシントン湖では、トゲウオは完全な鎧を持っている。テキサス大学の生物学者であるダニエル・ボルニックらは、なぜシアトルのトゲウオは湖に棲んでいるにもかかわらず、完全な鎧を持っているのか不思議に思った。彼らは、シアトルのトゲウオが完全な鎧を持つようになったのは、ごく最近であることに気がついた。1950年代後半に採集された魚は、他の湖のトゲウオと同じように小さな鎧を持っていた。その後の40年足らずで、ワシントン湖のトゲウオは変化した。完全な鎧を持つ姿に戻ったのだ。

この不思議な現象を解決する鍵は、ここ数十年にわたって施行されてきた、ワシントン湖の汚染防止条例にあった。湖にマスが導入され、透明な水の中で簡単に見つかるトゲウオを襲い始めたのだ。このマスによる捕食が増加したのが1970年代で、ちょうどトゲウオの鎧の逆向きの進化が始まる時期と一致しているのである。

コラム 7.1　適応度地形の地図を作る

個体群内のある１つの形質の適応度を表すためには、１つの軸に形質値を、もう１つの軸に適応度をとって、２次元のグラフを描くことができる。しかし、ある個体群の繁殖成功度に複数の形質がかかわっている場合でも、表現することは可能である。たとえば、幼体の生存率が、体重と走るスピードの両方に依存するようなトカゲを考えてみよう。ある個体が生き残る確率は、この両方の形質の関数になる。

２つの形質を扱うときは、２次元曲線の代わりに３次元の地形を使えばよい。丘のような地形を考えてみよう。それぞれの地点は３つの座標で表される。緯度、経度、そして標高である。適応度地形では、緯度と経度は２つの形質値であり、標高は適応度になる。

第６章で述べたように、１つの形質についての適応度のグラフには、様々なものがある。適応度のピークは個体群の形質値の真ん中くらいにあるものもあるし、形質値の範囲の端にピークがくるものもある。もし形質値の中間の適応度がもっとも低いなら、鞍のように真ん中がへこんだ形になる。同じように、２つの形質の適応度地形にも様々な形がある。１つの峰がそびえ立っていることも、峰がたくさんあることもある。適応度の低い形質値がつながって、網の目のように谷が走っているかもしれない。また、峰や谷をよく見れば、急な所もなだらかな所もあるだろう。

実際の個体群の適応度地形を推定するには、多くの個体について2つの形質を測り、それからデータにもっともよく合う地形を見つける必要がある。これには多くの方法がある。もっともよく使われている方法の一つに、ドルフ・シュルーターとダグラス・ニチカが1994年に3次スプライン法と呼ばれる曲線適合モデルをもとに開発したものがある。彼らは7307人の新生児の診療記録を調べ、それぞれの新生児について、出生時の体重と妊娠期間という2つの形質を比較し、さらに生まれてから2週間生きていたかどうかも記録した。

図7-14はその結果で、ドーム形の地形となっている。傾きの険しさは、選択の強さを表す。選択は、妊娠期間が短くて小さな新生児に、もっとも強くはたらく。また、生存率が同じになる2つの形質値の組み合わせは、何通りも存在する。たとえば、出生時の体重が軽く、妊娠期間が中間的であった新生児の生存率は、出生時の体重が重く、妊娠期間が短い新生児と同程度であった。適応度地形がドーム形になった理由の一つは、体重がもっとも重く、妊娠期がもっとも長かった新生児の生存率が低かったためだ。つまりヒトの新生児には、主に方向性淘汰がはたらくが、安定化淘汰も弱くはたらいていることが、この地形からわかる。

もちろん、個体群内の3つ以上の形質に強い選択がはたらくこともあり得る。あいにく私たちの脳は4次元以上のグラフを視覚化できないが、これと同じ方法

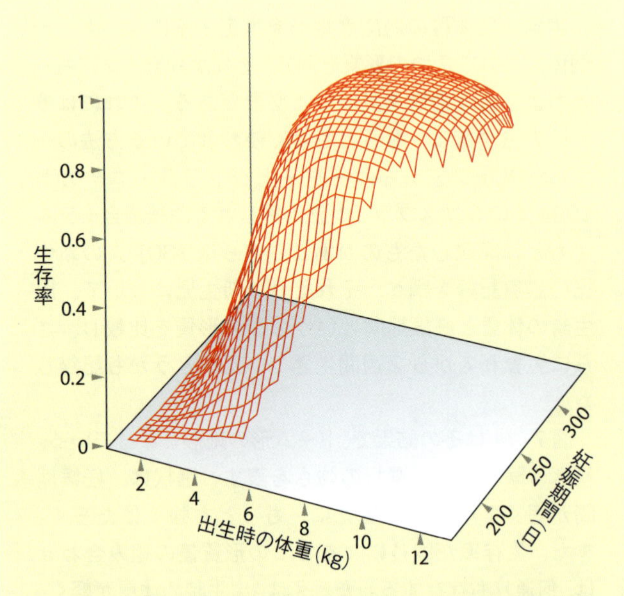

図7-14　この3次元グラフは、新生児の出生後2週間の生存率が、出生時の体重と妊娠期間の組み合わせに依存している様子を示している。(シュルーターとニチカ、1994年より改)

を使えば、もっと複雑な相互作用を分析することもできる。進化における地形の概念は、個体群が時間とともにどのように変化するかを考えるときにも役に立つ(さらに詳しい議論は、シュルター、2000年、ピグリウッチとカプラン、2006年を参照)。

7.6　ミルクを飲む

もしもあなたの祖先が西ヨーロッパ出身なら、あなたはおそらくミルクを消化できるだろう。でも、もしもあなたが中国人なら、ミルクを消化できないかもしれない。この違いの一因は、過去数千年にわたる人類への自然淘汰の結果であることが明らかになっている。

ヒトは、哺乳類である。そして、現生哺乳類の特徴の一つは母乳を作ることである。母乳にはラクトース（乳糖）と呼ばれる糖分がたくさん含まれている。哺乳類の子どもは、ラクターゼ（乳糖分解酵素）という酵素を体内で作り、乳糖を分解して消化できる単糖にする。しかし、哺乳類の子どもは、たいてい乳離れの時期にラクターゼの産生をやめる。母乳を飲まなくなるからだ。この変化は自然淘汰で有利になるはずである。使い道のない酵素を作るのにエネルギーを使わなくてよいからだ。

およそ70%の人が、子どものうちに腸の細胞でラクターゼを作るのをやめる。そのため、子どものうちはミルクを消化できるが、大人になると消化できなくなるのだ。乳糖が腸内に増えると、糖を食べる細菌の成長を促進する。そして、細菌が出した排泄物によって、消化不良とガスに悩まされることになる。しかし、約30%の人は、大人になっても腸の細胞がラクターゼを作り続ける。こうした人々は問題なくミルクや乳製品を摂取できる。乳糖を分解できるため、ガスを発生させる細菌の餌となる糖をほとんど残さないからである。乳糖耐性を持つか持たないかは、主としてラクターゼ遺伝子（*LCT*）の対立遺伝子によることがわかっている。

30%の人々がいかにして乳糖耐性の対立遺伝子を持つよう

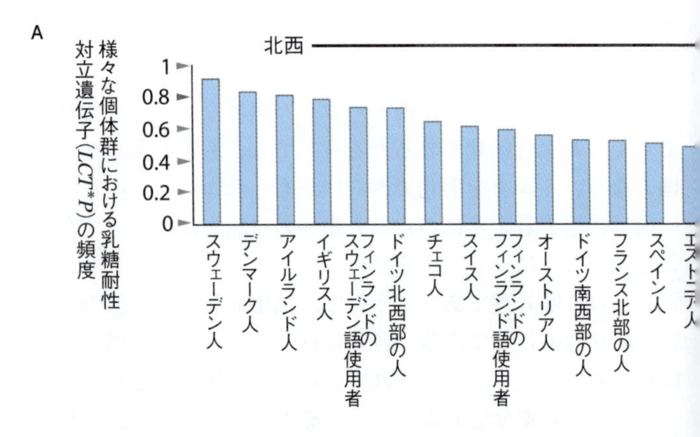
A
様々な個体群における乳糖耐性対立遺伝子(LCT*P)の頻度
北西
1
0.8
0.6
0.4
0.2
0
スウェーデン人
デンマーク人
アイルランド人
イギリス人
フィンランドのスウェーデン語使用者
ドイツ北西部の人
チェコ人
スイス人
フィンランドのフィンランド語使用者
オーストリア人
ドイツ南西部の人
フランス北部の人
スペイン人

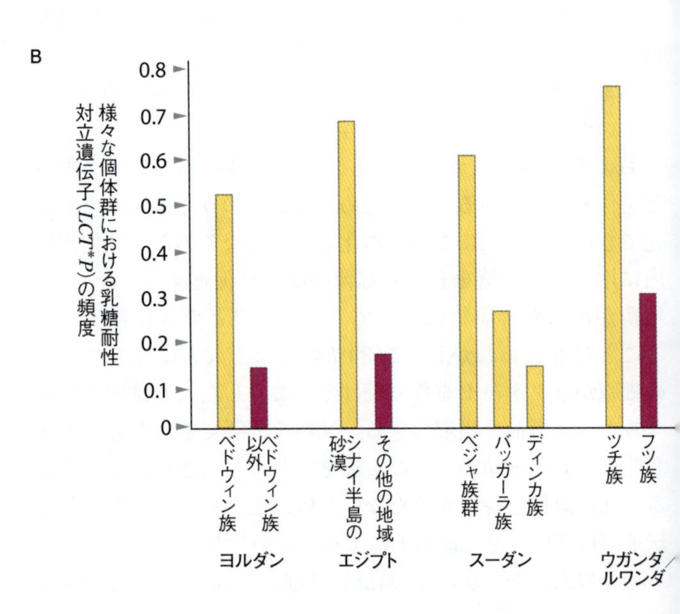
B
様々な個体群における乳糖耐性対立遺伝子(LCT*P)の頻度
0.8
0.7
0.6
0.5
0.4
0.3
0.2
0.1
0
ベドウィン族
ベドウィン族以外
シナイ半島の砂漠
その他の地域
ベジャ族群
バッガーラ族
ディンカ族
ツチ族
フツ族
ヨルダン
エジプト
スーダン
ウガンダ/ルワンダ

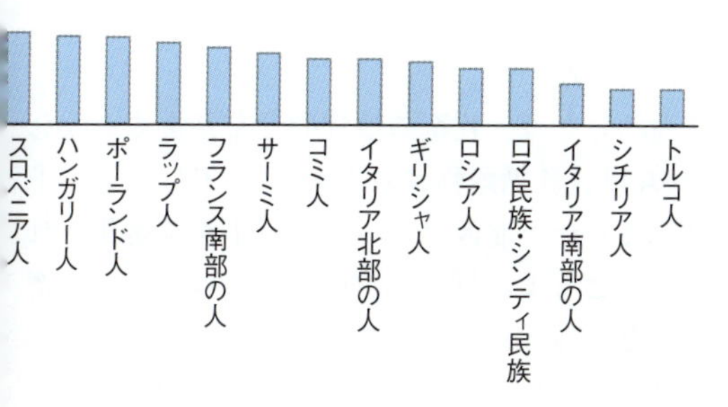

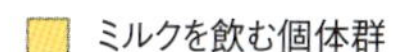

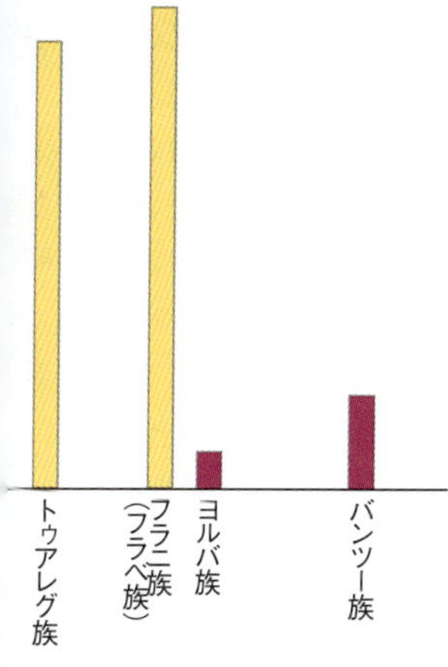

図7-15　A：ヒトは個体群ごとに、ラクトース（乳糖）耐性に違いがある。その理由の一つは、ラクターゼ（乳糖分解酵素）遺伝子（*LCT*）に突然変異が起きたからだ。突然変異が起きた*LCT*対立遺伝子はラクターゼを幼児期だけでなく大人になっても作らせる。ヨーロッパ人の個体群では、この乳糖耐性の*LCT*対立遺伝子の頻度に大きな違いがある（ヨーロッパ北西部で頻度が高く、南東部で低い)。B：アラブやアフリカの地理的に近いグループで、ミルクを飲む牧畜民とミルクを飲まない集団の対立遺伝子頻度を比較した。乳糖耐性の対立遺伝子（*LCT*P*）は、ミルクを飲む文化を持つグループに、高頻度で見られる。（スワロー、2003年より改）

になったかを理解するには、牧畜の歴史を見なければならない。約1万年前に北西ヨーロッパや東アフリカなどで、人々は牛を家畜化し始めた。それが食生活に劇的な変化をもたらした。今や、高カロリーのミルクや乳製品が、大人でも簡単に手に入るようになったのだ。

乳糖耐性の地理的分布は、牧畜の地理的分布とよく一致している。図7-15Aは、乳糖耐性にかかわる*LCT*対立遺伝子（*LCT***P*と呼ばれる）が、北西ヨーロッパ（牛が家畜化されていた地域）でもっともよく見られ、南東ヨーロッパ（家畜化の起源からもっとも遠い地域）でもっとも少なくなっていることを示した図だ。また、同じ国の中で、伝統的にミルクを飲む社会と飲まない社会の対立遺伝子頻度を比較したのが図7-15Bだ。ここでも*LCT***P*は、ミルクを飲む人々によく見られる。もし、*LCT***P*が遺伝的浮動だけで広まったのなら、牧畜と*LCT***P*の間にこれほど強い相関は見られないはずだ。つまり、*LCT***P*と牧畜のパターンは、*LCT***P*が自然淘汰で広がったことを強く示しているのである。

ミルクを飲む社会に住む人々のDNAを比較することにより、この現象が遺伝的浮動ではなく、自然淘汰によることを支持する、さらなる証拠が発見された。両親が新しい配偶子を生み出すときには、染色体同士が組み換えを起こし、DNAのまとまりを交換する。つまり、突然変異によって新しく生じた対立遺伝子は、染色体上の近くの遺伝子と一緒に、子に受け渡されるのだ。これはヒッチハイクと呼ばれるプロセスである。しかし、染色体は世代ごとに繰り返し切られて交換されていくので、長い時間が経つうちには、元々近くにあった遺伝子はだんだんなくなっていく。異なる遺伝子座の遺伝子が染色体上で近くにあることを、**遺伝的連鎖***5とい

う。遺伝子同士が近ければ近いほど、その遺伝子同士が一緒にいる時間は長くなる。しかし、どんなに近くにある遺伝子同士も、いつかは組み換えによって分かれ、離れていく運命にあるのである。

しかし、自然淘汰によって**選択的一掃**＊6が起きれば、対立遺伝子が分かれていくのを阻止できる。強い選択がはたらけば、対立遺伝子は個体群中に迅速に広がる。そのスピードは、組み換えによって遺伝子が近くの領域から離れていくス

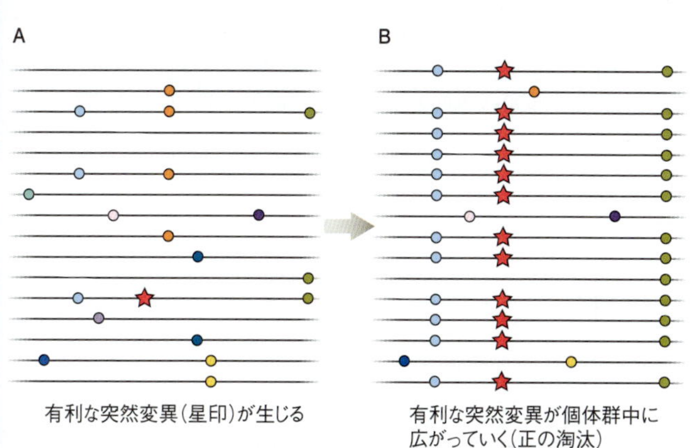

図７-16　ある遺伝子に自然淘汰がはたらいたかどうかは、その遺伝子の近くのゲノム上の領域を、様々な個体で比較することによって確かめられる。自然淘汰がはたらいていないときには、多くの世代を経るうちに、組み換えによってその遺伝子から近くの遺伝子が離れていく。しかし、ある遺伝子に有利な自然淘汰が強くはたらけば、その遺伝子だけでなくその周辺の対立遺伝子も一緒に、個体群に素早く広がっていく。**A**：それぞれの線は、個体群中の１個体のDNAの一部を表す。丸印は、その個体に特有の塩基を示す。ある個体に新しい突然変異（赤い星印）が生じ、その個体の適応度を上げる。**B**：その新しい突然変異を含むDNA断片を受け継いだ個体は、適応度が高くなる。すると、その突然変異が起きた遺伝子だけでなく、隣接するDNA部位も一緒に頻度が増加する。そのため、この特徴的な組み換え体は、個体群の中で非常に多くなる。

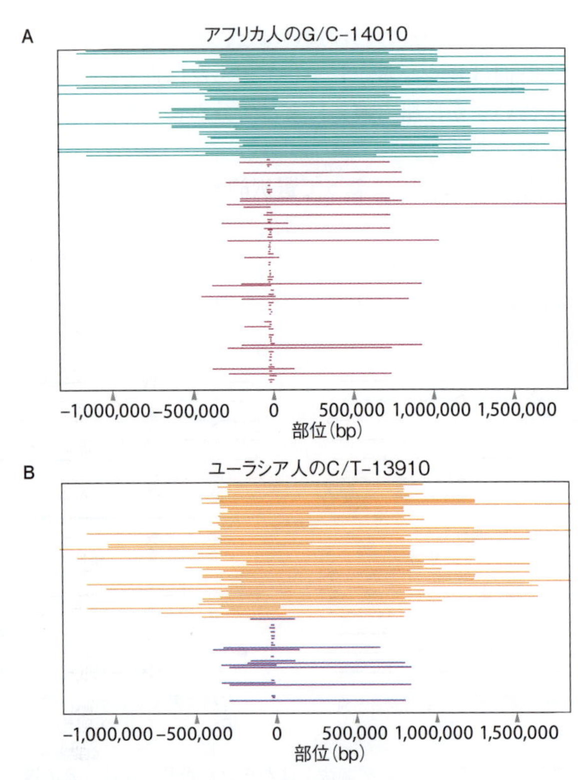

図7-17 A：ペンシルヴァニア大学のサラ・ティシュコフらは、アフリカ人の遺伝的連鎖を調査し、*LCT* 周辺の自然淘汰を検出した。彼女らは、乳糖耐性に関与する対立遺伝子と、乳糖非耐性に関与する対立遺伝子を、ケニアとタンザニアの123人で比較した。乳糖耐性の対立遺伝子（緑線）を持つ人々は、乳糖非耐性の対立遺伝子（赤線）を持つ人々より、その遺伝子の周りに相同なDNA領域をはるかに長く共有していた。B：ハーバード大学のジョエル・ハーシュホーンらも、ヨーロッパとアジアの101人について、乳糖耐性の遺伝子が長い相同なDNA領域に取り囲まれていることを発見した（オレンジの線）。注意すべきことは、この2つの突然変異は同じ遺伝子の別の部位で起きていることだ。このグラフでは、ヒッチハイク領域の長さの違いを示すために、突然変異が起きた部位をともに0（原点）にそろえてある。（ティシュコフら、2007年より改）

ピードより速い。そのため、強い自然淘汰を受けた対立遺伝子は、個体群内のどの個体で調べても、同じ遺伝子セットに囲まれていることが多い（図７-16）。東アフリカ人とヨーロッパ人というミルクを飲む２つの集団で、*LCT* 遺伝子の近傍で自然淘汰の痕跡を探した研究を図７-17 に示す。強い自然淘汰によって、*LCT* の周りに長い相同な DNA 領域が保存されていた。しかし重要なのは、それぞれの個体群で自然淘汰によって広まったのは、異なる遺伝子だったことだ。つまり、乳糖耐性の突然変異は東アフリカとヨーロッパで独立に生じ、それから両方の大陸に急速に広がったのだ。

これらの証拠を合わせると、乳糖耐性の起源に対する仮説を立てることができる。ヒトは元々、母乳を飲まなくなる頃に、ラクターゼの産生も止まるような *LCT* 対立遺伝子を持っていた。ときには *LCT* 対立遺伝子に、成人に乳糖耐性を与えるような突然変異が起きることもあったが、それで適応度が上がることはなかった。ミルクを飲む成人が、ほとんどいなかったからである。しかし牧畜が始まり、ミルクがたくさんある社会ができると、ミルクを消化できる能力は大きな恩恵をもたらした。ミルクからタンパク質などの栄養を得られる人々は、生き残って、子に *LCT* 遺伝子の突然変異を伝える確率が高くなったのである。

＊5　**遺伝的連鎖（遺伝子の連鎖）**：異なる遺伝子座の遺伝子が、同じ染色体上で近くにあること。近くにある遺伝子同士は、減数分裂における組み換えで分離されることが少ない。そのため、複数の遺伝子が一緒に行動するように見えるので、遺伝的に連鎖していると表現される。
＊6　**選択的一掃**：強い選択により有利な対立遺伝子は個体群内に非常に速く固定する。そのため、組み換えを受ける機会はほとんど

ない。組み換えが少なければ、有利な対立遺伝子に近接する部分を個体間で比べたときに、塩基配列が同じ領域が長くなる。

7.7　ヒトによる選択

選択を引き起こす要因として、これまでに見てきたものは、捕食者や寄生者、そして新しい食物だった。しかし、私たちヒトも、選択を引き起こす強力な要因である。ヒトによる選択が世界に初めて強力なインパクトを与えたのは、約1万年前に植物を栽培し動物を家畜化したときであった。

栽培や家畜化は、初めは偶然から始まったのだろう。たとえば、野生の小麦は、穂から種子がとれて地面に落ちる。これを脱粒というが、野生では脱粒しにくい突然変異は有害である。種子が親植物から離れないと、うまく発芽できないからである。しかしヒトは、脱粒しない小麦を好んだ。わざわざ地面に落ちた種子を拾い集めなくてもいいからだ。そしてヒトは、手元にあった脱粒しなかった種子を、住んでいる場所の近くに、また植えたのだろう。その結果、彼らは期せずして、脱粒を減らすような選択を始めたのだ。それから数千年後、人々は大規模な農地で植物を栽培し、特定の個体を意図的に選んで品種改良を始めた。

こうした人為淘汰は、最初は意図的ではなかったかもしれないが、その影響は劇的であった。小麦の栽培種は、野生種には見られない多くの形質を持つ。種子は枝の先端に房になって集まり、同時に熟し、しかも脱粒しない。こうした形質はすべて、収穫を楽にしている。同様に、家畜化された動物も形質が変化している。狭い場所に閉じ込められても平気で、性成熟が早く、警戒心が小さくて大人しい個体が

選ばれてきたのだ。また、同じ野生種に対して、様々な方向へ選択をかけることもあった。アブラナ属のヤセイカンラン（*Brassica oleracea*）に対して、葉を大きくするように選択をかけたものがキャベツやケール、茎がコールラビ、花芽がブロッコリーやカリフラワー、芽が芽キャベツである（図7-18）。

近年、科学者は、遺伝学的手法を使って、野生種から栽培種に進化してきたプロセスを再現できるようになった。もっとも有名なものとしては、トウモロコシの進化がある。約9000年前、南メキシコのバルサス川流域の人々は、テオシントと呼ばれる河岸に生える植物を選んで植え始めた。テオシントは周囲の草よりも高くて大きな葉を持っており、人々は先端の種子を収穫して食べた。現代のトウモロコシはすべて、この初めて栽培されたテオシントの子孫である（図7-19）。

テオシントの栽培を始めた後も、人々は数千年にわたって有利な形質を選択し続けてきた。考古学者は古代のトウモロコシの穂軸を発掘し、トウモロコシの人為淘汰に対する進化的応答を調査した（図7-20）。5500年前までに、すでに穂軸における穀粒の列が増え、穀粒自体も大きくなっていた。また、対立遺伝子の分析から、4400年前までにトウモロコシは、野生のテオシント個体群に存在していた対立遺伝子の多様性の約30％を失っていたことがわかった。こうした変異の減少は、強い自然淘汰やボトルネックがあったことを示している（第５章）。野生の個体群の一部のみを選択してきたからだ。

ウィスコンシン大学のジョン・ドーブレーらは、トウモロコシの形態に関与する３つの遺伝子で、重要な突然変異

図7-18　キャベツの原種であるアブラナ属のヤセイカンラン（*Brassica oleracea*）は、人為淘汰によって多様な形態へ進化した。

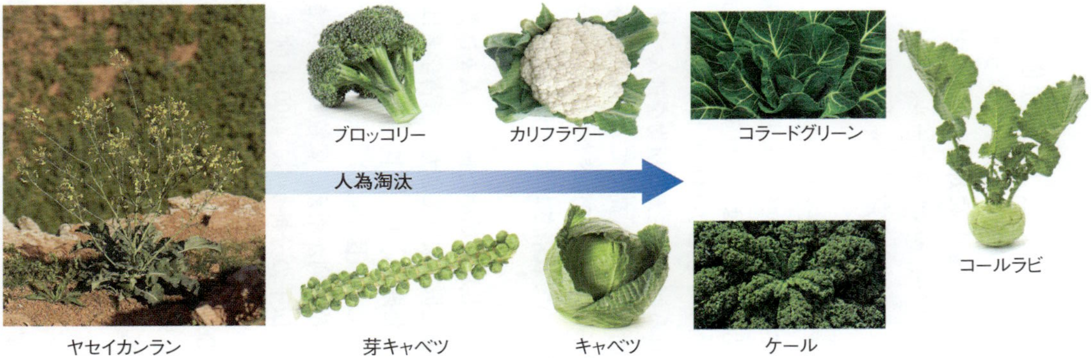

ブロッコリー
カリフラワー
コラードグリーン
人為淘汰
コールラビ
ヤセイカンラン
芽キャベツ
キャベツ
ケール

図7-19　栽培種と近縁の野生種では、形態に大きな違いがある。トウモロコシの原種であるテオシント（**上段：左上**）は、茎が複数あり、枝が長い。一方、トウモロコシ（**上段：右上**）の茎は1本である。テオシントとトウモロコシでは、穂（枠内）も違う。トウモロコシの穀粒はむき出しだが、テオシントでは三角形の鞘に包まれている。栽培種のトマトは大きいが、野生の原種は小さい（**上段：下**）。米の原種（**下段：左上**）は脱粒しやすく、栽培種（**下段：右上**）は脱粒しにくい。野生のヒマワリ（**下段：左下**）は、多くの細い茎の上に小さい花をたくさんつける。栽培種のヒマワリ（**下段：右下**）は、1本の太い茎の上に大輪の花を1つつける。（ドーブレーら、2006年より改）

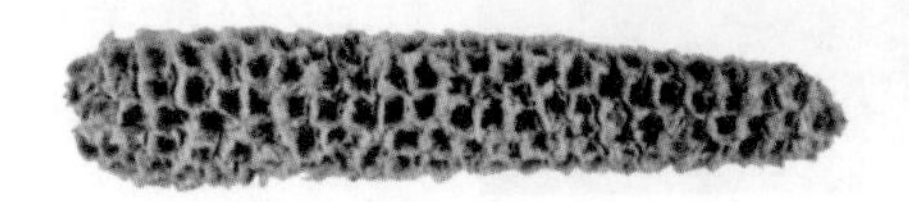

図7-20　メキシコのテワカンが栄えていた時代に捨てられたトウモロコシの穂軸を時間順に並べたもの。一番下が一番古い。こうした標本は、穀粒の数と穂軸のサイズが漸進的に進化してきたことを記録している。

を見つけた。1つ目はテオシント・ブランチド1（*teosinte branched 1*、*tb1*）の変異で、側方分裂組織を抑制し、トウモロコシの枝をテオシントより少なくする。2つ目の遺伝子はプロラミンボックス結合因子（*prolamin box binding factor*）で、穀粒の種子貯蔵タンパク質の産生に関与する。3つ目のシュガリー1（*sugary 1*）は、穀粒のデンプンの性質を変える酵素の遺伝子であった。

イヌの家畜化も、目を見張るような人為淘汰の例である。イヌの歴史は、少なくとも１万5000年前に東アジアで始まったことが、遺伝子の研究で明らかにされている。その頃人々は、タイリクオオカミを飼いならし始めた。最初の頃は、行動によってオオカミを選択したようである。イヌはオオカミと異なり、人の考えを驚くほどよく理解できる。たとえばイヌは、人が指差したものを注目すべきものとして認識する。

図7-21　何世紀にもわたる人為淘汰は、イヌの大きさや形、行動を大きく変化させた。最近の遺伝学的研究により、イヌの形態の多様性の原因と考えられる遺伝子が、いくつか同定され始めた。**A**：サッターら（2007年）は、*IGF1*遺伝子が、体の小型化に関与していることを示した。**B**：エイキーら（2010年）は、*HAS2*が皮膚のしわに関与することを発見した。**C**：シーリンとオストランダー（2010年）は、毛の性質に影響する３つの遺伝子を同定した。*RSPO2*は、ごわごわした体毛や口ひげに、*FGF5*は長毛か短毛かに、*KRT71*は巻き毛か直毛かに関与している。

数世紀前になると、イヌに対する人為淘汰の新しい段階が始まった。狩りなどの趣味や楽しみのために、形態や生理的な性質を選択し始めたのだ。今日、イヌには400を超える品種が知られており、他のどんな種よりも表現型の変異が大きくなっている。トウモロコシの場合と同じように、研究者はこうした形態の進化的変化の原因となる遺伝的変化を同定し始めた（図7-21）。

ただし、イヌのブリーダーが特定の対立遺伝子を選び続けると、有害な突然変異も一緒に集まってきてしまう。自然状態なら、生存力が下がって適応度が低下しただろう。そのため、現在の純血種のイヌには、並外れて遺伝的な疾患が多いのである。

化学戦争

人間は作物を栽培品種化し、自分ばかりでなく昆虫にも莫大な食事を提供した。種子が大きくてたくさん集まっていること、実る時期が同じタイミングで決まっていることなど、人間にとってありがたい性質は、昆虫にとってもありがたく、作物は多くの昆虫にとって理想的な栄養源となった。昆虫は元々成長が速く、生殖能力も優れているので、人間に作物というごちそうを供されるや否や、爆発的に数を増した。昆虫の大群は畑に殺到し、農地という農地を荒廃させた。人間と昆虫との戦いが始まったのだ。

人間は、害虫を撃退する方法を色々と考えた。その中には、笑い話のようなものもあった。ローマ時代の農夫は、木に緑色のトカゲの胆汁をこすりつけておけば、イモムシが寄ってこないと信じていた。ヒキガエルを納屋の戸に打ち付けておけば、穀物を食べるゾウムシを怖がらせて追い払えるだろうとも信じていた。しかし、本当に昆虫を追い払う効果のある化学物質も、いくつかは見つかっていた。たとえば、4500年前のシュメールでは、農夫は農作物に硫黄をかけていた。初期のヨーロッパ人は、植物から化学物質を抽出することができたので、19世紀までにかなりの殺虫剤を使うことができた。

1870年頃、小さな中国産の昆虫が、カリフォルニア州サンノゼ近郊の農場で発見された。その昆虫は注射器のような口を植物に突き刺して、植物の中の液体を吸い上げた。サンノゼカイガラムシとして知られるようになったこの昆虫は、瞬く間に全米とカナダに広がり、それらが通った後には荒廃した果樹園が残された。しばらくして、石灰と硫黄の混合物でこのカイガラムシを退治できることが発見された。この混合物をスプレーすると、数週間後にはカイガラムシは消滅した。しかし、石灰と硫黄による作戦は失敗だった。1900年までに、カイガラムシはあちこちで元の個体数に戻ってしまったのだ。

昆虫学者であるA. L. メランダーは、スプレーされた石灰と硫黄が乾燥してできた厚い層の下で、サンノゼカイガラムシが元気に生きていることに気がついた。そこでメランダーは、ワシントン州の果樹園で石灰・硫黄剤を試す、大規模な実験を始めた。彼は、果樹園によっては、この殺虫剤がカイガラムシを完全に一掃することに気がついた。一方、13％ものカイガラムシが生き残っている果樹園もあった。しかし、生き残ったカイガラムシは、灯油で殺すことができた。

メランダーは、どうしてサンノゼカイガラムシのいくつかの個体群は、殺虫剤に抵抗できるようになったのか、不思議に思った。手作業をすると私たちの手にタコができるように、石灰・硫黄剤の噴霧によって、カイガラムシの体に何らかの変化が引き起こされたのだろうか？　だが、それも変な話だった。スプレーを開始してから10世代が過ぎたが、相変わらずカイガラムシの中には生き残るものもいたが、死ぬものもいたからだ。そして彼は、薬剤抵抗性は遺伝的なものだろうと推測した。多くのカイガラムシは死んだが、時折生き残っている系統を見つけることがあったからだ。

これは当時では、先進的なアイデアであった。生物学者はメンデルの遺伝の法則を再発見したばかりであった。彼らは、ある世代から次の世代へと受け継がれる遺伝的な因子について議論したが、まだ遺伝子が何でできているかは知らなかった。しかし彼らは、遺伝子が変化すること（突然変異）や、それによって形質が変化すると、その先の世代でもずっと変化したままであることは認識していた。

メランダーは農家に、サンノゼカイガラムシ駆除のためには、石灰・硫黄剤から燃料油に切り換えることを提案した。しかし長期的に見れば、いずれはカイガラムシが、燃料油にも抵抗性を持つようになるだろうとも警告した。結局、カイガラムシが殺虫剤に完全な抵抗性を持たないようにしておくもっとも良い方法は、逆説的だが、殺虫剤をあまり使わないことなのだ。殺虫剤感受性（殺虫剤で死ぬこと）のカイガラムシを生き残らせることで、殺虫剤感受性の遺伝子をカイガラムシの個体群に保持しておくことができるのだ。

あいにく、メランダーの意見は聞く耳を持たれなかった。今日、地球上の凍っていない土地の12%は農地であり、この広大な土地のいたるところで殺虫剤や除草剤がまかれている。新しい殺虫剤が農地にまかれると、その殺虫剤に弱い害虫の大部分が駆除される。この大量死が、昆虫に強い選択を

図７-22　農地に殺虫剤や除草剤を噴霧すると、こうした化学薬品は個体群を選択する要因としてはたらく。

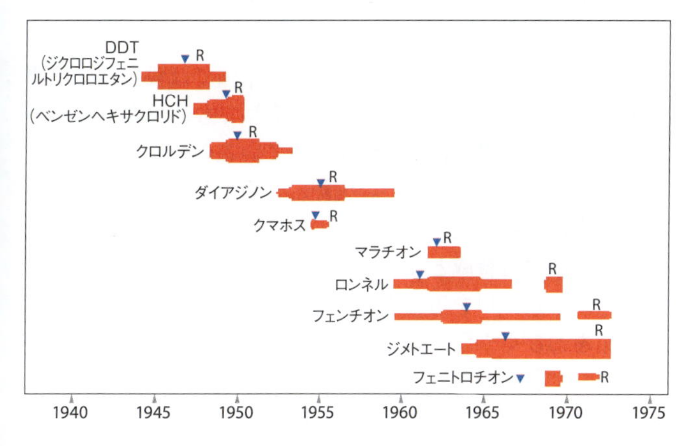

図７-23　デンマークの畑における、イエバエの殺虫剤への抵抗性の進化。それぞれの棒の幅は、殺虫剤の使用量を示す。三角形は、その殺虫剤への抵抗性を持つ個体が初めて確認された時期、Ｒはほとんどの個体群が抵抗性を獲得した時期を示す。（ウッドとビショップ、1981年より改）

引き起こす。殺虫剤を無毒化するような突然変異が起きた昆虫は、生き残って大成功を収める。何しろ、競争相手のほとんどは、もういないのだ。生き残った昆虫には、ふんだんに食物があるので、生存率も繁殖能力も上がる。生き残った個体は繁殖して、殺虫剤抵抗性の子を産み、さらにその子が殺虫剤抵抗性の子を産む。こうして殺虫剤抵抗性の対立遺伝子が広がっていく。もしも個体群が大きければ、数多くの突然変異がすでに蓄積されているはずだ。したがって、殺虫剤によって強力な選択がはたらくと、抵抗性が素早く進化できるのである（図7-22）。

実際、新しい殺虫剤への抵抗性が表れるまでには、ほんの数年しかかからない（図7-23）。1990年の時点で、500種以上の害虫が何らかの殺虫剤に抵抗性を持つことが知られている。抵抗性がある害虫を抑えるには、さらにたくさんの殺虫剤を使わなければならない。今日、米国では殺虫剤に年間120億ドルもの金額を使っている。それでも、現在では多くの種が様々な殺虫剤に抵抗性を持っているので、なかなか害虫を抑えることができない。実際、作物全体の3分の1が害虫の被害によって失われているのだ。また、抵抗性の進化は、住民の健康にも脅威となっている。なぜなら、高濃度の殺虫剤は、地下水や川を汚染するからである。

農業をおびやかす生物は、昆虫だけではない。雑草は農地に侵入して、作物と空間をめぐって争い、そして勝利を収める。しかし大きい農場では、雑草を1本ずつ引き抜くことは、現実的に不可能だ。そのため、除草剤という植物を殺す化学物質を農地にまいて、雑草と戦うことになる。雑草が枯れれば、作物を植えることができる。しかし今回もまた、昆虫が殺虫剤に対する抵抗性を進化させたように、雑草も除草剤へ

表７-１　植物は、わずか７年で除草剤に対する抵抗性を進化させた。こうした急速な進化は、抗生物質と病原菌との間でも報告されている。（パルンビ、2001 年より改）

除草剤に対する抵抗性の進化

除草剤	使用を開始した年	抵抗性が観察された年
2,4-D（2,4-ジクロロフェノキシ酢酸）	1945	1954
ダラポン	1953	1962
アトラジン	1958	1968
ピクロラム	1963	1988
トリフルラリン	1963	1988
トリアレート	1964	1987
ジクロホップ	1980	1987

の抵抗性を進化させてしまうのだ（表７-１）。

除草剤に関する失敗の一つに、モンサント社がラウンドアップの商標名で売り出したグリホサートという化合物がある。グリホサート剤は、植物の生存に必須なアミノ酸の合成を阻害して、雑草を枯らす。この除草剤は植物だけが使うEPSPS と呼ばれる酵素だけを阻害するので、人間や昆虫などの動物にとっては無害である。さらに、最終的に地下水に流れ込む他の除草剤と異なり、グリホサート剤はスプレーされた場所に留まり、数週間で分解するのだ。

1986 年に、モンサント社の科学者は、グリホサート剤に抵抗力がある作物を作り出すことで、雑草に対するグリホサート剤の効果を高めた。除草剤をスプレーされてもアミノ酸を合成できるように、作物に細菌の遺伝子を挿入したのだ。1990 年代に、モンサント社は、グリホサート剤抵抗性のトウモロコシ、綿、サトウダイコンなどの作物を販売し始めた。

こうした作物は、非常に評判がよかった。何しろ、様々な除草剤を大量に使う代わりに、畑に適量のグリホサート剤をまくだけで、作物に害を与えずに雑草を一掃できるのだ。こうした遺伝子組み換え作物を栽培した農家は、普通の作物を栽培した農家よりも除草剤の使用量が少なかった。たとえば、メキシコでは77%も少なかった。それにもかかわらず、収穫量はずっと多かったのだ。

グリホサート剤の出現によって、メランダーの心配は杞憂に終わるかと思われた。モンサント社による検査では、雑草に抵抗性の証拠はまったく見つからなかったのだ。しかし、グリホサート剤抵抗性の作物の栽培を始めて数年後になると、ヒメムカシヨモギやヒルガオが再び畑に侵入し始めた。ついには収穫する作物より、刈り取る雑草の方が多い綿農場も現れた。オオホナガアオゲイトウという雑草が出現したからだ。それを避けるためには、グリホサート剤をあきらめ、昔ながらの毒性の強い除草剤に戻さなければならなかった。

約100年前のメランダーなら、抵抗性の進化を研究しようと思っても、どの昆虫が生き残り、どの昆虫が死ぬかを観察するしかなかった。しかし今日の科学者は、昆虫や雑草の薬剤抵抗性の秘密が詰まった遺伝子の箱を開けてみることができる。箱を開けて一番驚いたことは、雑草がグリホサート剤を克服した方法が、たくさんあったことだ。科学者はグリホサート剤が、ほぼ無敵であると思っていた。なぜなら、グリホサート剤が阻害するEPSPS酵素は、すべての植物で似ているからだ。似ているということは、逆にいえば、その酵素が変化したら植物は生きられないと考えるのが普通だろう。ところが、EPSPSのアミノ酸を1つ変える突然変異が、ライグラスやグースグラスの多くの個体群で、独立に起きた

ことが明らかになった。そして植物は、この変化した酵素でも生きていけた。グリホサート剤は、この構造が変化したEPSPSを阻害できなかったのだ。

オオホナガアオゲイトウでは、グリホサート剤を克服するためにまったく違う方法が進化した。数の力で圧倒したのである。オオホナガアオゲイトウが産生するのは、阻害されやすい普通のEPSPSである。しかしオオホナガアオゲイトウは遺伝子重複によって、*EPSPS*遺伝子をたくさん作ったのだ。最高で160個も*EPSPS*遺伝子を増加させた個体群もあった。遺伝子が増えた分、酵素もたくさん作られた。そうなるとグリホサート剤は、一部のEPSPSは阻害できるものの、すべてのEPSPSを阻害することができない。オオホナガアオゲイトウは酵素を大量に作ることにより、成長し続けることができたのである（図7-24）。

21世紀の最先端の遺伝子工学でさえ、自然淘汰にはかなわない。しかし、雑草に薬剤抵抗性が簡単に進化するからと

図7-24　ライグラス（A）、グースグラス（B）、オオホナガアオゲイトウ（C）は、除草剤ラウンドアップに含まれるグリホサート剤を克服するメカニズムを進化させた。ライグラスとグースグラスでは、構造が変化したEPSPS酵素を進化させた。一方、オオホナガアオゲイトウでは、EPSPSの構造は変えずに、産生する量を増やした。

いって、私たちにまったく望みがないわけではない。たとえばBtと呼ばれる殺虫剤は、進化の仕組みを理解すれば、私たちにも進化を管理できることを示した例である。

Btは毒性のある結晶タンパク質で、バチルス・チューリンゲンシス（*Bacillus thuringiensis*）という細菌の*Cry*遺伝子によって産生される。バチルスは芽胞（がほう）（**訳注**：細胞内に作られる耐久性の高い構造で、中にDNAやリボソームなどが含まれる。環境が悪化しても休眠状態の芽胞は生き残ることが多い）を形成するときに、有毒な結晶を作る。そして昆虫に食べられると、毒素が昆虫の腸にある受容体に結合して死にいたる。農場では数十年にわたり、作物にBtを使い続けてきた。物質としての寿命が短いことも魅力の一つだ。日光によって急速に分解されるため、地下水を汚染しないのである。最近、*Bt*遺伝子を持つ遺伝子組み換え作物が開発された。この作物は、自分で殺虫剤を作るのだ。

Btが綿などの作物に使われ始めたとき、アリゾナ大学のブルース・タバシュニクらは、昆虫が毒への抵抗性を進化させるだろうと警告した。Bt処理をした作物を植えた畑でも、Btに抵抗性を持つ昆虫は繁栄できるのだ。しかし彼らは、農場にBt処理をしない「避難所」を作ることで、Bt抵抗性の増加を遅らせることができるだろう、とも予測した。

タバシュニクらは、抵抗性の進化はコストを伴うはずだと考えて、この予測を立てた。トゲウオと同じように、昆虫でも生理的な活動に使える資源は限られているだろう。もし昆虫が、殺虫剤に対する抵抗性に資源を割くように遺伝的にプログラムされていれば、その分、成長や生殖などの他の活動に使える資源は少なくなる。そのためBt処理をしていない畑では、Bt抵抗性の昆虫は、Bt感受性の昆虫より不利となる。

一方、Bt 処理をした畑では、コストよりも Bt 抵抗性の利点が上回り、Bt 抵抗性の昆虫が有利になる。

もしも Bt を作る遺伝子組み換え作物しか植えなければ、Bt 抵抗性の昆虫が急速に進化して、せっかくの作物は無駄になるだろう。そこでタバシュニクらは、畑の一部に遺伝子を組み換えていない普通の作物を植えるよう提案した。こうした避難所では、Bt 抵抗性の昆虫は、Bt の解毒に余分な投資をしていない Bt 感受性の昆虫に負けてしまう。そして、Bt を産生する畑の昆虫と、避難所の昆虫が交配すれば、その子孫は Bt 感受性遺伝子をある程度は受け継ぐだろう。

Bt 作物が導入されてから数年後には、Bt 抵抗性の昆虫が大量に出現し始めた。2008 年にタバシュニクらは、抵抗性昆虫の数を調査した。すると、避難所が広い州では、避難所が狭い州より、抵抗性の進化がずっと遅かった。多くの農家によって進化についての大規模な実験がおこなわれ、その結果は進化生物学者が予測したとおりになったのだ。今日では、Bt トウモロコシを使っている農家は、作付面積の 20％を避難所とすることが、法律で定められている。ちなみに、Bt 綿を使っている農家の避難所は、50％と定められている。

環境の変化と外来種

家畜化や栽培品種化、化学的抵抗性のほかにも、人間は多くの種の自然淘汰に影響を与えてきた。たとえば都市を作ることによって、本来の生息環境とは異なる都会という環境で生きられる動植物が有利になった。南フランスでは、フタマタタンポポ属のクレピス・サンクタ（*Crepis sancta*）という小さな顕花植物に、都会に有利な自然淘汰がはたらいた。この花は地方にもあるが、マルセイユの都市部でも街路樹の根元の地面に生えている。科学者は、1990年代初期に舗装されたこの都市で、この植物を調査した。

クレピス・サンクタは2種類の異なった種子を作る。風で運ばれる種子と、地面に落ちる種子だ。科学者は、マルセイユでは、地面に落ちる種子より風で運ばれる種子の方が不利だという仮説を立てた。土ではなく舗装道路に落ちる可能性が高いからだ。一方、落ちる種子は、生き残る可能性が高いだろう。街路樹の根元の土に落ちるからだ。

この仮説を検証するために、地方とマルセイユのクレピス・サンクタが温室で一緒に育てられた。すると同じ条件の下で、地方のクレピス・サンクタより都市のクレピス・サンクタの方が、地面に落ちる種子を4.5%多く作ることが発見された。

この2タイプの種子の比率に関する変異の約25%が、遺伝的な違いによると見積もられた。この遺伝率と選択の強さを考えると、4.5%という比率の違いが生じるのに、およそ12世代かかる計算になる。この予測どおり、マルセイユに歩道が作られてから、クレピス・サンクタは約12世代が経過していた。植物にとっての新しい環境を、人は知らずに作ってしまい、植物はその環境に適応していく。もっと時間が経てば、都会の植物では、地面に落ちる種子がさらに増え、風で運ばれる種子がさらに少なくなるだろう。

私たちは、種が生息している環境を変えるだけでなく、種を新しい生息地に移住させることもある。ときには意図的に移住させることさえある。たとえばジャガイモは、数千年前にペルーで栽培品種化され、その後16世紀になってヨーロッパに持ち込まれた。一方、意図せずに、たまたま新しい土地に運ばれてしまう種もいる。船は、出発地でバラスト水（訳注：船を安定させるための重りとして船内に入れる水）を汲み

上げ、目的地で捨てる。この捨てたバラスト水の中には、膨大な数の動物やプランクトンや細菌などの外来種が入っているのだ。

移住させられた種のほとんどは死んでしまう。しかし、中には生き延び、場合によっては広がっていく種もいる。このように生息地を広げていく侵略種（侵略的外来種）は、新しい生息地に適応するような強い方向性淘汰を受ける。そして、侵略種や、侵略種と生息域が重なる在来種は、急速に進化する。たとえば、オオヒキガエル（*Rhinella marina*、*Bufo marinus*）は、サトウキビ畑の害虫を減らすために、1930年代にオーストラリアに導入された。導入は大失敗であった。オオヒキガエルは、害虫ではなく無害な動物を食べてしまったのだ。小さな哺乳類でさえ餌食となった。在来種の捕食者に襲われても、オオヒキガエルは眼の後ろの大きな分泌腺から、ヒトやイヌなど多くの動物にとって有毒な乳状の毒液を分泌して、撃退してしまうのだ。

オーストラリアにあるシドニー大学の生物学者、ベン・フィリップスとリチャード・シャインは、オオヒキガエルが新しい環境で変化した淘汰圧に応答し、体サイズや腺サイズを小さくするように急速に進化したことを明らかにした。脚も相対的に長くなり、速く移動できるようになった。そして、オーストラリアにおける生息域を急速に広げていったのだ。

オオヒキガエルは、捕食者にとっての強い淘汰圧にもなった。オオヒキガエルが移入されてから、在来種のヘビは大きくなった。体が大きくなることで、ヘビの適応度は上がったと考えられる。なぜなら、体が大きければ、ヘビがオオヒキガエルを食べたときに摂取する毒の濃度が下がるからだ。毒の量が同じなら、大きなヘビの方が生き延びる確率が高いの

A

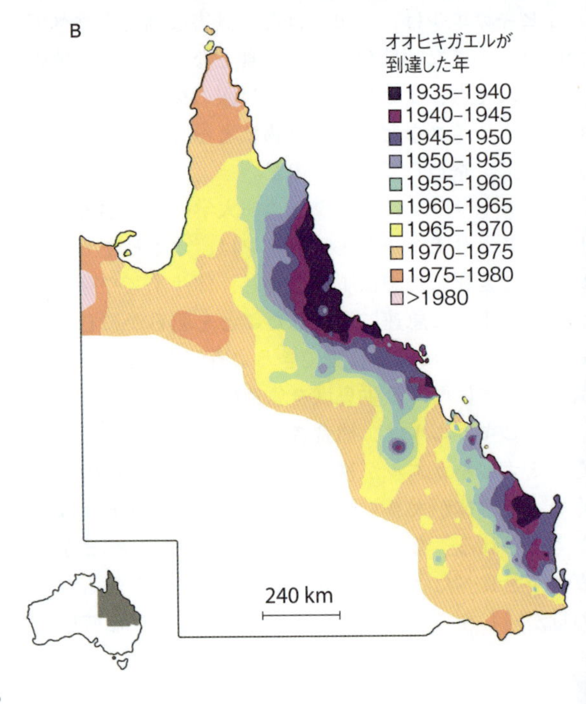
B
オオヒキガエルが
到達した年
1935–1940
1940–1945
1945–1950
1950–1955
1955–1960
1960–1965
1965–1970
1970–1975
1975–1980
>1980
240 km

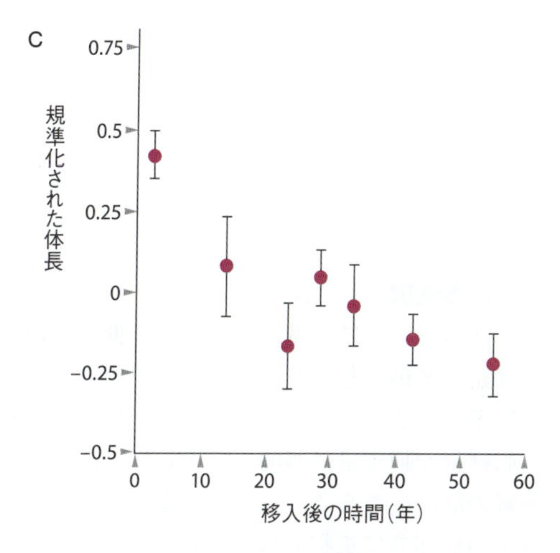

図７-25　A：オオヒキガエル（*Bufo marinus*）は、1930年代にオーストラリア東部に導入された。B：その後、着実に生息域を拡大していった。C：オオヒキガエルは、この新しい生息地で体サイズを小さく進化させた。D：在来種のヘビは、オオヒキガエルの皮膚腺の毒によって死んでしまうため、ヘビもそれに対抗して進化した。（フィリップスとシャイン、2005年より改）

である。また、フィリップスとシャインは、ヘビの口を開く幅が狭くなったことも発見した。口が大きく開かなければ、毒をたくさん持っている大きなヒキガエルを飲み込むことができないので、生き延びる確率が高くなるのだろう（図7-25）。

狩猟や漁業による選択

自分たちが食べるために、私たち人類は、世界中の耕作できる土地をほとんど畑にしてしまっただけでなく、陸では動物を狩り、海では魚を捕まえてきた。人口が増え、技術が発達すると、収穫量や捕獲量は劇的に増大した。その結果、多くの種が絶滅の危険にさらされている。また、狩猟や漁業によって、多くの個体群に選択もはたらいている。野生動物はランダムに捕獲されるわけではないからだ。ある形質を持つ個体は、他の個体よりも殺されやすいのである。

狩猟や漁業には、栽培や家畜化とは逆の進化的効果がある。農家がある個体を選んで繁殖させるのは、その個体が望ましい形質を持っているからである。しかし、狩猟の場合は反対に、生き残って繁殖できるのは望ましくない形質を持っている個体なのである（表7-2）。

トロフィーハンター（楽しみのために大物を狙う狩猟者）はほぼ例外なく、鹿、ヘラジカ、オオツノヒツジ（ビッグホーン）などの、もっとも大きく、もっとも角の立派なオスを狩りたがる。シェフィールド大学のデイヴィッド・コルトマンは、狩られた大きな獲物の記録を分析して、実際に選択が起きた証拠を発見した。トロフィーハンターのせいで、体が小さく角も小さくなる向きに、急速な進化が起きていたのだ。

最近のこうした進化は、獲物となる種において、配偶者の

表７-２　狩猟の対象となる個体群では、特定の形質が大きな影響を受けやすい。しかし、自然淘汰と異なり、このタイプの方向性淘汰は管理や規制が可能である。（アレンドルフとハード、2009年より）

人類の狩猟や漁業によって選択された形質

形質	選択要因	応答	改善策
性成熟時の年齢と体サイズ	死亡率の上昇	低い年齢や小さな体サイズでの性成熟や、一腹子数の減少	狩猟や漁業による死亡率を減少させる、捕獲する個体の選択基準を変える
体サイズや形態、性的二型	大きくて目立つ個体の捕獲	成長率の低下、地味な形態	大きくて目立つ個体の捕獲を減らす
性淘汰によって進化した武器（角、牙、枝角など）	トロフィーハンティング	武器や体のサイズの減少	性淘汰によって進化した武器の大きさや形態にもとづく捕獲を制限するような狩猟規制
繁殖のタイミング	早い時期や遅い時期に繁殖する個体の選択的な捕獲	個体の繁殖時期の頻度分布の変更（繁殖期の短縮または変更）	繁殖期を通じた捕獲
習性	活発で攻撃的で警戒心が小さい（捕食されやすい）個体の捕獲	餌の探索や求愛行動が活発でなくなり、繁殖率が下がる可能性がある	行動が活発な個体を選択的に捕獲しない
移動・渡り	移動パターンの予測しやすい個体の捕獲	移動ルートの変更	重要な時期や、主な移動ルートでの捕獲をやめる

選び方を変化させるだろう。第8章で詳しく述べるが、オオツノヒツジなどのオスは、メスをめぐって他のオスと戦うために、またメスを惹きつけるために、角を使う。角の大きいオスは、メスにもっとも好まれる質の高いオスである場合が多い。つまりトロフィーハンターは、もっとも繁殖成功率の高い個体を狩っているのである（図7-26）。

魚にも、漁業によって強い選択がはたらいている。たとえ

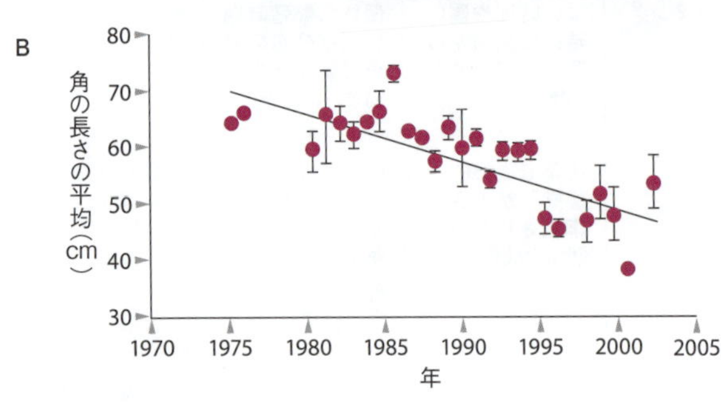

図7-26　A：オオツノヒツジ（*Ovis canadensis*）には、角が長く体が大きいオスを好むハンターによる選択がはたらいてきた。B：過去30年以上にわたる「不自然な」淘汰により、オスの角は短くなっていった。（コルトマンら、2003年より改）

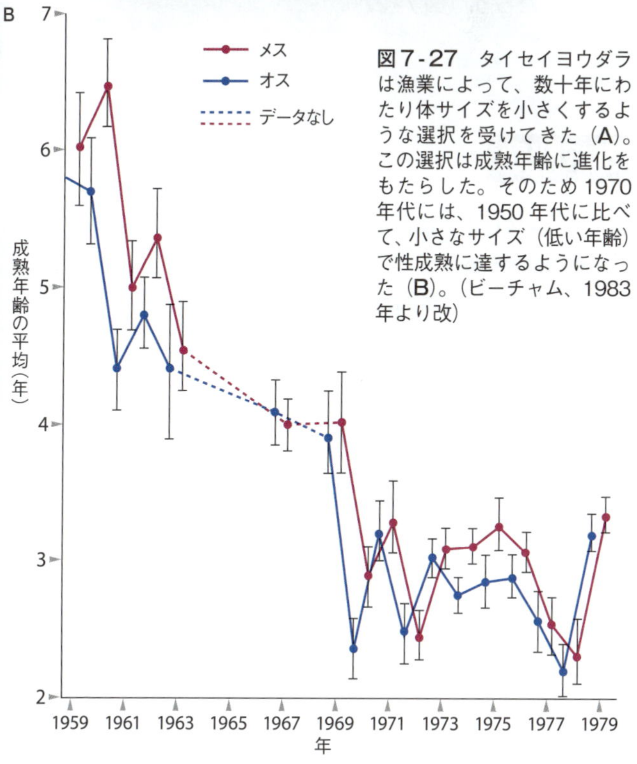

図7-27　タイセイヨウダラは漁業によって、数十年にわたり体サイズを小さくするような選択を受けてきた（A）。この選択は成熟年齢に進化をもたらした。そのため1970年代には、1950年代に比べて、小さなサイズ（低い年齢）で性成熟に達するようになった（B）。（ビーチャム、1983年より改）

ば、個体数の90%が捕獲されてしまうサケの個体群もある。しかし漁師はサケをランダムに捕まえるわけではない。小さいサケよりも、大きなサケを捕まえる傾向があるのだ。こうしてサケには、体が小さくなるような「不自然」淘汰が起こった。乱獲されている他の多くの魚と同じように、サケの繁殖能力は体が大きくなるほど指数関数的に増加していく。もしも体が小さくなるような不自然淘汰がはたらき続ければ、生殖能力はどんどん減少していき、ついには個体群を完全に崩壊させるだろう（図7-27）。

選択問題

1. 自然淘汰による進化が起こるために必要な3つの条件でないものはどれか。

a. 表現型の変異が個体群中に存在すること。
b. 表現型の違いが、生存率または繁殖率に影響すること。
c. ある極端な表現型によって生存率が大きく増すこと。
d. 表現型の違いが、少なくとも部分的には遺伝すること。

2. サーシャ・ヴィニエリとホピ・フークストラは、ハイイロシロアシマウスの毛色によって適応度が変わることを、どのように検証したか。

a. 暗い毛色と明るい毛色のマウスの模型を使い、内陸と砂浜で捕食率を比較した。
b. 内陸と砂浜でマウスを捕らえ、どちらに暗い毛色のマウスが多いかを数えた。

c.　砂浜で暗い色のマウスを観察し、繁殖するかどうかを調べた。
d.　深夜の内陸と砂浜で、暗い毛色と明るい毛色のマウスのどちらが見えやすいかを調査した。

3．無毒のスカーレットキングヘビは、生息域の南部で有毒のハーレクインサンゴヘビと同所的に生息している。スカーレットキングヘビの生息域の北部と南部の間で遺伝子交流がなくなると、ハーレクインサンゴヘビに似た模様を作る対立遺伝子の頻度は自然淘汰によってどう変わると予測されるか。
a.　生息域の北部で増加する。
b.　生息域の北部で減少する。
c.　生息域の南部で増加する。
d.　生息域の南部で減少する。

4．本文では植物のゴールをハエの「延長された表現型」の例と説明したが、「延長された表現型」とは何か。
a.　何世代にもわたって共有される表現型
b.　子孫の生存に影響する行動
c.　生殖の結果に影響する形態的特徴
d.　生物によって作られた、その生物の生存や繁殖の成功に影響する構造
e.　a～dのすべて

5．対立遺伝子における選択的一掃は、DNA上の隣接領域にどのように影響するか。
a.　隣接領域は、その個体群の多くの個体で同じになる。
b.　隣接領域は取り除かれる。

c. 高い頻度で組み換えが起こる。
d. 選択的一掃は隣接領域に影響しない。

6. 選択を起こし得る要因ではないものはどれか。

a. 漁業
b. 遺伝的浮動
c. 洪水
d. 捕食者
e. a～dはすべて選択を起こし得る要因である。

7. 作物を食べる害虫における抵抗性の進化を遅くしたい農家にとって、最善の行動指針は何か。

a. 抵抗性のない害虫もいくらか生き残れるようにすること。
b. 殺虫剤の量を減らし、濃度を増すこと。
c. 自分で殺虫剤を合成できるような遺伝子組み換え作物を植えること。
d. ヒキガエルを納屋の戸に打ち付けておくこと。

8. 本文では、マルセイユで育つクレピス・サンクタという花について説明している。この植物の都会の個体群が、拡散しない種子を地方の個体群よりも多く作る理由は何か。

a. 地方の植物は、多くの栄養分を使えるから。
b. 地方の植物の種子は、適した生息地を見つけるために、遠くまで移動する必要があるから。
c. 都会の植物は、汚染の影響を受けるから。
d. 都会の植物では、種子を落とす遺伝子を持った個体の方が、繁殖に成功する確率が上がるから。
e. 都市の植物でも地方の植物でも、分散しない種子の割合

は同じである。

9．選択の説明として間違っているのはどれか。

a. 植物は一生を通じて、様々な要因による選択を経験する。

b. 鳥には、年が違えば向きが異なる選択がはたらくことがある。

c. 哺乳類における選択は、常に繁殖力よりも生存力を高めるようにはたらく。

10. 乳糖耐性の対立遺伝子が、ある人類集団に選択的一掃を起こした理由としてもっとも可能性が高いのはどれか。

a. 乳糖不耐性によって、繁殖力が減少したから。

b. 乳糖耐性は生存力に大きな影響を与えたから。

c. ミルクをたくさん飲むと、突然変異率が上昇するから。

d. どの個体群に選択的一掃が起きるかは偶然による。

e. a～dはどれも選択的一掃を起こした理由ではない。

【解答】1.c　2.a　3.bとc　4.d　5.a　6.b　7.a　8.d　9.c　10.b

第8章 性淘汰

科学者は、妙なことに興味を持つものだ。マサチューセッツ大学の進化生物学者、パトリシア・ブレナンは、カモのファルスの長さを測っている。ファルスは、ヒトのペニスに相当する器官である（図8-1）。

普段ファルスは体内にしまわれていて、交尾のときだけ大きくなる。ファルスの計測は2人がかりだ。1人がカモをつかまえて、足を上に向けて逆さまに持つ。手際よくやれば、カモは鳴いたり暴れたりしない。逆さまにされたまま、じっと遠くを見ているだけだ。そうなったらブレナンが、尾の付け根の少し盛り上がった筋肉をそっと押す。やさしく触っているとファルスが現れる。その長さを定規で測る。

長さは時期によって異なる。繁殖期が終わると、ファルスは数分の1に縮んでしまう。しかし次の繁殖期が近づくと、ファルスは再び大きくなる。らせん状にくるくると伸びて、驚くほどの長さに達する。カモの種によっては、体長と同じくらいまで伸びる。

ファルスを持つ種が鳥類の3%しかいないことを考えると、カモのファルスがこんなに長いのは不思議なことだ（ほかの鳥のオスには単純な穴しかない。その穴をメスの穴に合わせて交尾するのだ）。普通の鳥には存在すらしないのに、どう

図8-1　パトリシア・ブレナンは、オスとメスの軍拡競争により巨大な生殖器が進化することを明らかにした。

してカモのファルスはこんなに立派なのだろうか。その理由を知るためにブレナンは、ファルスの進化の研究を始めた。

カモのファルスは、反時計回りにねじれている。ところがメスの卵管は、時計回りにねじれていることをブレナンは発見した。これで交尾ができるのだろうか。そこで、実験をしてみた。ブレナンは、カモのメスの卵管と形も大きさも同じで、時計回りと反時計回りにねじれた2種類のガラス管を作った。そしてそれを、カリフォルニアのカモ園に運んだ。カモ園にはカモのオスから精子を採取できる従業員がいる。ブレナンはそこで、カモのオスとガラス管を交尾させてみたのだ。

まず、ファルスと同じように反時計回りにねじれたガラス管に挿入させてみた。するとファルスは、わずか3分の1秒で管の端まで到達した。次に、カモの卵管と同じように時計回りにねじれたガラス管で試してみた。するとファルスは、ガラス管の入り口に押しつけられただけであった。なんとメスの生殖器は交尾を妨げていたのだ。

ブレナンの結果を信じられない人もいるだろう。しかし適応によって、オスとメスは対立するように進化することもあるのだ。カモの例でいえば、メスの卵管は、オスが卵を受精させるのを妨害しているのである。

対立の原因は、カモの配偶システムにあるようだ。カモでは、複数のオスが1羽のメスと交尾する。結果として、メスは複数のオスの精子を手に入れることができる。しかし、卵管とファルスのねじれが不一致なため、射精された精子は卵管の入り口付近に留まっている。他の動物では、メスが複数のオスの精子を別々の袋に貯めておき、どの精子を卵と受精させるかをコントロールできる例が知られている。ブレナンはカモの卵管でも、卵管に沿って1列に並ぶ袋を発見した。カモも同じことができるのだろうか？

彼女のおこなった別の研究の結果は、まさにそれを示唆するものだった。ブレナンはアラスカに行き、夏の間だけそこで暮らす16種のカモや水鳥を捕まえた。そして、オスとメスの生殖器を調べると、両者は明らかに対応していた。オスのファルスが長い種ほど、メスの卵管にある袋の数とねじれの数が多かったのだ。オスとメスの競争の強さは種によって異なり、競争が激しい種で極端な生殖器が進化したのだろう。

生物とは、食物を見つけて、暑さや寒さなどのきびしい環境を生き抜くだけの存在ではない。それ以上の存在であることは、カモを見ればよくわかる。遺伝子を未来の世代に渡さなければならないのだ。有性**生殖**[*1]をする生物は、相手を見つけて健康な子を産まなければならない。そしてその子にも、子を産むまで生きてもらわなくてはならないのだ。

本章では、性を考察する。まず、有性生殖が進化した理由を考える。それから、自然における最大級の浪費である性が、進化に与えた影響を見ていこう。

＊1　**生殖**：新しい個体（子）を作ること。

8.1　性の進化

なぜ性があるのか

なぜ性が存在するのか、そこから話を始めよう。オスとメスの配偶子を結合させて有性生殖をする種はたくさんいるが、しない種もたくさんいる。たとえば、アメリカ合衆国の南西部に生息するハシリトカゲには、メスしかいない種があ

る。繁殖するときは精子のDNAの代わりに、卵の染色体を重複させる。減数分裂では染色体の組み換えが起こり、それから卵は胚に発生する。もはや別の個体の遺伝子を必要としないにもかかわらず、このトカゲはあいかわらず減数分裂と組み換えをおこなっているのである。

細菌にいたっては雌雄すらなく、細胞分裂によって子孫を作る。無性的に繁殖するため、減数分裂も配偶子の融合もおこなわれない（ハシリトカゲでは両方ともおこなわれる）。

部分的に性を使う生物もいる。多くの植物は、性を使うときと使わないときがある。ポプラなどでは、胚珠（種子になるところ）がほかの木（ほかの個体）の花粉と受精することで繁殖する。しかし、自身の一部を地面から出芽させて、新しい木にすることもできるのだ。同じ個体に雄性生殖器と雌性生殖器の両方が発達するものを**雌雄同体**[*2]という（図8-2）。扁形動物の多くは雌雄同体である。別の個体から精子を受け取ることも、相手を受精させることもできる。さらに、自分の精子で自分の卵を受精させることさえできる（自家受精）。多くの顕花植物も雌雄同体で、雌性配偶子と雄性配偶子の両方を持っている（たとえば、花柱［雌しべ］の中に胚珠があり、雌しべの表面に花粉がある）。１つの花の中

図８-２　雌雄同体の動物もいて、１匹の個体が雌雄両方の生殖器を持っている。バナナナメクジは精子を受け取ることも、渡すこともできる。そして自分の卵を受精させることもできる。交尾の後に、相手の交接器を食べてしまうこともある。

に雄性配偶子と雌性配偶子がある植物もあれば、雄花と雌花を別々に作る植物もある。雄株（オスの個体）と雌株（メスの個体）に分かれている植物もある。

これらの繁殖方法は遺伝子によって決まっていて、その遺伝子は自然淘汰を受けている。しかし考えてみると、これは妙な話だ。実は有性生殖は、絶滅の原因となるほどのコストを種に負わせているのだ。それなのに、なぜ有性生殖をする生物がいるのだろうか。

交配しないで無性生殖をする個体と、交配して有性生殖をする個体が両方いる、トカゲの集団を考えてみよう。無性生殖の場合、すべてのメスが娘を産むことができる。その娘たちもまた自分の娘を産む。一方、有性生殖をするメスは、繁殖の前にオスと交配しなければならない。しかも生まれた子の半分はオスだ。オスは自分の子を産むことはできない。つまり性は、トカゲの繁殖個体数を半分に減らしてしまうのだ。投資するエネルギー量が同じならば、無性生殖をするメスは有性生殖をするメスの2倍の遺伝子のコピーを作る。時間が経てば、無性生殖の遺伝子が集団での頻度を増加させて、有性生殖の遺伝子と入れ替わるのは確実である。つまり自然淘汰は、無性生殖の進化を促進するはずなのだ。無性生殖をする2個体（両方ともメス）は、有性生殖をする2個体（オスとメス）の2倍の子を作る。これを、今は亡きイギリス人の進化生物学者、ジョン・メイナード＝スミスは、**有性生殖の2倍のコスト**[*3]と呼んだ（図8-3）。

しかし、性のある生物は多い。莫大なコストにもかかわらず、性が普遍的に存在するのはなぜだろうか。それを説明するために、たくさんの仮説が提案され、動植物や微生物で検証がおこなわれた。そして数十年にわたる研究の結果、いく

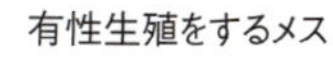

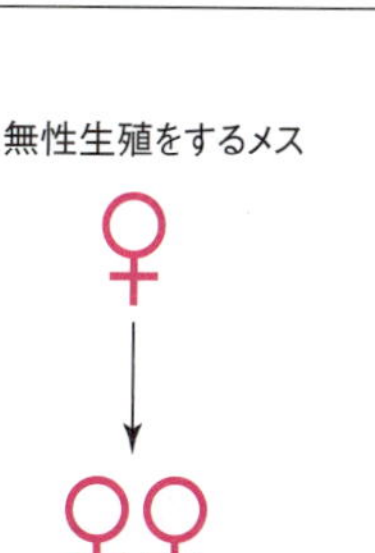

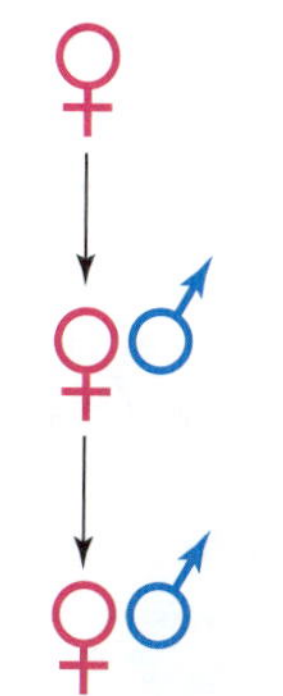
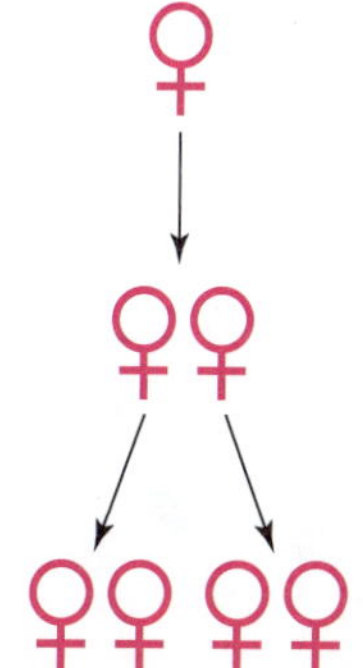

図8-3　イギリスの生物学者、ジョン・メイナード＝スミスは、「有性生殖の２倍のコスト」という概念を導入した。無性生殖の系統では、すべての子が子を産むので、有性生殖の系統より速く増殖できる。一方、有性生殖の系統では、子の半分はオスなので、自分では子を産めない。したがって有性生殖の系統の増殖速度は、無性生殖の系統の増殖速度の半分になる。もしも有性生殖の集団に、無性生殖の遺伝子型が侵入すれば、無性生殖の遺伝子型が広がっていくはずだ。このメイナード＝スミスのモデルは、２つの仮定にもとづいている。(1) 無性生殖と有性生殖のメスは、同数の子を産む。(2) 無性生殖と有性生殖の子の適応度は等しい。性が存在するという事実は、この２つの仮定のどちらか、あるいは両方が正しくないことを示している。

つかの仮説が有望であることがわかってきた。

　そのうちの一つは、新たな遺伝子型の子を素早く生み出すことで、環境に速く適応できることが、性の利点であるという仮説だ。無性生殖をする生物に有利な突然変異が生じても、その変異は直接の子孫にしか伝わらない（図8-4）。ある個体に有利な突然変異が生じ、別の個体には別の種類の有利な突然変異が生じたとしても、２種類の変異はそれぞれの系統内で伝えられていくだけで、１つの個体に集まることはない。

一方、有性生殖では、遺伝子型を分割し、混ぜ合わせて、新しい組み合わせを作る。したがって、別々の個体で生じた2種類の有利な突然変異を、1つの個体へと組み込むことができる。これは、1つのゲノムで2回突然変異が起きるのを待つよりもはるかに速い。このように有性生殖では、有利な変異同士を一緒にすることもできるし、有利な変異を有害な変異から隔離することも可能である。無性生殖では、せっかく

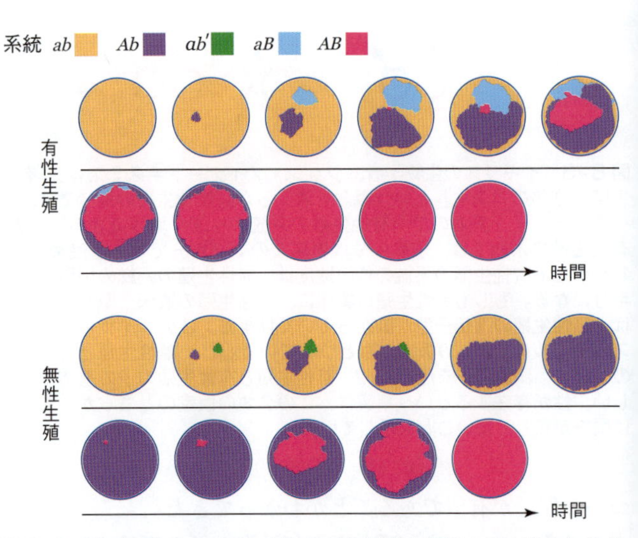

図8-4 性が存在するのは、新しい遺伝子型を素早く生み出すからだ、という仮説がある。図は、有性生殖をする集団（**上**）と無性生殖をする集団（**下**）を示す。初めは両方とも、ある遺伝子座に対立遺伝子 a を、別の遺伝子座に対立遺伝子 b を持っていると仮定する。次に、ある個体で a が A に変わる突然変異が生じる。この変異は有利なため、A を持つ個体（紫）は増加する。一方、別の個体では、b が B に変わる有利な突然変異が生じる（水色）。有性生殖をする集団では、aB と Ab の交配が起こり、さらに適応度の高い AB（赤）が生じる。一方、無性生殖をする集団では、AB が生じるのに長い時間がかかる。同じ系統で両方の遺伝子に突然変異が起きるのを待たなければならないからだ。

有利な突然変異が生じても、その効果を打ち消すような有害な突然変異が起きてしまうと、この２つの変異を分離するすべはない。そして有害な変異は蓄積し続け(**マラーのラチェット**＊4と呼ばれる)、個体の適応度への負担（**遺伝的荷重**＊5)が徐々に増加していくのだ。

性は、集団をこの負担から解放する。両親の対立遺伝子が組み換えによって混ぜ合わされ、子では新しい組み合わせが生じる。両親の有害な突然変異が２つとも１個体に集まることもあるが、このような個体は自然淘汰によって集団から除かれる。一方、両親の有利な対立遺伝子を２つとも受け継ぐ子もいるだろう。こういう有利な遺伝子型は集団に広がっていく。結局、有性生殖をする系統は、無性生殖をする系統よりも、より適応的な個体を素早く生み出し、速く進化することができるのである（表8-1)。

＊2　**雌雄同体**：雌性配偶子と雄性配偶子の両方を作る個体。
＊3　**有性生殖の２倍のコスト**：性のない系統は性のある系統よりも速く増殖できる。性のない系統では、すべての個体が子を作れる。しかし性のある系統では、子の半分はオスである。オスは子を作れない。したがって、性のある種の増殖率は、性のない種の増殖率の半分になる。
＊4　**マラーのラチェット**：無性生殖集団のゲノムにおいて、有害な変異が不可逆的に蓄積するプロセス。
＊5　**遺伝的荷重**：有害な突然変異の蓄積などによって、遺伝子型レベルにかかる自然淘汰の強さ。

赤の女王仮説：同じ場所で走り続ける

寄生者の存在も、性の利点を説明できる可能性がある（図8-5)。あらゆる種には、寄生者の犠牲となる危険がある。感染すれば、個体の適応度は下がる。寄生者は宿主を殺すこ

表8-1 有性生殖は、すべての生物にとって最適な進化戦略ではない。コストが高すぎることもある。しかし、有性生殖によるゲノムの混合は、明らかに進化を加速させる。

有性生殖の結果	
不利な点	**有利な点**
有性生殖の2倍のコスト 無性生殖の系統では、すべての個体が子を作れるため、世代ごとに急速に増殖できる。一方、有性生殖の系統では、オスは子を作れない。	**有利な突然変異の組み合わせ** 有性生殖は、2つの個体の遺伝子を組み合わせることで、別々の個体に生じた有利な突然変異を1個体に集めることができる。その速度は、1個体のゲノムの中で有利な突然変異が2回生じる場合よりも速い。
探索のコスト 交配するには、オスもメスも相手を見つけなくてはならない。これには時間とエネルギーが必要なだけでなく、捕食される危険も伴う。	**新しい遺伝子型の生成** 減数分裂では、対となる相同染色体同士が交差して組み換えが起こる。その結果、対立遺伝子の新たな組み合わせを持つ配偶子が生じる。
血縁関係の減少 有性生殖では減数分裂によって一倍体の配偶子を作るため、対立遺伝子の半分しか子に伝えられない。これは親子の血縁関係を半減させる。	**速い進化** 有性生殖で生まれた子は、無性生殖で生まれた子より、遺伝的に多様である。したがって、有性生殖集団の選択に対する進化的応答は速くなる。これは、寄生虫に対する抵抗性を維持するのに重要である（赤の女王仮説）。
性感染症の危険 交配は、多くの病原体にとって感染のチャンスである。無性生殖では交配しないため、この危険はない。	**有害な突然変異の除去** 有性生殖をする集団は有害な突然変異を除去できる。組み換えにより、有害な変異を含まない対立遺伝子の組み合わせを持つ個体ができるからである。一方、無性生殖をする集団では、系統が絶える日まで有害な変異は着実に不可逆的に蓄積していく（マラーのラチェット仮説）。

A

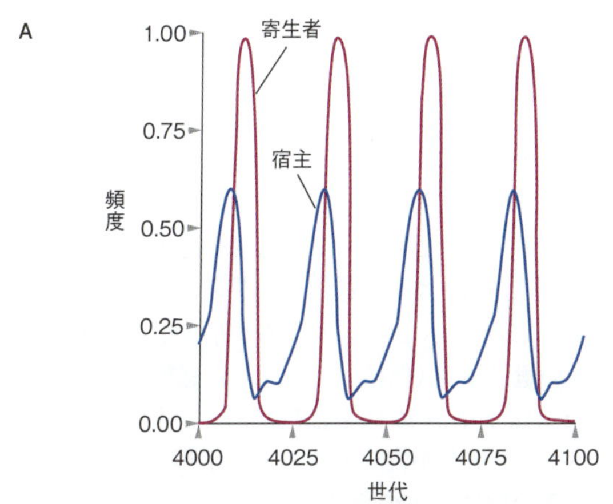

B

図８-５　A：ある仮説によれば、寄生者は周期的に激しさを変えながら宿主を追い立てる。グラフは、宿主と寄生者の共進化をコンピューターでシミュレートした結果である。青は宿主の遺伝子型頻度で、赤は寄生者の遺伝子型頻度である。これらの遺伝子型頻度は、まるで円周上をグルグル走っているように、周期的に変動する。宿主が寄生者に対抗するには、速く進化し続けなくてはならない。そのために性が役立っていることが、いくつかの研究で示唆されている。　B：性の存在を説明するこの考え方は、赤の女王仮説と呼ばれている。この名称はルイス・キャロルの『鏡の国のアリス』に登場する女王にちなんでいる。赤の女王は、その場にとどまるために走り続けるのだ。

ともあるし、交配相手を探せないほど弱らせたり、生殖器官を傷つけたりすることもある。したがって寄生者に抵抗力のある宿主は、自然淘汰で有利となるだろう。寄生者による自然淘汰は、進化にも人間の健康にも大きく影響している。

寄生者に対する防御が宿主で進化すると、今度は寄生者が、宿主の防御を突破するために対抗策を進化させるだろう。1970年代に進化生物学者たちは、寄生者と宿主の進化が周期的に起きることを示した。仮に寄生者が、宿主の集団でもっとも多い遺伝子型（仮にAとする）に感染するとしよう。感染された遺伝子型Aの宿主は数が減り、絶滅することもある。すると、寄生者が寄生できる遺伝子型Aの宿主は減ってしまう。その間に宿主の集団では、寄生者に対する抵抗性の高い別の遺伝子型Bが増えて、今度はこの遺伝子型Bが一番多くなる。そのうちに、新たに一番多くなった遺伝子型Bの宿主に感染できる寄生者が進化し、一番多い宿主を殺し始める。こうして宿主と寄生者の進化は繰り返される。このモデルは**赤の女王仮説**[*6]として知られている。この名称は、ルイス・キャロルの『鏡の国のアリス』の登場人物「赤の女王」に由来する。女王はアリスをむやみに走らせてから、こう言った。「ほら、ごらん。同じ場所にいるためには、走り続けなければならないのよ」

赤の女王仮説が正しければ、宿主と寄生者の進化的軍拡競争が起きるはずだ。宿主が「同じ場所にいる」ためには、つまり生き残るためには、次から次へと防御を進化させ続けなければならない。こうして寄生者は、宿主に性を進化させたのかもしれない。寄生者は繁殖速度が速く、どんどん変異を生み出すので、どんな遺伝子型の宿主にも素早く適応できる。宿主が無性生殖をする場合は、適応するのがさらに簡単だ。

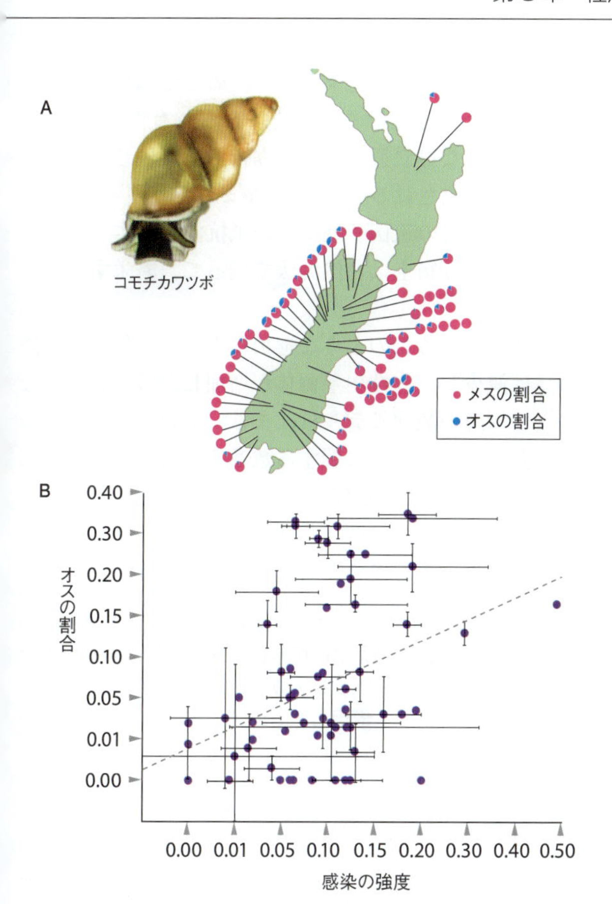

図 8-6　A：ニュージーランド産の淡水性巻貝コモチカワツボ（*Potamopyrgus antipodarum*）は、有性生殖でも無性生殖でも繁殖できるので、性の利益とコストを検証するためには理想的な生物である（表 8-1)。インディアナ大学のカート・ライヴリーは 66 集団で、無性生殖型の個体と有性生殖型の個体を集計した。その結果をオスの割合で示す。0%はすべて無性生殖型であることを意味し、50%はすべて有性生殖型であることを意味する。　B：ライヴリーが研究した地域では、有性生殖型の割合と吸虫類の感染との間に相関が認められた。これは、寄生虫によって性の進化が促されていることを示唆する。(ライヴリー、1992 年より改)

無性生殖で新しい変異が進化するのは、めったに起こらない突然変異が起きたときだけだからだ。しかし有性生殖なら、毎世代ごとに新たな対立遺伝子の組み合わせが生じ、多くの遺伝的変異が作り出される。こうして生まれた変異の中には、たくさんいる寄生者の遺伝子型に強い抵抗性を示すものもあるだろう。そういう宿主は自然淘汰で残って、繁栄することになる。

多くの世代にわたるこのような選択によって、集団内の無性生殖個体は減少し、有性生殖個体が増加したのかもしれない。赤の女王仮説の数理モデルは、まさにそのことを示唆している。そして実際の生物に関する数多くの研究結果も、これを支持している。図8-6に、ニュージーランド産巻貝の有性および無性生殖集団に関する研究を示す。これは赤の女王仮説に関するもっとも優れた研究の一つである。

＊6　**赤の女王仮説**：共進化している集団で相対適応度を維持するためには、各集団が互いに絶えず適応し続けなければならないという仮説。この用語は、リー・ヴァン・ヴェーレンがルイス・キャロルの『鏡の国のアリス』から借用したもので、寄生者と宿主の間の生物学的な軍拡競争を指す。

性を捨てた生物

明らかにコストがかかるにもかかわらず、なぜ性はこんなに広まったのか。その問いに対する有望な答えを、赤の女王仮説は提示した。しかし、赤の女王仮説に疑問を投げかける種もいる。これらの種は数百万年も前に性を捨てたのに、環境に適応して多様化し続けているのだ。その中でも目を引くのが輪形動物のヒルガタワムシの仲間である。ヒルガタワムシは淡水に生息する無脊椎動物で、400種ほどが知られてい

る（図８-７）。近縁種はいずれも有性生殖をおこなうが、ヒルガタワムシの系統はおよそ１億年前に、無性生殖に変化した。ヒルガタワムシはすべてメスで、母親と娘は遺伝的に同一である。

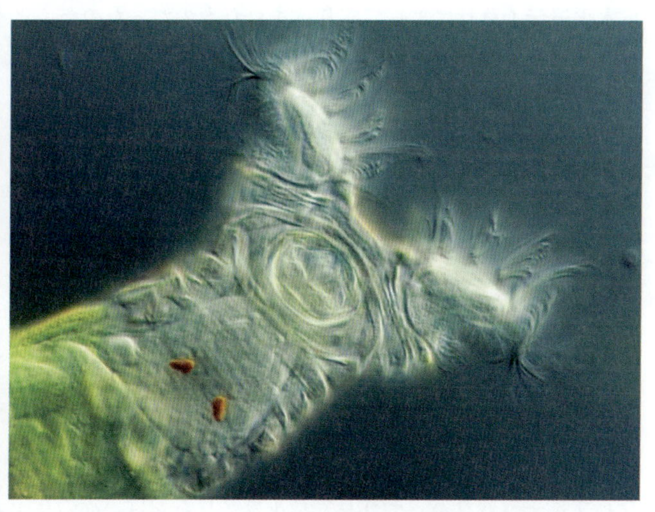

図８-７　ヒルガタワムシは約１億年も前に有性生殖を捨てたにもかかわらず、多様な淡水環境に適応し、400もの種に分岐している。ヒルガタワムシは単為生殖をおこない、メスは同じ遺伝子型の娘を産む。そこには、オスも減数分裂も存在しない（**訳注**：単為生殖は有性生殖に含めることが普通だが、単為生殖の中でも親子が遺伝的に同一になる場合は無性生殖に含めることもある）。しかし最近、ゲノムの解析により、驚くべき事実が明らかになった。ヒルガタワムシのゲノムには、細菌や菌類や植物に由来するDNAが含まれていたのだ。ヒルガタワムシは、遺伝物質を交換する新たな方法を手に入れたようである。ヒルガタワムシは環境が悪くなると、完全な脱水状態になり代謝を停止して乾眠に入る。そして再び環境がよくなると、水分を吸収して活動を再開するのだ。脱水や吸水をすると細胞膜などが壊れるので、修復しなければならない。そのときに外からDNAを取り込み、ゲノムに組み入れることによって、性がないことによる遺伝的な不利益を、ある程度は逃れているのかもしれない。（マーク・ウェルチら、2004年、およびグラディシェフら、2008年より）

性にそんなに多くの利点があるのなら、どうしてヒルガタワムシは無性生殖で生き残ることができたのだろうか。この疑問を解決するための手がかりが、ゲノムの研究から得られた。ヒルガタワムシのDNAの一部は、細菌や菌類や植物から水平遺伝子移行によって取り込まれたものだったのだ。ヒルガタワムシの独特な生活環のおかげで、ほかの生物の遺伝子をゲノムに組み込むことができたのである。

ヒルガタワムシは乾眠、つまり代謝を停止して完全な脱水状態となることで、厳しい環境を生き延びることができる。環境がよくなると吸水して元に戻るが、乾燥と吸水の間に細胞膜などが破損する。それを修復するときに、ヒルガタワムシは他種のDNAを取り込んで、ゲノムに組み込むことがある。この外来遺伝子によって、性がないために起こる遺伝的な不利益を避けている可能性があるのだ。

乾燥も、ヒルガタワムシが無性的に生きることのできる理由の一つかもしれない。寄生者や病原体は脱水状態の宿主の体内で生きることができないので、ヒルガタワムシは病気にならずに生き残れる。そうしてヒルガタワムシは、赤の女王仮説の容赦ない共進化から、ある程度は逃れているのかもしれない。

8.2 性淘汰

安価な精子と高価な卵

性が誕生すると、進化の様子は大きく変化した。その一つは、配偶子の大きさである。多くの種で、卵は大きく精子は小さい。この**異型配偶**[*7]として知られる不均衡の極端な例は、ニュージーランドに生息する飛べない鳥、キーウィであ

る。キーウィの卵は、メスの４分の１ほどの重さがある（図8-8）。このように大きな卵を作るには、多くの時間とエネルギーが必要だ。ところが対照的に、精子は顕微鏡サイズである。メスが卵を１個作るのと同じ資源で、オスは数兆個の精子を作ることができるのだ。

精子は卵よりもずっと小さいが、はるかにたくさん作られる。このように、オスとメスでは配偶子の大きさと数がまったく異なるので、繁殖を成功させるための戦略も違ってくる。つまり異型配偶は、オスとメスの進化に大きな影響をおよぼすのだ。たとえばオスもメスも、残せる子の数には限界があるが、その限界を決める要因は異なっている。

精子は豊富にあるため、メスの繁殖が、供給される精子の数によって制限されることはほとんどない。たとえば１人の男性は、毎日数千万個の精子を作る。したがって理論上は、

図8-8　卵は莫大な資源を含むことがある。キーウィは自身の４分の１の重さの卵を産む。

世界中のすべての女性のすべての卵を、1人の男性が生涯に作り出す精子で受精させることができる。一方、メスの繁殖は、1個体が作る卵の数（**一腹子数**（ひとはらしすう）*8）によって制限される。メスの一腹子数には個体差があるので、次世代へ伝えられるゲノムの量も異なる。多くの集団で、もっとも成功したメスはもっとも多く卵を作ったメスである。オスではこういうことはない。

しかしオスにも、メスとは異なる制限がある。それは、メスと出会って交配することだ。異型配偶集団においては、すべてのオスの精子を受け取れるほどメスの数は多くない。したがって、ほかのオスよりも多くの卵を受精させたオスが、もっとも繁殖に成功することになる。一方、オスが交配するメスの数と、オスが産ませる子の数には、たいてい強い相関がある。多くのメスと交配することが、多くの卵を受精させ

図8-9　A：ヨーロッパヨシキリのオスは、メスのハレムをつねに防衛している。　B：大きいハレムを持つオスほど、多くの子を持つ傾向がある。（ハッセルキスト、1998年より改）

ることになるのだ。つまりオスに関していえば、もっとも多くのメスと交配するオスが、もっとも適応度の高いオスである（図8-9）。

＊7　**異型配偶**：何らかの違いがある2つの配偶子の接合による有性生殖。大きい配偶子（卵）を作る個体はメス、小さい配偶子（精子）を作る個体はオスと定義される。
＊8　**一腹子数（一腹卵数、繁殖能力）**：1個体の繁殖能力で、具体的には1個体が一度に作る正常な卵（あるいは精子）の数。相対適応度の場合は、1個体が生涯で作った子の数を一腹子数とする。

偏った投資が性淘汰をもたらす

異型配偶のもう一つの特徴は、メスが子育てをするとメス自身の利益になることだ。メスはすでに、大きくて卵黄に富む配偶子を作るために、オスよりも多くの投資をしている。しかしメスの繁殖の成功にもっとも重要なのは、生まれた子の数や状態だ。子に食物を与え保護することで、メスの繁殖成功度は増加するのである。

母親による子育てが有益な理由の一つは、投資する相手がほぼ確実に自分の子だからだ。オスの場合はそうではない。オスがメスと交配したからといって、そのメスの産む子がそのオスの子とは限らない。**父性の確実性**＊9は母性の確実性よりもはるかに低いのだ。そのため、子の世話はメスがおこなうことが一般的である。

多くの種で、メスは卵に栄養を多めに入れておく。これは子の生存確率を高める。またメスは時間をかけて、卵を産むための、あるいは孵化した子を守るための、安全な場所を探す。なかでも安全な場所は、母親の体内である。ゴキブリから哺乳類までの幅広い種で、メスは子を体の中に入れたまま、子育てと保護を同時におこなう（図8-10）。

一般にオスは、子育てをするように強い選択を受けることはない。オスにとって最良の繁殖戦略は、交尾したメスのもとを去り、他のメスとの新たな交尾のためにすべての時間と労力を費やすことである。

このように繁殖戦略が異なるため、オスはメスより多くの

図8-10　多くの種が体内で子を成長させる。その間、子は親から保護され栄養をもらう。A：ヒト、B：シマウマ、C：ツェツェバエ、D：タツノオトシゴ。タツノオトシゴは雌雄の役割が逆転した種である。メスは、オスの腹部の育児嚢に産卵する。オスは、自分のお腹の中で子を育てる（写真は「妊娠した」オスを示す）。

子を作れる可能性がある。メスとの交尾を終えたオスが再び別のメスと交尾できるようになるには、数分もあれば十分である。対照的にメスが再び繁殖できるようになるのは、何らかの形で子どもを育てた後になることが多い。たとえばアジアゾウのメスは妊娠期間が20ヵ月で、授乳期間が18ヵ月である。したがって、再び妊娠できるようになるまでに、3～4年もかかるのだ。

繁殖可能な個体数も、オスとメスでは異なる。普通はオスの方がメスよりも、繁殖可能な個体が多い。ある時点での繁殖可能なオスとメスの比率を**実効性比（OSR）**＊10と呼ぶ。OSRはちょっと観察しただけではわからない。単純にオスとメスの数を数えれば、その数はたいてい等しくなる。しかし多くの種では、OSRはかなり偏っている。繁殖可能なオスに対して、繁殖可能なメスの数は非常に少ないからである。

OSRがオスに偏る（オスの方が多くなる）と、オスの間でメスをめぐる競争が起きる。この競争によって、繁殖にかかわるオスの形質に選択が生じる（OSRがメスに偏ると、反対にメスで選択が起こる）。

このような選択を**性淘汰**＊11と呼ぶ。進化生物学の多くの概念と同様に、性淘汰を最初に認識したのもダーウィンであった（1859年、1871年）。ダーウィンは性淘汰として「ある個体が同種の同性の個体に対し、繁殖に限定して持つ利点」を考えた。

多くの種では、オスに偏ったOSRが原因となって、性淘汰が起きる。この場合は、メスを求めてオス同士が争うことになる。性淘汰によって進化する形質は、種によって様々だ。ある種は、オス同士で闘う武器を進化させた。一方、オスが装飾を身につけて、メスを惹きつける種もいる。ときには1

つの形質が、装飾と武器を兼ねる場合もある。

＊9　**父性の確実性**：オスが、配偶者の産んだ子の遺伝的な父親である確率。
＊10　**実効性比（Operational sex ratio：OSR）**：ある時点における繁殖可能なオスとメスの比率。
＊11　**性淘汰**：受精競争によって起こる繁殖成功度の差による選択。受精競争は、同性同士の競争（同性間淘汰）や、異性が配偶者を選ぶこと（異性間淘汰）によって起こる。

オス同士の競争：角と歯と牙

オス同士の闘いは、様々な形をとる。角をぶつけたり、シオマネキのように大きなハサミでたたいたりするものもいる（図8-11）。ウマからハエまでの多くの種で、オスはハレムと呼ばれるメスの集団を作って、ほかのオスから守る。ハレムの支配権をめぐる争いは激しく、また頻繁に起こる。1匹

図8-11　オスが武器を持っている種は多い。メスやなわばりをめぐって、ほかのオスと争うときに使うのである。

のオスが20匹のメスを防衛すれば、残りの19匹のオスはメスを得られないのだから当然である。

南大西洋のフォークランド諸島にあるシーライオン島で交配するミナミゾウアザラシは、勝者と敗者の差がはっきりしている。イギリスのダラム大学の生物学者、A.ラス・ヘルゼルらは、シーライオン島のすべてのミナミゾウアザラシを長年にわたって調査した。彼らは成体と1996年から1997年の間に生まれた192頭の子の皮膚を採取し、DNAを調べた。そして、メスはシーライオン島に生息するオスとしか交配しないため、ほぼすべての子の父親を特定することができた。

オスの72％には、子がいなかった。残りの28％のオスにも、たいてい１頭か２頭しか子がいなかった。多くの子を持っていたオスはわずか数頭で、特に成功した１頭のオスは、子が

図8-12　ゾウアザラシのオスは多くのメスと交配するために、オス同士で闘う（上）。下は、ハレムのメス。

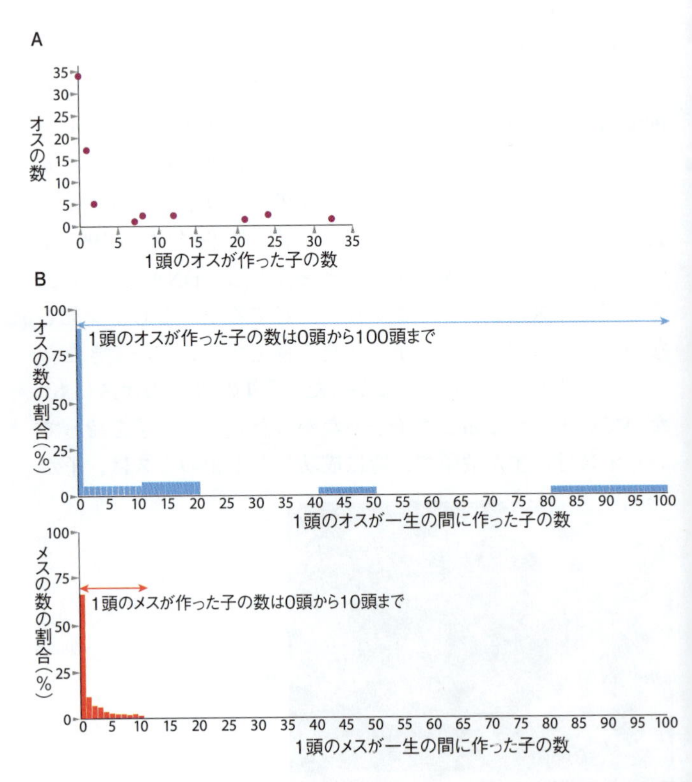

図8-13　ゾウアザラシのオスの間には、繁殖成功度に極端な違いがある。　A：シーライオン島の7つのハレムで、1回の繁殖シーズンにおける繁殖成功度を調査した。少数のオス（ハレムの主）のみが大きな成功（たとえば、21頭、24頭、32頭も子を産ませたオスがいた）をおさめる一方、多くのオスには子が1頭もいなかった。（ファビアーニら、2004年より改）　B：ゾウアザラシの生涯における繁殖成功度は、オスでもメスでも個体ごとに異なる。しかし、その個体差は、メスよりもオスでずっと大きい。オスにおける繁殖成功度の大きな差は、闘争に使われるオスの形質への強い性淘汰を生じさせる。（ル・ボーフとライター、1988年より改）

32頭もいた。

ミナミゾウアザラシのオスが繁殖に成功するのは大変だ。ハレムのメスと交配するために、オスは互いに闘う。オスは前肢で上体を起こし、巨体をぶつけ、歯で相手を切り裂く（図8-12）。敗者は立ち去り、コロニーの隅に追いやられる。ヘルゼルは、子を持つオスの90％はハレムの主であることを発見した。残りの10％は、ハレムの主がほかのオスと争っている間に、ハレムに侵入してメスと交配したオスである。

ミナミゾウアザラシのオスがメスより数倍も大きい理由は、性淘汰によって説明できる（性的二型*12）。大きいオスほど闘いに勝つ傾向があるので、ハレムの主は大きいオスであることが多い。その結果、大きなオスは多くの子を持つ。一方、メス同士が闘うことはない。そのためメスの場合は、体が非常に大きいから子をたくさん残せる、ということはない。そこで体の大きさに対する性淘汰は、メスよりもオスではるかに強くなる（図8-13）。

オオツノヒツジやアカシカでは、ハレムをめぐる闘いによって、見事な角や枝角が進化した。こうした武器は、オス同士の闘いで役に立つ。そして繁殖に成功したオスは、角や枝角の遺伝子を子に伝えることができる。ここでも、繁殖をめぐる闘争で役に立つオスの形質は、性淘汰によって進化したのだ（図8-14）。

オスが、メスそのものを求めて争うとは限らない。いくつかの種では、メスが必要とする資源、たとえば巣や食料をめぐってオス同士が争う。資源の分布が偏っていたり、量が少なかったりすると、強いオスはほかのオスを追い払って、資源を独占する。その結果、強いオスは多くのメスと交配する機会にめぐまれる。資源の防衛に成功すれば、メスと交配で

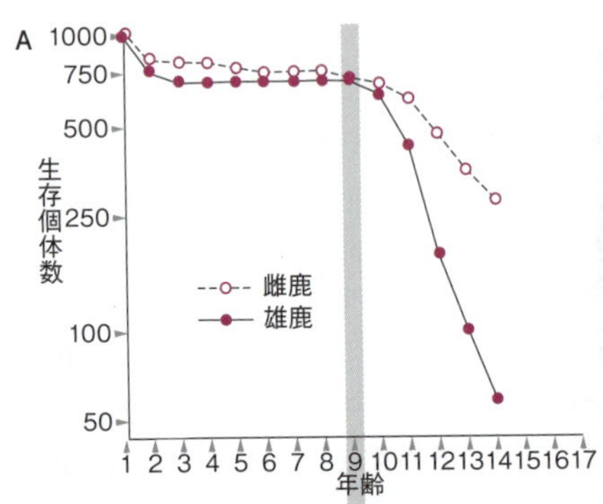

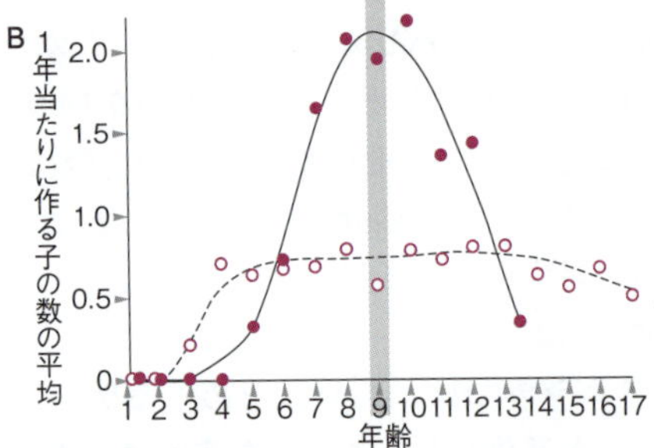

図8-14 闘争のコスト。アカシカのオスも、ゾウアザラシと同様に、ハレムの所有権をめぐって闘う。一握りの成功したオスの繁殖成功度は高くなるが、成功への道のりは危険で高くつく。ケンブリッジ大学のティモシー・クラットン＝ブロックらは長年にわたる研究で、オスは繁殖のピーク（グレーの線）に達するとすぐに、メスよりずっと高い確率で死に始めることに気がついた（A）。このようなハレムの所有権をめぐる危険な闘いは、シカの一生を通じた繁殖成功度に影響している。ほとんどのメスは子を産むことができる。メスは、繁殖年齢に達してから何年にもわたって、一定した割合で子を産み続けるのだ。一方ほとんどのオスは、1頭も子を作れない。繁殖できたオスにしても、メスの繁殖開始年齢よりずっと歳をとり、体も大きくなり、群れのトップをめぐって闘えるようになって初めて、繁殖を開始できるのだ（B）。しかも、ハレムを所有して繁殖ができるのは、ほんの短い期間にすぎない。すぐに新しいオスに殺されるか、地位を奪われてしまうからである。（クラットン＝ブロック、1988年より改）

きるのだ。しかしそうなると、同じ集団のほかのオスの繁殖成功度は下がってしまう。多くのオスはまったく子を作れないだろう。このように繁殖成功度に大きな違いが生じるということは、性淘汰が強力であることを意味している。こういう状況をスティーヴ・シャスターとマイケル・ウェイド(2003)は、**選択の機会***13と表現した。オスが資源を守ることができれば、個体間の適応度の違いが大きくなり、選択の機会が増えて、オスの装飾や武器の進化が促されるのである。

資源をめぐる争いは、テナガカミキリ（*Acrocinus longimanus*）のオスを過剰な進化の極致へと駆り立てた。彼らは40cmにもおよぶあきれるほど長い前肢を持っている。メスの食事場所のために、箸より長い前肢で争うのだ。メスの食事は、パナマの熱帯雨林で倒れたイチジクの木から染み出る樹液である。倒木と隣の倒木は1km以上離れていることもあり、多くのメスはその間を、食事と産卵のために飛翔することになる。そしてメスは、樹上で出会ったオスと

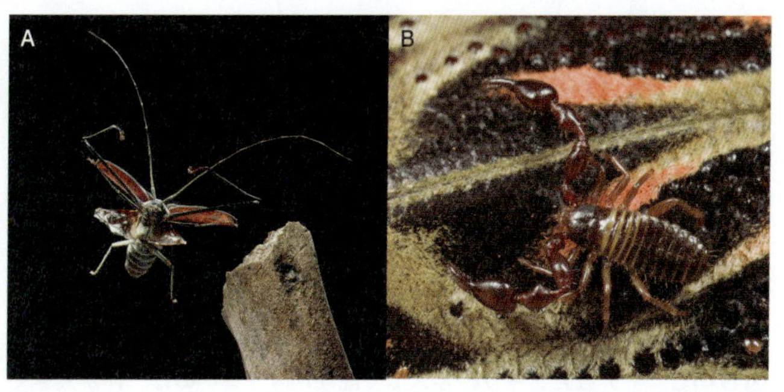

図8-15　A：テナガカミキリのオスは、メスが樹液を食べる場所の支配権をめぐり、長い前肢で闘う。　B：小さなカニムシのオスは、テナガカミキリのオスの背中に乗る。テナガカミキリは長い前肢を進化させたが、カニムシは脚鬚という大きな付属肢を進化させた。

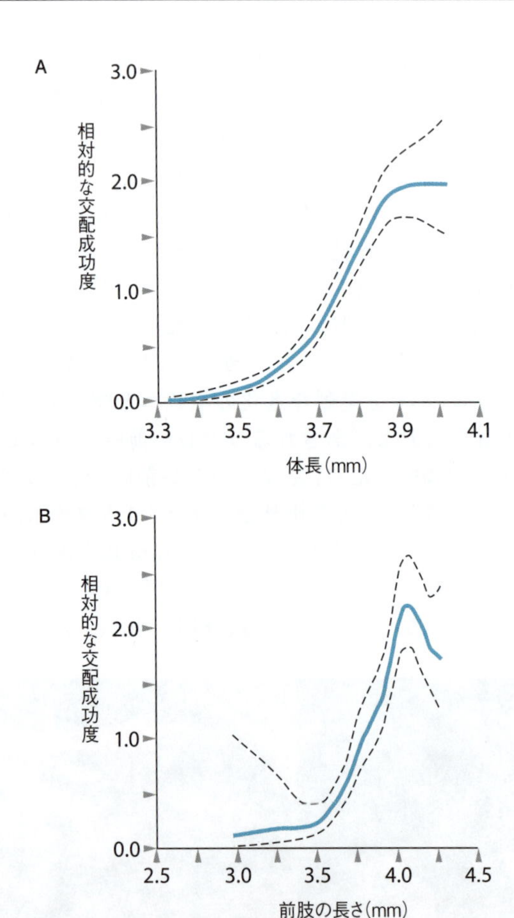

図 8-16　テナガカミキリのオスで交配成功度が高いのは、体が大きく(**A**)、前肢が長い (**B**) 個体である。これは、オス同士の争いによる強い性淘汰の存在を示す。(図の曲線は、3次スプライン法による。点線は標準誤差の信頼限界を示す。手法の詳細はシュルター、1988年を参照。図は、ゼーら、1992年より)

交配する。それがどんなオスでも、必ず交配するのだ。そのため、オスはその長い前肢で、他のオスから樹液を守るのである。ネヴァダ大学のデイヴィッド・ゼーとジェーン・ゼーは、前肢が長く体が大きいオスほど争いに勝ち、多くの子を持つことを発見した（図８-15、図８-16）。

ややこしいことに、このテナガカミキリの争いには、カニムシの１種（*Cordylochernes scorpioides*）も関係していた。このカニムシはテナガカミキリと同じく、イチジクの倒木の樹液を食料としている。しかしテナガカミキリと異なり、彼らには翅がない。そこで倒木から倒木へ移動するために、ちゃっかりとテナガカミキリの背中に乗っていくのだ。

テナガカミキリの背中は、彼らにとっては有限の資源である。そのため、オスは空飛ぶなわばりをめぐって闘う。そして、強いオスは弱いオスを背中から追い出し、次の倒木へと向かう途中のテナガカミキリの背中の上で、メスと交配するのだ。テナガカミキリが飛んでいる間に、カニムシのオスは20匹以上のメスと交配することができる。テナガカミキリと同じくカニムシにも、オスに武器を発達させるような性淘汰が起きた。オスは巨大なはさみのついた付属肢（脚鬚（きゃくしゅ））を持ち、これを使って闘うのだ。

＊12　**性的二型**：同種のオスとメスの間で、形質が異なること。色や体の大きさのほかに、求愛ディスプレイに使う構造（発達した尾羽、装飾、皮膚の模様）や闘争に使う構造（枝角、牙、けづめ、角）の有無などがある。

＊13　**選択の機会**：集団における適応度の分散。分散がゼロのときは選択が起こらず、分散が大きいときは選択が起きるチャンスが増える。この意味で「選択の機会」は、起こり得る選択の強さの制限要因となる。

コラム 8.1　オスとメスではどちらが強い性淘汰を受けるか

すべての卵は精子によって受精するため、オスの遺伝子を受け継いだ子の総数と、メスの遺伝子を受け継いだ子の総数は等しいはずだ。別の言い方をすると、平均的に考えれば、オスとメスの繁殖成功度は等しいことになる。性淘汰で問題になるのは、オスにせよメスにせよ、繁殖成功度が個体ごとにどのように分布しているかということだ。たとえば、オス1個体当たりの繁殖成功度（子の数）の平均が5個体である2つの集団を考えてみる。一方の集団では、すべてのオスは等しく5個体の子を作り、オスの繁殖成功度の分散はゼロである。もう一方の集団では、2個体のオスだけが子を30個体ずつ作り、残りのオスは子を残さない。後者の集団では、オスの繁殖成功度の分散は前者と比べてはるかに大きく、そのため選択の機会も大きくなる。30個体の子を産ませるのに関係したオスの形質は、性淘汰によって非常に有利になるだろう。

1つの集団でオスとメスの選択の機会を比較するときにも、同じ論理が使われる。繁殖成功度の平均はオスとメスで等しいので、性淘汰の相対的な強さの違いは、オスとメスそれぞれの分散で決まる。つまり、個体間の繁殖成功度の差が大きい方が、強い性淘汰を受けるのだ。

これまで見てきたように、繁殖成功度の分散は、メ

図８-17　オスとメスでは、どちらが強い性淘汰を受けるのだろうか。１つの集団におけるオスとメスの繁殖成功度の平均（棒グラフ）は等しいが、分散（エラーバー）は異なる。　Ａ：オスの方が選択の機会が大きい場合（繁殖成功度の分散が大きい場合）は、オスに強い性淘汰がはたらく。たとえばクジャクでは、オスは子の世話をせず、一部のオスだけが大きな繁殖成功を収める。このような種では、オスで複雑な装飾が進化するだろう。　Ｂ：オスが子育てを手伝う種では、オスとメスの繁殖成功度の分散は近くなり、極端な性的二型は進化しない。海鳥の多くは一夫一妻で、協力してヒナを育てる。こうした種では、オスとメスが似ていることが普通である。　Ｃ：オスが子育てをする種では、繁殖成功度の分散はメスの方が大きい。そのため、性淘汰はメスに強くはたらき、装飾や武器がメスで進化する。アカエリヒレアシシギのメスは、子育てを担当するオスをめぐって競争する。メスはオスよりも大きく、色が派手で攻撃的だ。（ブレナン、2010年より改）

スよりもオスの方が大きいことが多い。こうした集団ではメスよりもオスに強い性淘汰がはたらき、過剰な装飾や武器が進化することが予想される。

しかし例外もある。メスの方が繁殖成功度の分散が大きい場合は、つまり「役割が逆になった」種では、オスよりもメスに強い性淘汰がはたらく。そして、明るい体色や攻撃的な行動や武器が、オスではなくメスで進化するのだ（図8-17）。

オスからの贈り物

オスが争っている間、メスは何もしないで待っているわけではない。メスもオスを選んでいるのだ。特定のオスと交配することで、メスも多くの利益を得ることができる。一般に、利益には2種類ある。一つは**直接的利益**[*14]で、食料や保護がそれに当たる。交配と引き換えにオスから食料などをもらえば、メスは確実に利益を得ることができる。もう一つは**間接的利益**[*15]で、子の質を高める利益である（メスを素通りして子の適応度を高めるので、間接的と呼ばれる）。これらの利益は、メスが優れたオスを選べる場合に生じる。優れたオスの精子はそうでないオスの精子よりも、優れた対立遺伝子が多く含まれていると期待できるからである。

メスの気を引くために、オスが贈り物をする種もある。これは婚姻贈呈と呼ばれ、よく贈られるのは食料である。利用できる資源がたくさんあれば多くの子を作れるので、食料のプレゼントは繁殖成功に大きな意味を持つ。多くの昆虫では、交配のときにオスはメスに、精子だけでなくタンパク質と脂

質に富む精包も一緒に渡している。

メスは精包を受け取ると、食べるか、あるいは生殖器官から直接吸収する。どちらにしても、それは卵への栄養となり、子が発生するときに利用できる資源になる。トロント大学のダリル・グウィンは、キリギリスにおける婚姻贈呈の進化を研究している。彼は、受け取るプレゼントが多いほど、メスの産む卵のサイズが大きく、数も多くなることを明らかにした（図８-18）。

カマキリやある種のクモは、婚姻贈呈という習性を極限まで推し進めた。交尾の最中に、メスがオスを食べるのだ（図８-19）。こうした性的共食いは、もともと捕食者である種で

図８-18　キリギリスの仲間は交配のときに、オスがメスに栄養分豊かな精包を与えて食べさせる。写真は精包を食べるメス。A：メスの食べる精包の数が増えるほど、卵は重くなる。　B：メスの食べる精包の数が増えるほど、産卵数も増加する。（グウィン、私信）

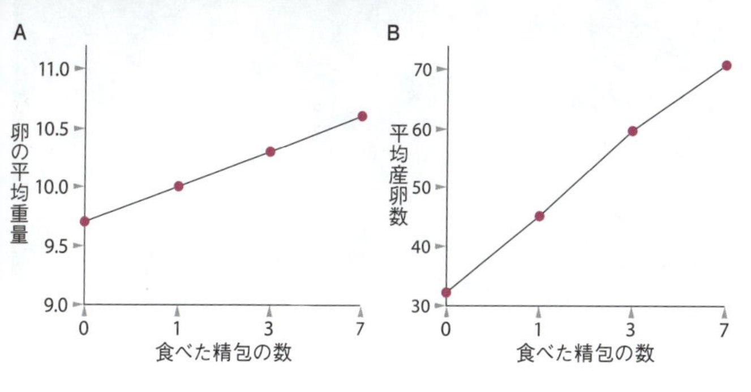

進化する傾向がある。メスはオスを、単に獲物の一つとして見ているのかもしれない。メスに近づいてくるオスはたくさんいるので、食べてしまっても、また次のオスが来るのだ。

性的共食いは、オスの繁殖成功度に壊滅的打撃を与える。当然、オスはできるかぎりこの結末を避けようとする。いくつかの種では、メスに比べてオスが非常に小さい。これをメスの捕食を逃れるための進化だと考える研究者もいる。小さすぎて食べる価値もない、というわけだ。一方で、性的共食いによって繁殖成功度を上げているように見えるオスもいる(図8-20)。メスがゆっくりとオスを食べている間も、オスはメスと交配し続ける。そして自分の体の栄養で、受精させたメスの繁殖能力を強めるのだ。

贈り物を持ってくるオスと交配するメスは、選り好みしないメスよりも物質的利益を得て、生存力や繁殖能力を上げる

図8-19　無脊椎動物には性的共食いをする種がいる。カマキリのメスは交配の間にオスを食べてしまう。

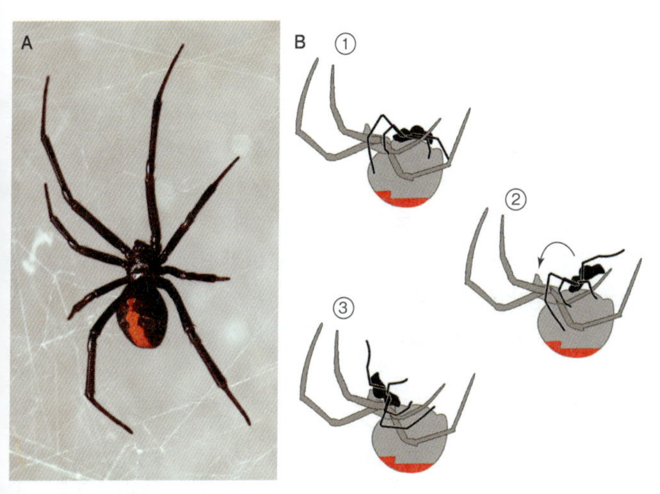

図8-20　セアカゴケグモのオスの自発的な自己犠牲。　A：メイディアン・アンドレードは、オーストラリアにいるセアカゴケグモの性的共食いを研究している。この種のオスが、2匹目のメスを見つけて交配できる見込みは非常に低い。　B：この種の場合は、オスは食べられることで利益を得ていることを、アンドレードは明らかにした。食べられることで、より多くの精子が受精に使われるからである。自己犠牲は、図中の番号のように進む。交配している間に、オスは上向きにひっくり返り、腹部をメスの顎の前に差し出すのだ。

ことができる。それが、さらにメスの配偶者選びを強め、オスの贈り物をますますぜいたくなものに進化させるのである(表8-2)。

＊14　**直接的利益**：メス自身の適応度が増加する、食物、巣の場所、保護などの利益。

＊15　**間接的利益**：子の遺伝的な質を高める利益。

華やかにオスは踊る

　多くの種で、メスがオスの特定の装飾的形質に強い好みを持つことが発見されている（図8-21）。メスは好みに非常にうるさい場合がある。たとえばエクアドルの熱帯林では、アオボウシマイコドリのオスが、メスを惹きつけるために求愛ダンスを踊る。オスは単独でダンスをすることも、レック*16と呼ばれる集団でダンスをすることもある。レックでは最大7羽のオスが同時に踊り、メスは交配相手を決めるために複数のオスのもとを訪れる（図8-22）。どのメスの好みもだいたい同じで、単独で踊るオスよりもレックで踊るオスに惹きつ

表8-2　贈り物を持ってくるオスと選択的に交配することで、メスは物質的な利益を得ることができる。その結果、選り好みしないメスよりも生き残りやすくなり、産子数も増える。こうしてメスの配偶者選びは強化され、オスによる贈り物をいっそう高価なものへと進化させる。

オスを選り好みすることによってメスが得る直接的利益	
直接の利益	**実例**
保護 メスがオス同士の闘争の巻き添えになって傷つけられる危険があるときは、守ってくれる力の強いオスと交配することによって、メスは利益を得るだろう。こうした種のメスでは「最後のオス」との受精が有利になることが多く、それがオスによる配偶者の保護を進化させる。	**ほかのオスから致命的に傷つけられないように守る** •ゾウアザラシ（ル・ボーフとメスニック、1990） •フンバエ（シグルヨンスドティアとパーカー、1981） **オスがメスに、卵を守るための有毒物質を与える** •ヒトリガの仲間（デュソードら、1991、イエンガーとアイズナー、1999）
なわばり、巣 メスがすでに完成した巣を持つオスと交配し、巣作りの時間と労力を節約する種もいる。巣の出来も場所も良いオスを選べば、ほかのメスより子の生存率を上げられるだろう。	**良い産卵場所** •トンボ（カンパネラとウルフ、1974） •カエル（ハワード、1978） **巣作りに適した植物** •ハゴロモガラス（ヤスカワ、1981）

直接の利益	実例
なわばり、巣（続き）	**オスが作った巣** • ハタオリドリ（コリアスとヴィクトリア、1978） **食料があるなわばり** • レイヨウ（バルムフォードら、1992）
食物 メスの産子数には限りがあるし、子を産んで育てるにはコストがかかる。食べ物を持ってくるオスと交配すれば、メスは子に使える資源を増やすことができる。その結果、選り好みしないメスよりも産子数は増加するだろう。交配するために食物を贈ることは婚姻贈呈と呼ばれ、その極端な例は性的共食い（メスがオスを食べる）である。	**餌を持ってくる** • シリアゲムシ（ソーンヒル、1976、1983） **メスがオスの肉質の後翅を食べる** • コオロギ（エッゲルトとサカルク、1994） **精包** • キリギリス（グウィン、1984、1988、ウェデルとアラック、1989） **メスがオスを食べる** • セアカゴケグモ（アンドレード、1996）
子育ての手伝い メスは、子のために労力を使うオスと交配する（たとえば、ダンスなどの求愛ディスプレイを見て、親としての能力が高そうなオスを選ぶ）。	**卵を守ってくれるオスを選ぶ** • カジカ（ダウンハワーとブラウン、1980） **卵の世話をするオスを選ぶ** • トゲウオ（オストランドとアーネシェー、1998） **ヒナに餌を与えるオスを選ぶ** • カササギビタキ科の鳥（セトルら、1995）
健康なオスを選ぶ 派手な装飾や力強いディスプレイでオスを選ぶことによって、メスは健康なオスを、つまり、ダニ、ノミ、シラミ、性感染症を持たないオスを見分けている。	**大きくて鮮やかな赤いトサカを持つオスを選ぶ** • 野鶏（やけい）。大きくて赤いトサカのオスは、健康な免疫系を持つ（ズックら、1990、ズックとジョンセン、1998）

図8-21　オスのディスプレイには、様々なものがある。左：鮮やかな羽、中：トカゲの首のフラップ、右：カエルのガーガーという鳴き声。

けられる。そしてレックの中でも、1羽のオスがほとんどの子の父となっていることが多い。メスは普通、一番速く踊るオスを選ぶのだ。

オナガセアオマイコドリ（*Chiroxiphia linearis*）のオスは、ペアでダンスをする。2羽のオスが組になって、相手を交互に跳び越すのだ。その間に、蝶の舞いと呼ばれる羽ばたきも交える。2羽のオスは、長年にわたるダンス・パートナーなのだ。一方メスは、オスの演技を審査する。オスは森の狭い範囲に集まるので、メスは一度にいくつものダンスを審査することができる。オスの演技が終了すると、メスはペアの一つに近づき、その中の第1位のオスと交配する。メスのダンスの好みは非常に似ていて、1羽から数羽のオスが、集団のほとんどのメスと交尾をすることも珍しくない。

メスは行動だけでなく、見た目でもオスを判断する。キノドマイコドリのオスは、首の黄色が鮮やかなほどメスに選ばれやすい。野鶏（やけい）では、トサカが大きいオスほど繁殖成功率が高い。ソードテールフィッシュのオスは、尾びれの下側が剣

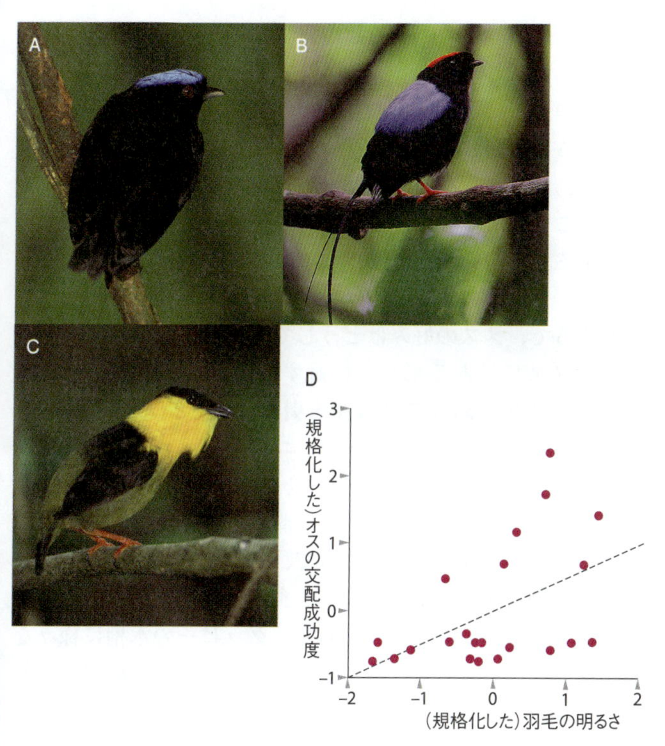

図8-22　オスのマイコドリはメスを惹きつけるために、ライバルのオスと一緒に複雑なディスプレイをおこなう。　A：アオボウシマイコドリのメスは、もっとも頻繁にディスプレイをおこなったオスを好む。B：オナガセアオマイコドリのオスは、交配できるのが第１位のオスだけの場合でも、複数のオスが協力してディスプレイをおこなう。　C：キノドマイコドリのオスは、ディスプレイをおこなう場所からゴミを取り、きれいに掃除をする。それはディスプレイのときに、背景と羽毛のコントラストを強めるためである。　D：キノドマイコドリのメスは、もっとも明るくて目立つ羽毛を持つオスを選ぶ。（スタインとウイ、2005年より）

のように長く伸びる。その剣が長いほど、メスは惹きつけられる。

メスの選択による進化のもっともシュールな例はシュモクバエだろう（図8-23）。数百種いるシュモクバエのほとんどの種で、オスには左右に伸びた眼柄がある。その幅は体長より長いこともある。オスの眼の間の距離はメスの好みに強く影響する。左右の眼が離れているほど、メスと交配できるのだ。

ところで、メスの好みはどうして生まれたのだろうか。たまたまメスにはある形や色に対する好みがあり、その好みの偏りがオスにおける性淘汰を引き起こしたとする研究もある。たとえばカリブ海のトリニダード島のグッピーは、オスが腹側のオレンジ色の部分をメスに見せびらかす（図8-24）。メスは、一番鮮やかで一番大きいオレンジ色の領域を持つオスと交配する。ところで、グッピーは小川に落ちてくる鮮やかなオレンジ色の果実を食べる。トロント大学の生物学者であるヘレン・ロッドらは、グッピーの水槽に様々な色の小さな円盤を入れてみた。すると、ほかの色の円盤よりもオレンジ色の円盤をつつく回数が多かった。これはメスだ

図8-23　シュモクバエの名は、その長い眼柄に由来する。左右の眼の間隔は、体長より長いこともある。メスは、眼柄が短いオスよりも長いオスとの交配を好むのだ。

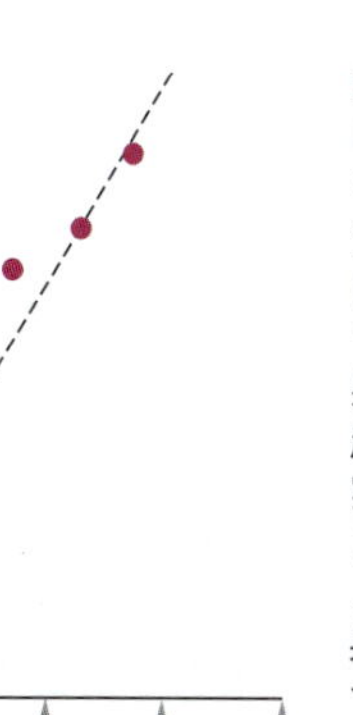

図８-24　メスのグッピーは、腹側が明るいオレンジ色のオスとの交配を好む。この好みは、ときどき小川に落ちてくるオレンジ色の果実に惹かれることに起因するようだ。ある実験では、オスのオレンジ色に強く惹かれるメスは、オレンジ色の果実に似せた物体をつつく回数も多かった。（ロッドら、2002年より改）

けでなくオスでも同じだったので、メスがオレンジ色の円盤をオスと間違えたわけではなさそうだ。さらに重要なのは、集団によってオレンジ色の円盤への反応の強さが異なることである。オレンジ色の円盤に強く反応する集団のメスは、オレンジ色のオスを好む傾向も強かった。ロッドはグッピーのオレンジ色の果実に惹きつけられる性質が、オスのオレンジ色の進化をもたらしたと考えている。

＊16　**レック**：ある場所に集まって求愛ディスプレイをおこなうオスの集団。

8. 3　魅力の法則

優れたオスと交配することで、メスは子の遺伝的な質を高めることができる。つまり、メスはオスを選択することで、間接的に利益を得ているのだ。問題は、どのオスが一番優れているかを見きわめる方法である。オスはメスと交配するために、羽飾り、トサカ、踊り、歌、匂いといった目印となる形質を進化させた。こうした形質が、優れたオスである証拠になるのはなぜだろうか。なぜオスのある形質は、ほかの形質よりもオスが優れている証拠になるのだろうか。これを説明する仮説はいくつかある（表8-3）。それらは、オスのどんな装飾的形質をメスが好むかを説明するのにも役に立つ。

1915年にイギリスの生物学者、ロナルド・フィッシャーは、性淘汰によってオスの派手な装飾が進化するモデルを作った。あるオスに対する好みがメスに生じることが、性淘汰の暴走（ランナウェイ）進化の引き金となるのだ。フィッシャーのモデルでは、1つの集団内に、装飾的形質によってオスを選ぶメスと、オスをまったく選ばないメスがいる。オスを選ぶすべてのメスは派手なオスと交配するし、オスを選ばないメスの一部も派手なオスと交配する。その結果、魅力的な装飾を持つオスの繁殖成功度は上昇する。同時に、装飾を持つオスとの交配は、メスの繁殖成功度も上昇させる。そのメスが産む息子も派手なため、メスを惹きつけると考えられるからだ。このようにして、フィッシャーのモデルには正のフィードバックが起こる。メスの好みとオスの装飾が共進化し続けるのだ（図8-25）。

フィッシャーがこのフィードバックを暴走（ランナウェイ）進化と呼んだのには理由がある。性淘汰による進化はどんどん進み、オスの生存をおびやかすまで止まらないからだ。

たとえば、グッピーのオスのオレンジ色の領域は、メスだけでなくグッピーを食べる魚まで惹きつけてしまう。グッピーの進化は、まさにフィッシャーの予言どおりに制限されている。捕食者のいないところに棲んでいるオスの鮮やかな

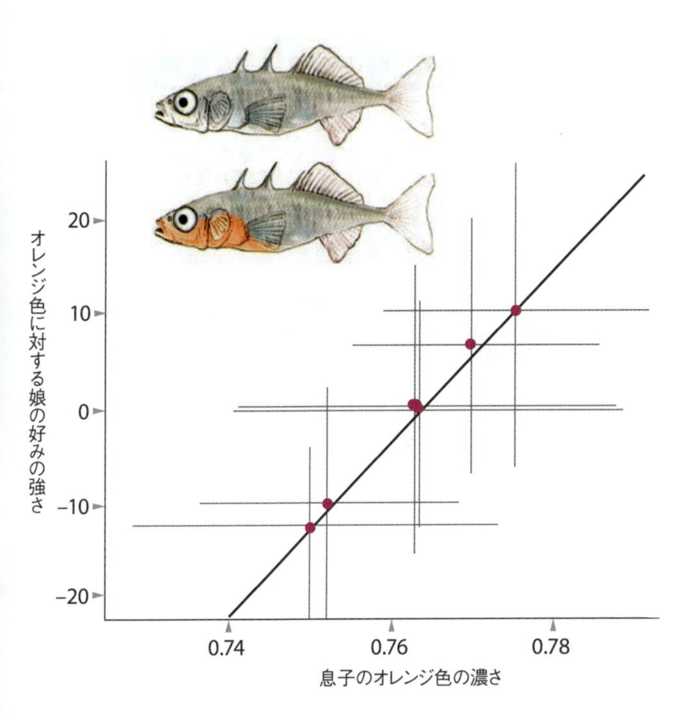

図8-25　装飾と好みの遺伝的相関。トゲウオのメスは、明るいオレンジ色の領域を持つオスを好む。しかし、オスのオレンジ色の濃さには個体差があるし、メスのオレンジ色に対する好みの強さにも個体差がある。テオ・バッカーは鮮やかなオスと地味なオスを、ランダムに選んだメスと交配させてみた。すると、鮮やかなオレンジ色の息子を持つ家族では、娘もオレンジ色に強い好みを持つことがわかった。つまり子の間では、娘の好みと息子の鮮やかさは、遺伝的に相関していたのである。これは、フィッシャーが予測した連鎖不平衡の証拠となる（**訳注**：複数の遺伝子座の対立遺伝子が同一の配偶子に含まれる確率が、対立遺伝子頻度の積になっている場合を連鎖平衡、なっていない場合を連鎖不平衡という。ここでいう連鎖不平衡は、具体的にはオレンジ色の遺伝子とオレンジ色を好む遺伝子が同じ染色体上に乗っていること）。連鎖不平衡は、ランナウェイプロセスによるオスの装飾の進化に欠かせないものである。（バッカー、1993年より）

表8-3

オスを選り好みすることによってメスが得る間接的利益

「良い遺伝子」仮説

派手なオスの装飾は「良い遺伝子」を持っている証拠となる。良い遺伝子があれば、代謝、健康、寄生虫や病気への抵抗性などが優れた個体になれる。この仮説では、装飾的形質が、オスの全体的な品質を示すシグナルとなっていると仮定する。オスを選り好みするメスは、選り好みしないメスよりも、生存率が高い子を産むと予想される。

理論	実例
装飾は、オスがコストのかかる「ハンディキャップ」に耐えられることを示す • ザハヴィ、1975／メイナード＝スミス、1976／グラファン、1990／巌佐ら、1991	**大きく赤いトサカは、オスの寄生虫への抵抗性を示す（野鶏）** • ズックら、1990／ズックとジョンセン、1998 **低音の鳴き声は、体が大きいことを示す（トゥンガラガエル）** • ライアン、1980
オスは寄生虫に抵抗力がある • ハミルトンとズック、1982／ヌールとハッソン、1984／フォルスタッドとカーター、1992	**コストのかかるカロテノイドを含む赤い羽毛は、オスの体が強いことを示す（メキシコマシコ）** • ヒル、1990、2000／バディヤエフとヒル、2000
オスは最高の健康状態にある • メイナード＝スミス、1985／プライスら、1993／シュルターとプライス、1993／グラファン、1990／巌佐とポミアンコウスキー、1999／ボンダリアンスキーとデイ、2003／コドリック＝ブラウンら、2006	**オスの鮮やかな色は、良好な健康状態を示す（アオアズマヤドリ）** • ドゥーセとモンゴメリー、2003 **学習によって身につけた複雑な歌は、鳴き鳥のオスの成長期における良い栄養状態や発達を反映する** • ノーウィッキら、1998 **装飾の大きさや複雑さは、子の生存能力と関係する** • モラー、1994（ツバメ） • ペトリー、1994（クジャク） • ノリス、1993（シジュウカラ）

フィッシャーのランナウェイ説（装飾的形質はなんでもよい）

オスの装飾的形質は良い品質のシグナルだからではなく、単にメスにとって魅力的だから選択される。魅力的な装飾を持つオスと交配したメスの子は、母からは好みの遺伝子を、父からは装飾の遺伝子を受け継ぐ。好みと装飾の間に相関関係が生じると、メスの好みをさらに強く、オスの装飾をさらに派手にする、正のフィードバックがはたらき始める。オスの装飾は、そのコストと利益が釣り合うところまで進化を続ける。

理論

- フィッシャー、1930
- オドナルド、1962
- ランデ、1981
- カークパトリック、1982
- ポミアンコウスキーと巌佐、1998
- 巌佐とポミアンコウスキー、1999

実例

マイコドリのディスプレイの進化における系統パターンは、フィッシャーのランナウェイ説と論理的に一致するが、「良い遺伝子」仮説とは一致しない

- プラム、1997

カエルは地域集団ごとに、オスの鳴き声や鳴き声に対するメスの好みが異なっている。しかし1つの集団内では、鳴き声と好みが対応している。これはフィッシャーのランナウェイ説と一致する

- ライアンとウィルチンスキ、1988

フィッシャー―ザハヴィのプロセス（組み合わせ）

メスの好みの遺伝子と、コストのかかるオスの装飾の遺伝子が、共進化することはあるだろう。しかし、メスの好みとオスの装飾の間に遺伝的相関があったとしても、オスの装飾が良い品質のシグナルでないとはかぎらない。好みの遺伝子と装飾の遺伝子の連鎖不平衡は「良い遺伝子」のシグナルとなる形質にもあてはまる。

理論

- コッコら、2002
- ミードとアーノルド、2004

実例

- バッカー、1993（トゲウオ）
- ウードとエンドラー、1990（グッピー）
- ウィルキンソンとレイロ、1994（シュモクバエ）

オレンジ色と比べると、捕食者のいる場所のオスは地味な色をしているのだ（表8-3）。

フィッシャーの最初のモデルによれば、オスの装飾はなんでもよいことになる。メスさえ気に入ってくれれば、派手な色でも長い羽毛でもかまわない。そして、オスの装飾もメスの好みも遺伝するなら、フィッシャーのモデルは成立する。フィッシャーのモデルがオスのいかなる装飾でも進化させることは、多くの理論的研究によって支持されている。メスが好むだけで、その形質が有利となるには十分なのだ。また、選り好みするメスも、その形質を息子へ伝えることで間接的な利益を得ることになる（表8-3）。

しかし、いい加減な形質によってオスを選ぶことには危険もある。そういう形質にはオスの遺伝的品質に関する情報がないので、魅力的なオスが優れているオスとは限らないからだ。もしもメスが、魅力を感じるだけでなく、オスの品質も示す形質にもとづいて交配相手を選べば、そういう危険はなくなるだろう。そして、メスは2つの間接的な利益を得ることができる。1つは、装飾は遺伝するので、息子も魅力的になることだ。もう1つは、父親が優れているため、実際に健康で強い子になることである。メスが優れた遺伝子を持つオスを正確に選ぶことができれば、その遺伝子を子へと伝えることができるのだ。

数理モデルによれば、オスの装飾などの性的ディスプレイが正直なシグナル（**訳注**：発信者の状態を受信者に正しく伝えるシグナル）となる1つの方法は、コストを支払うことである。コストとは、角を作ったり、夜通し鳴き続けたりするためのエネルギーだ。強い個体は性的ディスプレイにエネルギーを割く余裕があるが、弱い個体にはその余裕がない。弱い個体が病気や飢えにさらされている場合は、性的ディスプレイを示すことはさらに難しくなるだろう。

こうしたモデルに刺激を受けて、多くの生物学者が実際の動物で正直なシグナルを探し始めた。オーストラリアのニューサウスウェールズ大学のサラ・プライクは、アフリカでアカエリホウオウを使って、この仮説を検証した。アカエリホウオウのオスは、体長よりも長い22cmにもなる尾羽を持つ。繁殖期になるとなわばりを作り、尾羽を広げて風にはためかせながら飛び回る。一方メスは、どのオスのなわばりに巣を作るかを選択し、その持ち主のオスと交配する。

プライクは、尾の長いオスの方がたくさんのメスをなわばりへ誘い込むことに気がついた。そこでプライクは、120羽のオスを使って実験をしてみた。60羽の尾の長さを20cmに、残りの60羽の尾を12cmに、切りそろえたのである。そして、それぞれのオスが、交配にどのくらい成功したかを比較したのだ（12cmの尾はアカエリホウオウとしては短い方だが、実際にそのくらいの尾を持つ個体はいる）（図8-26）。

結果は2つの集団で明らかに差があった。尾が長いと空気抵抗が大きくなるので、飛ぶのに余分なエネルギーがいる。一方、尾の短いオスは、メスの気を引くために長い時間飛び回ることができる。しかし、尾の短いオスの努力は実らなかった。尾の長いオスは、尾の短いオスよりも、3倍も多くのメスをなわばりに引き込んで巣作りをさせたのである。

長い尾は、アカエリホウオウのオスにとってコストとなる。しかし、コストがかかることが、シグナルが正直である証拠となるようだ。それではオスの尾の長さは、メスにどんな情報を与えているのだろうか。尾の長いオスは、短いオスよりも健康であることが多かった（図8-26A）。つまりメスは、

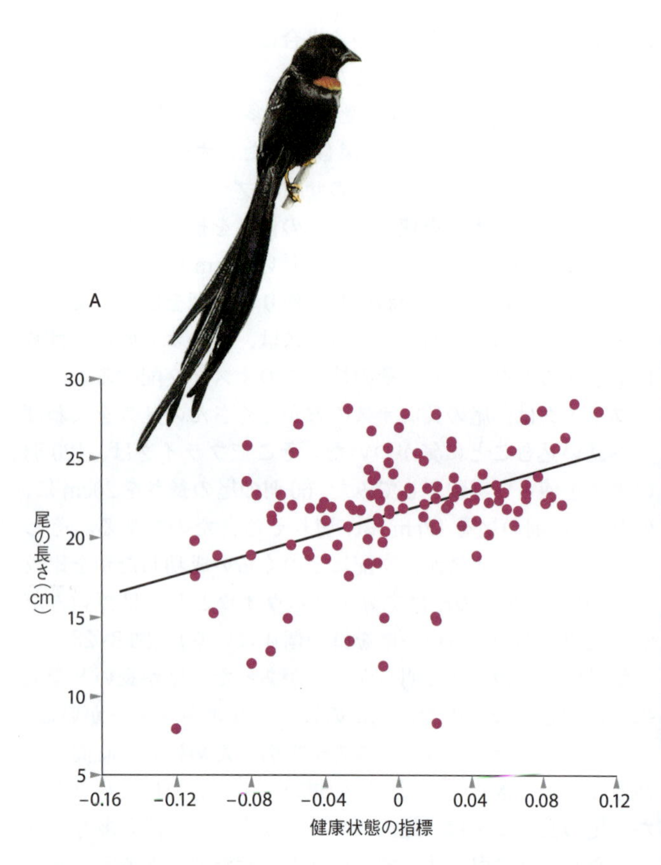

図8-26 A：アカエリホウオウのオスは、メスを惹きつける長い尾を持つ。健康なオスほど、長い尾を持つ傾向がある。　B：オスの尾を短く切ると、オスの魅力は減少し、尾を切られたオスのなわばりに巣を作るメスは少なくなった。　C：繁殖時期を通じてみると、尾の長いオスの健康状態は尾の短いオスよりも悪化した。長い尾を維持するには負担も大きいのだ。（プライクら、2001年、プライクとアンデルソン、2005年より改）

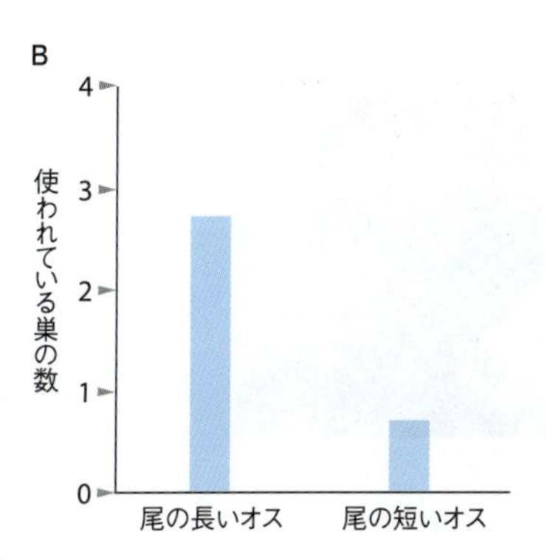
B
使われている巣の数
0
1
2
3
4
尾の長いオス
尾の短いオス

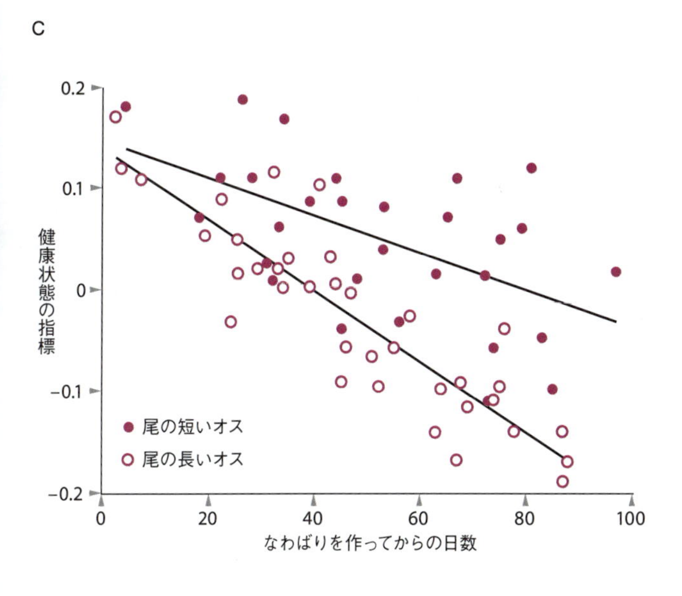
C
健康状態の指標
0.2
0.1
0
−0.1
−0.2
0
20
40
60
80
100
なわばりを作ってからの日数
尾の短いオス
尾の長いオス

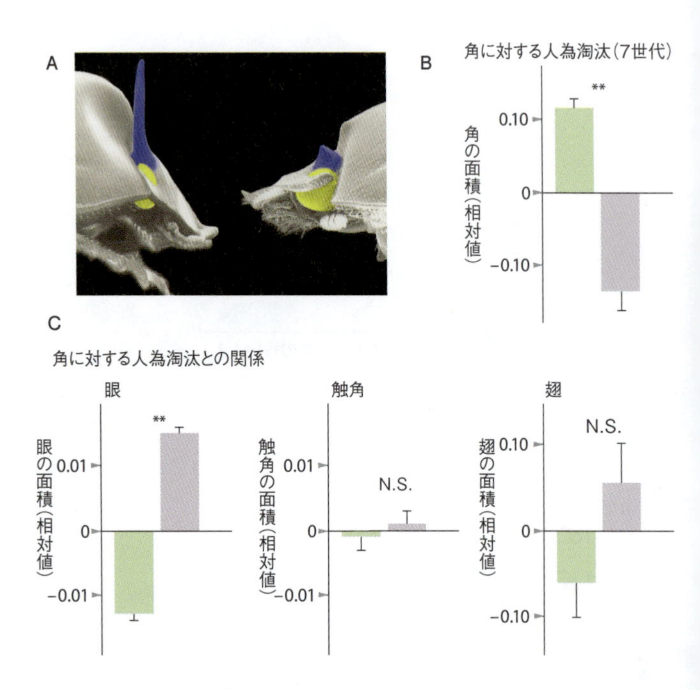

図8-27　大きな武器が進化すると、発生においてトレードオフ（**訳注**：資源を一方に配分すると、他方がその分だけ少なくなるという制約原理）が起きる。　**A**：フンコロガシの１種、オンソファグス・アクミナトゥス（*Onthophagus acuminatus*）の角を青、眼を黄色で示す。左のオスは角が非常に大きい個体、右のオスは角が非常に小さい個体である。　**B**：人為的な選択によって、体長に比して異常に長い（緑）、または短い（紫）角を持つオスの集団ができた。　**C**：角の長さは、眼の大きさと負の相関がある。しかし、触角や翅の大きさとは相関関係がない。（**：統計的に有意な差がある。N.S.：統計的に有意な差はない。エムレン、2001 年より）

尾の長いオスを選ぶことによって、なわばりを守り、良い遺伝子を子に与えられる強いオスを選ぶことができるのだ。

正直なシグナルの進化という考え方で、メスの好みだけでなく、角や牙や枝角などのオスの過剰な武器も説明できる。こうした武器は闘うためだけでなく、闘いを避けるためのものでもあるからだ。オス同士の闘いはとても危険で、けがをしたり死んだりすることもある。そこで多くの種では、闘いを避けるために、遠くから相手を品定めする。大きな武器は持ち主の強さを示す明快なシグナルであり、弱いオスはそれを見ただけで闘わずに退散するのだ。

もしもシグナルのニセモノが簡単に作れるなら、シグナルが長く使われることはないだろう。弱いオスでも大きな武器を作れるなら、たとえ相手の武器が大きくても尻込みせずに、実際に闘うオスが自然淘汰で有利になるはずだ。しかし、これらの武器は、ニセモノを簡単には作ることができないという証拠が、つまり正直なシグナルだという証拠が、いくつも見つかっている。本書の筆者の一人であるダグラス・エムレンは、甲虫の角のコストを研究した。大きな角を作るために、オスの幼虫は、頭部の角になる細胞に資源を割かなければならない。その結果、生きるのに重要な眼などに使える資源が少なくなってしまうのである（図8-27）。

コラム 8.2　感覚バイアスのテスト

メスの感覚システムに偏りがあるために、進化する好みもあるかもしれない。こうしたメスの感覚バイアスのせいで好まれる表現型をたまたま持っていたオスは、そうでないオスよりもメスに認識されやすく、メスにとって魅力的に見えるだろう。どちらにしても、元からあった偏りによって、オスの装飾が進化し始めるのだ。

オスの装飾を進化させたメスの感覚バイアスを調べる方法の一つは、その装飾を持つ種の系統を明らかにすることである。その装飾が現れる前に分岐した、その装飾を持たない姉妹群を見つけるのだ。そういう姉妹群が見つかったら、そのメスを使って実験をする。同種のオスが装飾を持っていなくても、装飾のあるオスを好むかどうかをテストするのだ。もしメスが装飾を好むなら、これらの種の共通祖先には、すでに感覚バイアスがあったと解釈できる。オスの装飾が進化する前から好みが存在したということは、元から感覚に偏りがあったとしか考えられないからだ。

ネブラスカ大学のアレクサンドラ・バソロは、ソードテールフィッシュのクレード（単系統群）で感覚バイアスを検証した。ある種（*Xiphophorus helleri*）のオスは、尾びれから伸びる長い「剣」で自身を飾り立てている。そしてこの種のメスは、尾びれの長いオスを好む。バソロはこの種に近縁な 4 種のメスを使って実

験をおこなった。4種のオスは、どれも長い尾びれを持っていない。しかし、４種のうち３種のメスは、長い尾に対して強い好みを示した。この結果から、メスの好みはオスの装飾が現れる前から存在しており、長い尾を持つオスへの感覚バイアスが存在することが示された。

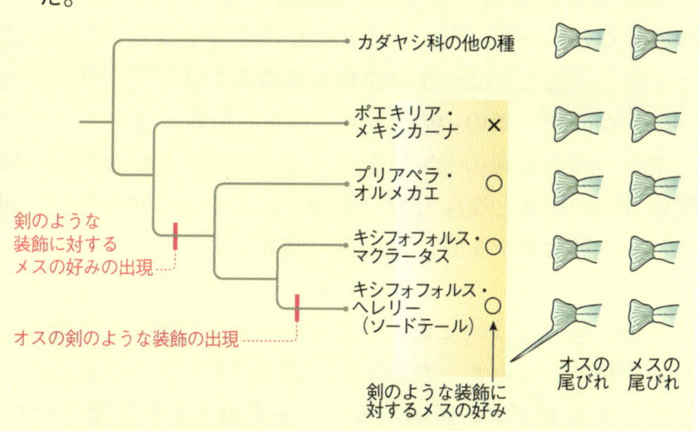

図 8-28　メスの好みとオスの装飾の進化を示したソードテールの系統。ある形質に対する感覚バイアスは、その形質を持たない種でも進化することがある。（バソロ、2002 年より）

8．4　配偶システムの進化

動物界には、様々な配偶システムがある。マネシヤドクガエル（*Ranitomeya imitator*）は配偶者を選ぶと、その後もずっと２匹で一緒にいる。熱帯樹の枝の上に生えたアナナスは、葉の間に水たまりを作る。カエルの夫婦は協力して、この小さな水たまりの中で子育てをする。このような配偶システムは、**一夫一妻**＊17 と呼ばれる。一方ゾウアザラシは、1頭のオスが多数のメスと交配する。これは**一夫多妻**＊18 と呼ばれる。逆に、ナンベイレンカクという中央アメリカの鳥は、1羽のメスが複数のオスと交配する。これは**一妻多夫**＊19 と呼ばれる。

1900年代の終わりまでは、配偶システムを研究するには観察するしかなかった。しかし見かけだけではわからないことも多い。たとえばつがいを作る鳥の多くは、見かけよりも浮気性なのだ。巣の中のヒナのDNAを分析すると、かなりの割合の卵が父親のDNAを持っていないことがわかる。母親はほかのオスと交配していたのだ。そうとは知らない父親は、一生懸命ヒナを育てている（図8-29）。

配偶システムはなぜこんなに複雑なのだろうか。進化生物学者は、色々な戦略によって雌雄の繁殖成功度がどう変わるのかを検討してみた。たとえば、精子は低コストで作れるので、一夫多妻がよい戦略だろう。多くのメスを受精させて、

図8-29　ルリオーストラリアムシクイのメスはオスと長期的なつがいを形成するが、こっそり抜け出してほかのオスと交配する。

子孫をたくさん残せるからだ。しかし、一夫多妻には不都合な点もある。オスはほかの多くのオスと競争しなければならないし、もし交配に成功したとしても、実際の卵の受精にはほかのオスの精子が使われてしまうかもしれないのだ。

１匹のメスだけと交配し、ほかのオスを追い払い、子育てを手伝う方が、オスにとってよい場合もある。たとえば、カリフォルニアシロアシマウス（*Peromyscus californicus*）は、哺乳類にはめずらしく一夫一妻である。このネズミでは、オスが子育てを手伝うことにより、メスだけで子育てをする場合の２倍以上の子どもが生き残るのだ。

一妻多夫は、メスに様々な利益をもたらす。たとえば、多くのオスと交配することによって、メスは子どものためにもっとも高品質な遺伝子を手に入れられる可能性がある。また、あるオスの精子が低品質だった場合に備えて、「分散して賭ける」意味もある。ルリオーストラリアムシクイ（*Malurus cyaneus*）のメスは、オスとつがいを作るが、夜に巣を抜け出してほかのオスと交配する。このときの浮気相手となるオスは、優れていることを示す何らかのサインを出している。このようにして、メスは妊娠するために使う精子の質を「格上げしている」のだ。

一妻多夫の利益については、別の説もある。たとえば一妻多夫の利益は、良い遺伝子を得ることではなく、自分と異なる遺伝子を得ることだ、という説だ。遺伝的に似すぎた相手と交配すると、つまり近親交配をすると、子の適応度が低くなってしまうからである（**第５章**）。さらに別の説としては、複数のオスと交配することにより、様々な病原体への抵抗性が上がり、一部の子の健康状態を良くすることができる、というものもある。あるいは、単にオスからの求愛を断るのは大変なので、何度も交配する方がコストが低いというだけの理由かもしれない。

＊17　**一夫一妻**：1匹のオスと1匹のメスがペアになる交配システム。オスが1匹のメスだけと、メスも1匹のオスだけと、交配する場合は性的一夫一妻と呼ばれるが、これは非常にめずらしい。オスとメスが安定なペアを作り、協力して子育てをすることを、社会的一夫一妻という。これにはパートナーのどちらか、または両方が、こっそりパートナー以外の個体と交配する場合も含まれる。社会的一夫一妻は、魚類、昆虫、哺乳類では少ないが、鳥類では約90%の種に見られる。
＊18　**一夫多妻**：オスが複数のメスと交配する（または、交配しようとする）システム。
＊19　**一妻多夫**：メスが複数のオスと交配する（または、交配しようとする）システム。

8．5　精子戦争

メスが複数のオスと交配すると、メスの体内で複数のオスの精子が出会うことになる。そうすると、オスたちの新たな競争の幕が切って落とされる。**精子競争**＊20である。ある精子がほかの精子を出し抜いて卵と受精するために、数多くの戦略が進化してきた。オス同士の競争が激しい種ほど、精子同士でも様々な戦略が進化する傾向がある。競争が激しいほど、選択は強くはたらくからだ。

オスの繁殖成功度を増加させる方法の一つは、ほかのオスの精子を取り除くことである。ヨツモンマメゾウムシ（*Callosobruchus maculatus*）はペニスに鋭い棘を持っている。すでにほかのオスと交配したメスと交配するときは、この棘で前のオスの精子を取り除くことができる。このペニス

の棘が長いほど、卵を受精させる確率が高くなるのである（図8-30）。

メスの生殖管に残っているほかのオスの精子に打ち勝つ精子を持つ種もいる。戦略の一つは、数で圧倒する方法である。霊長類では、オス同士の競争が激しい種は、一夫一妻の種より大きな睾丸を持っている。大きな睾丸は多くの精子を作る。ほかのオスの精子がある場合は、自分の精子が多いほど受精の確率が高くなるからだ（図8-31）。

シロアシマウス（*Peromyscus* 属）の精子は、互いに結合

A

図8-30　A：マメゾウムシのメスは、複数のオスと交配することがある。オスの挿入器には棘があり、この棘で交配中にほかのオスの精子を取り除く。　B：メスがすでに別のオスと交配していたときには、２番目のオスは、ペニスの棘が長いほど、多くの卵を受精させることができる。（ホッジーとアーンクヴィスト、2009年より改）

B

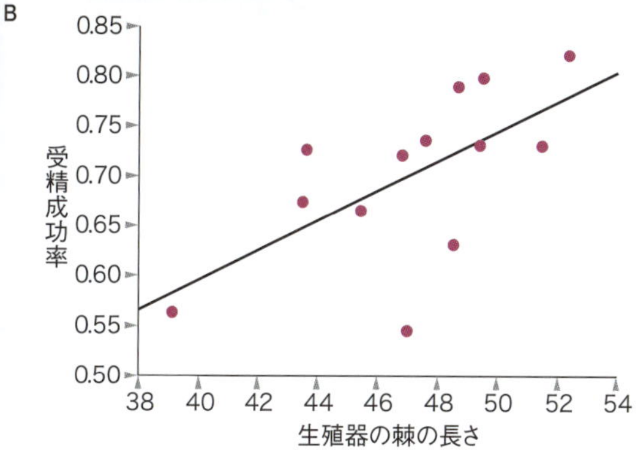

して集合体になる。すると、個々の精子よりも速く泳ぐことができる。この現象を発見したハーバード大学のハイジ・フィッシャーとホピ・フークストラは、同じオスの精子か、あるいはほかのオスの精子かを、精子は認識することができて、同じオスの精子同士で集合することも明らかにした。激しい精子競争の歴史を持つ乱婚種のシカシロアシマウス（*P. maniculatus*）では、同じオスの精子同士で集合体を形成する傾向があるが、近縁の一夫一妻種であるハイイロシロアシマウス（*P. polionotus*）では、精子は無差別に集合する。このことから精子競争が原因で、精子の協調行動における血縁

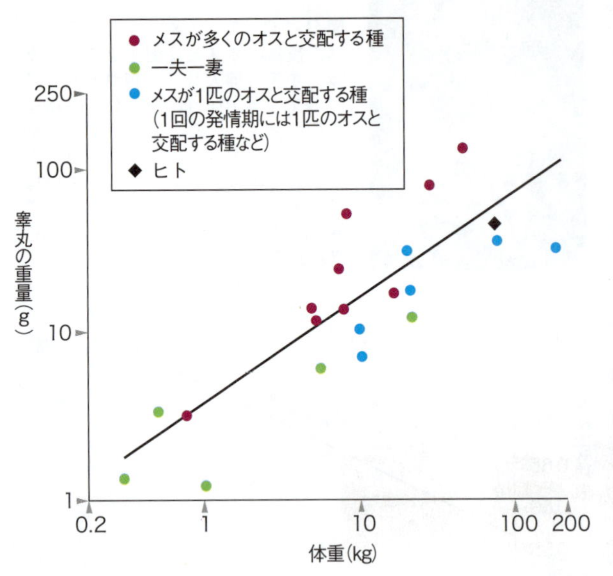

図8-31　霊長類では、オスの睾丸は、メスが日常的に複数のオスと交配する種、つまり精子競争がある種ほど大きくなる。（ハーコートら、1981年より改）

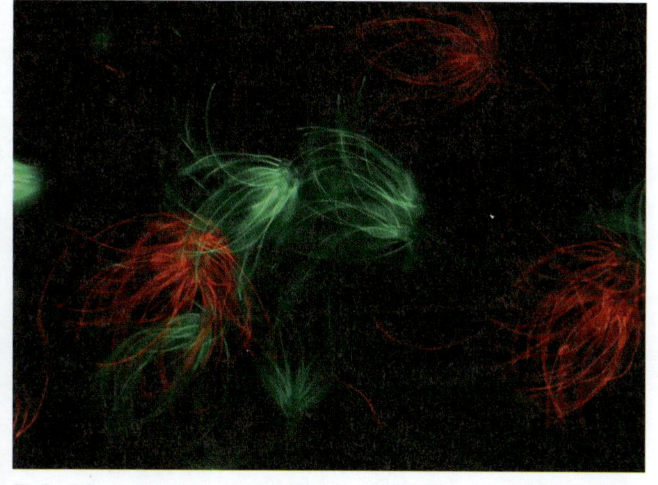

図8-32　マウスのいくつかの種では、精子が集合してメスの生殖管の中を泳ぐ。協力して泳いだ方が、バラバラになって泳ぐより、速く進むことができる。精子競争があるシカシロアシマウスでは、精子が卵に向かって進むときに、同じ父親に由来する遺伝的に近い精子同士が集合する傾向がある。写真では、あるオスの精子を赤、別のオスの精子を緑色に染色してある。（フィッシャーとフークストラ、2010年より）

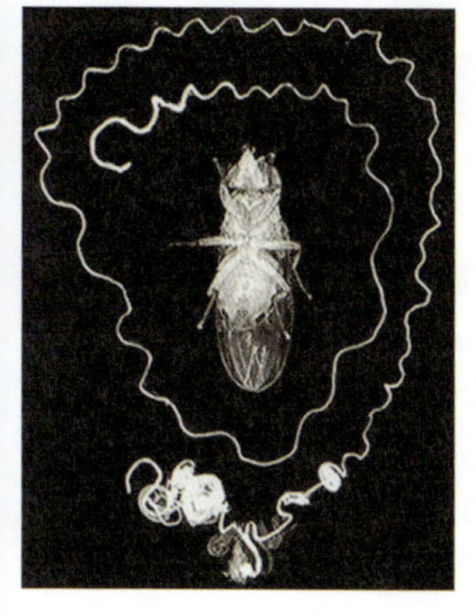

図8-33　オスは生殖に大きな投資ができる。ショウジョウバエの仲間（*Drosophila bifurca*）では、精巣（写真）も精子も、体長の20倍の長さになる。（ピトニックら、1995年より）

識別が進化したと考えられる（図8-32）。

また、ほかのオスがメスと交配するのを妨害すれば、精子の受精率を高めることができる。いくつかの種では、オスは交配後もメスの周辺に居残り、ほかのオスを追い払う。また、ショウジョウバエ属の精液には、ほかのオスの精子を殺す化学物質が入っている。そうして、メスの次の交配を失敗させるのだ。

ある種のハエや甲虫では、オスは巨大な精子を作る。交配すると、巨大な精子はメスの生殖管をふさいでしまう（オスは小さな配偶子を持つという一般則の興味深い例外である）。そのため、ほかのオスがその後に交配しても、精子はメスに侵入することもできないのだ（図8-33）。

あるネズミのオスは交配後に、メスの生殖管を粘液でふさいでしまう。これは交尾栓といい、ほかのオスと交配させない戦略である。イギリスのリバプール大学の生物学者、スティーヴン・ラムらによって、げっ歯類（ネズミの仲間）ではオス同士の競争が激しいほど、大きな交尾栓を作ることが明らかになった。

＊20　**精子競争**：性淘汰の一形態。交配後に卵との受精をめぐってオス同士が競争すること。

8.6　性的対立と拮抗的共進化

精子のスピードアップ、特殊な精液、交尾栓といった適応は、オス同士の繁殖成功をめぐる競争によって進化した。これらはオスの適応度を上げるだろうが、中にはメスの繁殖成功度を下げるものもある。そのため多くの種で、メスは自衛

手段を持つようになった。すると今度は、メスの防御がオスの適応度を低下させる。オスとメスの間のこのような進化的対立は、**性的対立**＊21と呼ばれる。

パトリシア・ブレナンによるカモなどの水鳥についての研究によると、奇妙な生殖器官はこの性的対立によって進化したらしい。これらの種の多くでは、オスとメスは繁殖期間中ずっと行動を共にする。繁殖期の初めにパートナーを見つけられなかったオスは、メスにしつこくつきまとって、交配を強要する。つがいになったオスも、パートナーが卵を抱くのに忙しくなると、ほかのメスに交配を強要することがある。カモなどの水鳥では、交配のおよそ3分の1は強要されたものである。オスの迷惑行為が激しすぎて、命を落とすメスさえいるのだ。

このように、カモでは強制的な交配がありふれている。それにもかかわらず、メスがパートナーでないオスの子を産む割合は、毎年生まれる子ガモのわずか3%にすぎない。おそらくメスのカモは、ほかのオスよりもパートナーの精子を優先するように、体内で何らかの操作をしているのではないかと、ブレナンは考えている。メスが精子を卵管内のサイドポケット（卵管の脇の袋）へよけている可能性もある。

性淘汰におけるオスとメスは、寄生者と宿主のような関係だ。適応度を上げるために一方がある戦略を進化させれば、他方もその対抗策を進化させる。カモの場合は、オスが長くて柔軟なファルスを進化させた。それに対抗して、メスはサイドポケットがたくさんある、ねじれた卵管を進化させた。ブレナンが研究した鳥でオスとメスの生殖器がねじれていた原因は、性的対立だったのだ（図8-34）。

性的対立によって、オスとメスの間に化学戦争が起きるこ

図8-34　A：パトリシア・ブレナンらは、オスが長いファルスを持つ種では、メスの卵管のサイドポケット（袋）の数も多いことに気がついた。　B：ファルスの長さと卵管のらせんの巻き数にも、同じような相関関係があった。これらのパターンは、オスとメスの性的対立を示している。（ブレナンら、2007年より改）

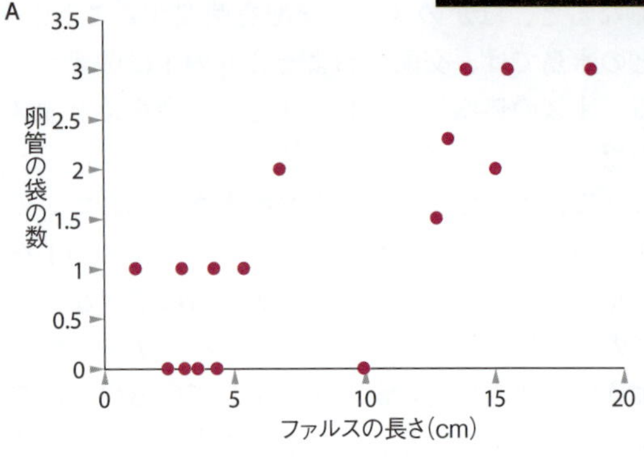

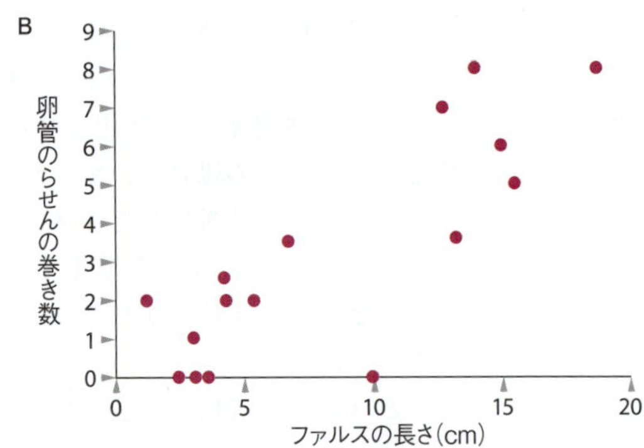

ともある。ショウジョウバエのオスは、ライバルを遠ざけるために交配相手に化学物質を注入する。その化学構造はヘビの毒と似ていて、実際、メスにとって有毒である。メスは弱り、寿命も短くなってしまう。だが、メスの寿命が短くなっても、オスには痛くもかゆくもない。どうせこの先、同じメスに子どもを産ませる見込みはほとんどないのだから。しかし、メスの生涯適応度は著しく低下してしまう。

もっとも、ショウジョウバエのメスは、精液に含まれる毒タンパク質を分解するタンパク質を持っている。こうしてメスが防御を進化させると、今度はオスに、メスの防御を突破できる新たな毒タンパク質を作るように自然淘汰がはたらく。実際、両者のタンパク質の遺伝子には、強い選択が作用していることが検出された。ショウジョウバエのオスとメスは、軍拡競争に陥っているのだ。

カリフォルニア大学サンタバーバラ校のウィリアム・ライスは、この性的対立が進化することを示した。彼は、ショウジョウバエの配偶システムが進化を促す原動力なのだから、配偶システムを変えればショウジョウバエの進化の道すじを変えることができるだろうと予測した。ライスらは、オスとメスを１匹ずつペアにして、一夫一妻になるしかない状況で、ショウジョウバエを飼育した。この場合は精子競争が起きないため、コストのかかる毒素を作らない方向に選択が生じた。

毒素が作られなければ、メスが対抗策を進化させる必要もない。こうして一夫一妻制が、オスとメスの敵対関係を取り除いたのだ。それだけでなく、オスの適応度がメスの適応度と連動するようにさえなった。今やメスの不利益は、オス自身の不利益でもあるのだ。なにしろ、メスがこの先産むすべての子は、オス自身の子でもあるからだ。一夫一妻を 30 世代も続けると、オスが有毒な精液でメスを害することはなくなった。交配したからといって、もうメスの寿命が短くなることはないのだ。かつての敵対関係は、今や協力関係に変化したのである。

そこでライスは、野生型のオスの精液に対する、一夫一妻のメスの抵抗性を調べた。一夫一妻のメスと、精子競争と性的対立の中で生きてきた一夫多妻のオスを交配させたのだ。

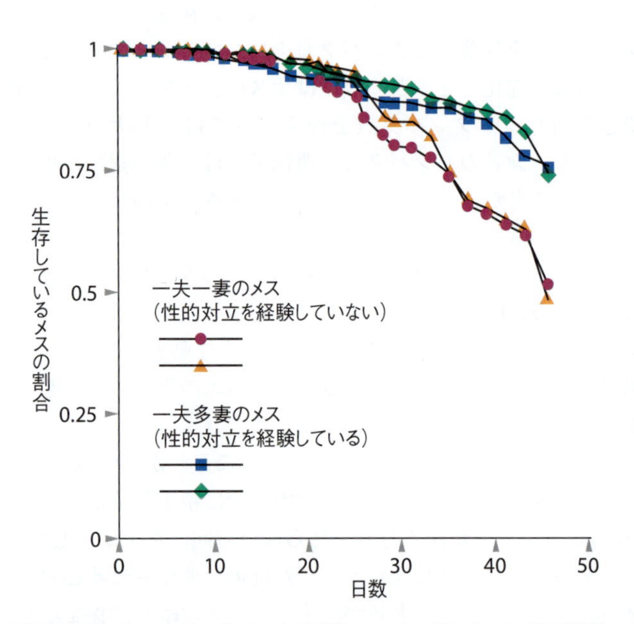

図8-35 ショウジョウバエを実験的に一夫一妻にして、精子競争のない状態で交配させた。こうして40世代進化させると、オスの精液の毒性が弱くなった。一方メスは、精液のタンパク質に対する抵抗性を失った。こうしたメス（赤、オレンジ）が、野生の競争状態で育ったオスと交配すると、性的対立によって進化したメス（青、緑色）よりずっと早く死んでしまった。（ホランドとライス、1999年より改）

すると一夫一妻のメスは、一夫多妻のメスの半分以下しか産卵せず、寿命も短くなってしまった。一夫一妻のメスでは、精液の毒への抵抗性に対する選択が弱まっていたのだ。一夫一妻のメスは「ガードを下げて」いたので、一夫多妻のオスの精液にさらされると、深刻な被害を受けてしまったのである（図8-35）。

ナンキンムシ（*Cimex lectularius*）のオスは、性的対立に対する適応の中でも、もっとも恐ろしい例の一つである。オスは生殖器を、メスの生殖管を無視して、メスの体壁に突き刺し、体腔に精子を注入するのだ。精子は、メスの体内を移動して卵巣へと到達し、卵を受精させる。ナンキンムシのオスは、ライバルのオスにも精子を注入することがある。精子は精巣へ移動し、そのオスが交配するときにメスへと運ばれるのである。

＊21　**性的対立**：一方の性には有利だが、他方の性には不利となる表現型の進化。

選択問題

1．有性生殖は、適応的な形質が集団中に広がるスピードを速くする。その理由は次のどれか。

a. オスもメスも相手を見つけるために動き回り、遺伝子を広範囲に拡散させるから。

b. 性感染症によって個体の適応度が減少するから。

c. 組み換えによって新しい遺伝子型ができることがあるから。

d. 有利な突然変異同士が集まり、有害な突然変異が除去されることがあるから。

e. aとb

f. cとd

2. 赤の女王仮説の説明として正しいのは次のどれか。

a. 寄生者によって宿主が死ぬことも多いので、寄生者は宿主の自然淘汰に重要な影響を与える。

b. 宿主の免疫系は、その防御をかいくぐるように進化している寄生者との軍拡競争によって、速く進化し続けている。

c. 寄生者は宿主よりも速く進化する。

d. 社会性昆虫のコロニーには、メスのワーカーの生殖能力を抑える女王が存在することが多い。

e. a～dはすべて正しい。

f. a～dのいずれも正しくない。

3. ヒルガタワムシは約1億年前に有性生殖をする能力を失ったにもかかわらず、進化は継続している。その理由は次のどれか。

a. すべての個体が遺伝的に同一なら進化しないので、この系統は進化できない。

b. 突然変異による有害な影響を避けるために、休眠するから。

c. 単為生殖によって組み換えをおこない、新しい遺伝子型を作るから。

d. ヒルガタワムシのメスは外来性DNAをゲノムに取り込み、系統内の遺伝的変異を増加させるから。

e. a～dのすべてが該当する。

４．異型配偶の例はどれか。

a. アカシカのオスには大きな枝角が生えているが、メスにはない。

b. レンカク科の鳥のメスは、オスよりも体が大きい。

c. シオマネキのメスのハサミは両方とも小さいが、オスのハサミは一方が小さく、もう一方が巨大である。

d. キーウィのメスの卵は大きいが、オスの精子は小さい。

e. a～dのすべてが該当する。

f．a～dのいずれも該当しない。

５．雌雄における配偶子の大きさの違いは、成体の行動に影響するか。

a. 影響しない。配偶子の大きさの違いは有性生殖の結果であって、成体の行動にはほとんど関係ない。

b. 影響する。卵には移動能力がないので、オスの方が卵と受精するために競争することになる。

c. 影響する。メスは卵を産むために、複雑な巣や穴を作ることがある。

d. 影響する。オスとメス両方の配偶子が、生存能力のある子を作るために必要である。

e. b、c、dが正しい。

f．a～dのいずれも正しくない。

６．メスにおける一腹子数とは何か。

a. 繁殖できる年齢まで生きた子の数

b. 一度に産む卵の数

c. 生涯における繁殖回数

d. 生涯における交配相手の数

e. a～dはすべて正しい。
f. a～dのいずれも正しくない。

7. 実効性比（OSR）の偏りが原因でないと考えられるのは次のどれか。

a. オオツノヒツジのオスの頭突き
b. シュモクバエの伸びた眼柄
c. タツノオトシゴのメスによる、オスの育児嚢をめぐる争い
d. 自身の卵を食べるハゼ
e. a～dのすべてが該当する。
f. a～dのいずれも該当しない。

8. オスにとって「選択の機会」がもっとも少ないのは次のいずれか。

a. メスが繁殖する場所が少ない場合
b. すべてのメスが、交配するオスを一生で1匹だけ選ぶ場合
c. メスをめぐってオス同士が闘う場合
d. メスが派手な装飾を持つオスを選ぶ場合
e. a～dのすべてが該当する。
f. a～dのいずれも該当しない。

9. メスによる配偶者選択と関係があるのはどれか。

a. 巨大な精子を持つショウジョウバエのオス
b. 大きなハレムに君臨するゾウアザラシの巨大なオス
c. 大きな精包を作るキリギリスのオス
d. 背中にたくさんの卵をつけるタガメのオス

e. a～dのすべてが該当する。
f. a～dのいずれも該当しない。

10. オスのフウチョウ（スズメ目の鳥）の明るい色のような形質が、オスの遺伝子の品質に対する正直なシグナルと考えられる理由は次のいずれか。

a. 生まれながらに備わっている好み（感覚バイアス）を刺激するから。
b. そうした形質を作るのは、オスにとって非常に負担であるから。
c. 色鮮やかな装飾の進化はとても速く、そういった装飾は集団間や近縁種の間でも異なっているから。
d. 装飾は、食べても味がまずいことを示している。したがって目立つ装飾があると、捕食者はその種を避けることをすぐに学べるから。
e. a～dのすべてが該当する。
f. a～dのいずれも該当しない。

11. 性淘汰によって進化したオスの装飾や武器などの正直なシグナルのコストにあたるのは次のいずれか。

a. 装飾や武器を作るための代謝やエネルギー源。
b. 装飾に投資すると、それだけ免疫機能への投資が減ること。
c. 装飾のために動きがのろくなったり、鮮やかな色のために捕食者に見つかりやすくなったりする危険性。
d. メスにディスプレイしている間は食物を探すことができないので、ディスプレイが長いほどエネルギーの蓄えが減少し、生存率が下がること。

e. a～dのすべてが該当する。
f. a～dのいずれも該当しない。

12. 拮抗的共進化が、種分化の有力な原動力であるとされている理由は何か。

a. メスの好みと、それを反映するオスのディスプレイは、集団ごとに独立に進化するので、集団同士は分岐する傾向がある。その結果、異なる集団の個体同士が交配しにくくなるから。
b. オスの鮮やかな装飾は、寄生虫による負担があることを示している。寄生者と宿主は絶えず共進化し、オスの装飾の色や形は集団ごとに独立に進化する。そのため集団間の違いが大きくなるから。
c. オスの戦略とメスの対抗策の間に生じる軍拡競争は、集団ごとに独立に進化する。その結果、集団同士の違いが大きくなるから。
d. a～cのすべてが該当する。
e. a～cのいずれも該当しない。

【解答】 1.f 2.b 3.d 4.d 5.b 6.b 7.d 8.b 9.c 10.b 11.e 12.c

著者・訳者 略歴

【著者】

カール・ジンマー（Carl Zimmer）

イェール大学卒業。アメリカでもっとも人気のあるサイエンスライターの一人で、イェール大学講師も務める。ニューヨークタイムズ紙、ナショナルジオグラフィック誌、サイエンティフィックアメリカン誌などに頻繁に寄稿し、いくつもの賞を受けている。著書も多く、『水辺で起きた大進化』、『大腸菌』、『パラサイト・レックス』など邦訳も多数出版されている。

ダグラス・J・エムレン（Douglas J. Emlen）

プリンストン大学でPh.D.を取得後、デューク大学を経て、現モンタナ大学教授。動物の発生の進化を研究している。若手科学者・エンジニア大統領賞をホワイトハウスから贈られたほか、いくつもの賞を受賞している。一方、科学の宣伝活動にも積極的で、ニューヨークタイムズ紙やラジオを通じて、科学の情報を発信し続けている。

【訳者】

更科 功（さらしな・いさお）

東京大学大学院理学系研究科博士課程修了、博士（理学）。専門は分子古生物学。著書に『化石の分子生物学』（講談社現代新書、講談社科学出版賞受賞）、『宇宙からいかにヒトは生まれたか』（新潮選書）など。現在、東京大学総合研究博物館研究事業協力者、明治大学・立教大学兼任講師、早稲田大学・東京学芸大学・文教大学非常勤講師。

石川牧子（いしかわ・まきこ）

東京大学大学院理学系研究科博士課程修了、博士（理学）。研究分野は海洋無脊椎動物の進化、生態、古生物学。日本学術振興会特別研究員などを経て、現在、ヤマザキ動物看護大学動物看護学部教授。

国友良樹（くにとも・よしき）

筑波大学生命環境科学研究科卒業、同大学院博士課程を単位取得退学。専攻は地史・古生物学。現在は出版関係の企業に勤務。

主な参考文献

[第5章]

Allendorf, F.W., and G. Luikart. 2006. *Conservation and the Genetics of Populations*. Hoboken, NJ: Wiley-Blackwell.

Alvarez, G., F. C. Ceballos, and C. Quinteiro. 2009. The Role of Inbreeding in the Extinction of a European Royal Dynasty. *PLoS ONE* 4 (4): e5174. doi:10.1371/joumal.pone.0005174.

Bell, G. 2008. *Selection: The Mechanism of Evolution*. Oxford: Oxford University Press.

Bonnell, M. L., and R. K. Selander. 1974. Elephant Seals: Genetic Variation and Near Extinction. *Science* 184 (4139):908–909. doi:10.1126/science.184.4139.908.

Cavalli-Sforza, L. L. 1977. *Elements of Human Genetics*. San Francisco: Benjamin Cummings.

Conner, J. K., and D. L. Hartl. 2004. *A Primer of Ecological Genetics*. Sunderland, MA: Sinauer Associates.

Cooper, V. S., and R. E. Lenski. 2000. The Population Genetics of Ecological Specialization in Evolving Escherichia coli Populations. *Nature* 407:736–739.

Gigord, L. D. B., M. R. Macnair, and A. Smithson. 2001. Negative Frequency-Dependent Selection Maintains a Dramatic Flower Color Polymorphism in the Rewardless Orchid *Dactylorhiza sambucina* (L.) Soò. *Proceedings of the National Academy of Science* 98 (11):6253–6255. doi:10.1073/pnas.111162598.

Hartl, D. L. 2007. *Principles of Population Genetics*. Sunderland, MA: Sinauer Associates.

Raymond, M., C. Chevillon, T. Guillemaud, T. Lenormand, and N. Pasteur. 1998. An Overview of the Evolution of Overproduced Esterases in the Mosquito *Culex pipiens*. *Philosophical Transactions of the Royal Society of London. Series B: Biological Sciences* 353 (1376):1707–1711. doi:10.1098/rstb.1998.0322.

[第6章]

Conner, J. K., and D. L. Hartl. 2004. *A Primer of Ecological Genetics*. Sunderland, MA: Sinauer Associates.

Galton, F. 1889. *Natural Inheritance*. London: Macmillan.

Gutteling, E. W., J. A. G. Riksen, J. Bakker, and J. E. Kammenga. 2007. Mapping Phenotypic Plasticity and Genotype-Environment Interactions Affecting Life-

History Traits in *Caenorhabditis elegans*. *Heredity* 98:28–37. doi:10.1038/sj.hdy.6800894.
Klug, W. S., and M. R. Cummings. 1997. *Concepts of Genetics* (5th ed.). Englewood Cliffs, NJ: Prentice-Hall.
Lin, J. Z., and K. Ritland. 1997. Quantitative Trait Loci Differentiating the Outbreeding *Mimulus guttatus* from the Inbreeding *M. platycalyx*. *Genetics* 146 (3):1115–1121.
Mackay, T. F. C. 2001. Quantitative Trait Loci in *Drosophila*. *Nature Reviews Genetics* 2 (1):11–20. doi:10.1038/35047544.
Manceau, M., V. S. Domingues, R. Mallarino, and H. E. Hoekstra. 2011. The Developmental Role of Agouti in Color Pattern Evolution. *Science* 331:1062–1065. doi:10.1126/science.1200684.
Moose, S. P., J. W. Dudley, and T. R. Rocheford. 2004. Maize Selection Passes the Century Mark: A Unique Resource for 21st Century Genomics. *Trends in Plant Science* 9 (7):358–364. doi:10.1016/j.tplants.2004.05.005.
Plomin, R., C. M. A. Haworth, and O. S. P. Davis. 2009. Common Disorders Are Quantitative Traits. *Nature Reviews Genetics* 10 (12):872–878. doi:10.1038/nrg2670.
Scheiner, S. M. 2002. Selection Experiments and the Study of Phenotypic Plasticity. *Journal of Evolutionary Biology* 15 (6):889–898. doi:10.1046/j.1420-9101.2002.00468.x.
Steiner, C. C., J. N. Weber, and H. E. Hoekstra. 2007. Adaptive Variation in Beach Mice Produced by Two Interacting Pigmentation Genes. *PLoS Biol* 5 (9):e219. doi:10.1371/journal. pbio.0050219.

[第7章]

Abrahamson, W. G., and A. E. Weis. 1997. *Evolutionary Ecology across Three Trophic Levels: Goldenrods. Gallmakers and Natural Enemies*. Princeton Monographs in Population Biology. Princeton, NJ: Princeton University Press.
Akey, J. M., A. L. Ruhe, D. T. Akey, A. K. Wong, C. F. Connelly, *et al.* 2010. Tracking Footprints of Artificial Selection in the Dog Genome. *Proceedings of the National Academy of Sciences* 107(3):1160–1165. doi:10.1073/pnas.0909918107.
Allendorf, F. W., and J. J. Hard. 2009. Human-Induced Evolution Caused by Unnatural Selection through Harvest of Wild Animals. *Proceedings of the National Academy of Sciences* 106 (Suppl.1):9987–9994. doi:10.1073/pnas.0901069106.

Beacham, T. D. 1983. Variability in Median Size and Age at Sexual Maturity of Atlantic Cod, *Gadus morhua*, on the Scotian Shelf in the Northwest Atlantic Ocean. *Fishery Bulletin* 81 (2):303-321.

Bell, M. A., M. P. Travis, and D. M. Blouw. 2006. Inferring Natural Selection in a Fossil Threespine Stickleback. *Paleobiology* 32 (4):562-577. doi:10.1666/05026.1.

Coltman, D. W., P. O' Donoghue, J. T. Jorgenson, J. T. Hogg, C. Strobeck, *et al.* 2003. Undesirable Evolutionary Consequences of Trophy Hunting. *Nature* 426 (6967):655-658. doi:10.1038/nature02177.

Doebley, J. 2006. Unfallen Grains: How Ancient Farmers Turned Weeds into Crops. *Science* 312 (5778):1318-1319. doi:10.1126/science.1128836.

Grant, P. R., and B. R. Grant. 2002. Unpredictable Evolution in a 30-Year Study of Darwin's Finches. *Science* 296 (5568):707-711. doi:10.1126/science.1070315.

Harper Jr. G. R., and D. W. Pfennig. 2008. Selection Overrides Gene Flow to Break Down Maladaptive Mimicry. *Nature* 451 (7182):1103-1106. doi:10.1038/nature06532.

Hoekstra, H. E. 2010. From Mice to Molecules: The Genetic Basis of Color Adaptation. In *In the Light of Evolution: Essays from the Laboratory and Field*, ed. J. B. Losos (pp.73-92). Greenwood Village, CO: Roberts and Company.

Palumbi, S. R. 2001. Humans as the World's Greatest Evolutionary Force. *Science* 293 (5536):1786-1790. doi:10.1126/science.293.5536.1786.

Phillips, B. L., and R. Shine. 2005. The Morphology, and Hence Impact, of an Invasive Species (the Cane Toad, *Bufo marinus*): Changes with Time since Colonisation. *Animal Conservation* 8 (4):407-413. doi:10.1017/s1367943005002374.

Pigliucci, M., and J. Kaplan. 2006. *Making Sense of Evolution: The Conceptual Foundations of Evolutionary Biology*. Chicago: University of Chicago Press.

Schluter, D. 2000. *The Ecology of Adaptive Radiation*. Oxford: Oxford University Press.

Schluter, D., and D. Nychka. 1994. Exploring Fitness Surfaces. *American Naturalist* 143:597-616. Stable URL: http://www.jstor.org/stable/2462902.

Shearin, A. L., and E. A. Ostrander. 2010. Canine Morphology: Hunting for Genes and Tracking Mutations. *PLoS Biol* 8 (3):e1000310. doi:10.1371/journal.pbio.1000310.

Sutter, N. B., C. D. Bustamante, K. Chase, M. M. Gray, K. Zhao, *et al.* 2007. A

Single *IGF1* Allele Is a Major Determinant of Small Size in Dogs. *Science* 316 (5821):112–115. doi:10.1126/science.1137045.
Swallow, D. M. 2003. Genetics of Lactase Persistence and Lactose Intolerance. *Annual Review of Genetics* 37(1):197–219. doi:10.1146/annurev.genet.37.110801.143820.
Tishkoff, S. A., F. A. Reed, A. Ranciaro, B. F. Voight, C. C. Babbitt, *et al.* 2007. Convergent Adaptation of Human Lactase Persistence in Africa and Europe. *Nature Genetics* 39 (1):31–40. doi:10.1038/ng1946.
Vignieri, S. N., J. G. Larson, and H. E. Hoekstra. 2010. The Selective Advantage of Crypsis in Mice. *Evolution* 64 (7):2153–2158. doi:10.1111/j.1558-5646.2010.00976.x.
Weis, A. E., W. G. Abrahamson., and M. Andersen. 1992. Variable Selection on *Eurosta*'s Gall Size, I: The Extent and Nature of Variation in Phenotypic Selection. *Evolution* 46 (6):1674–1697. Stable URL: http://www.jstor.org/stable/2410023.
Wood, R., and J. Bishop. 1981. Insecticide Resistance: Populations and Evolution. In *The Genetic Basis of Man-Made Change*, ed. J. A. Bishop and L. M. Cook (pp. 97–127). New York: Academic Press.

[第8章]

Andrade, M. C. B. 1996. Sexual Selection for Male Sacrifice in the Australian Redback Spider. *Science* 271 (5245):70–72. doi:10.1126/science.271.5245.70.
Badyaev, A. V., and G. E. Hill. 2000. Evolution of Sexual Dichromatism: Contribution of Carotenoid-versus Melanin-Based Coloration. *Biological Journal of the Linnean Society* 69 (2):153–172. doi:10.1006/bij1.1999.0350.
Bakker, T. C. M. 1993. Positive Genetic Correlation between Female Preference and Preferred Male Ornament in Sticklebacks. *Nature* 363:255–257. doi:10.1038/363255a0.
Balmford, A., A. M. Rosser, and S. D. Albon. 1992. Correlates of Female Choice in Resource-Defending Antelope. *Behavioral Ecology and Sociobiology* 31 (2):107–114. doi:10.1007/BF00166343.
Basolo, A. L. 2002. Congruence between the Sexes in Preexisting Receiver Responses. *Behavioral Ecology* 13 (6):832–837. doi:10.1093/beheco/13.6.832.
Bonduriansky, R., and T. Day. 2003. The Evolution of Static Allometry in Sexually Selected Traits. *Evolution* 57 (11):2450–2458. doi:10.1111/j.0014-3820.2003.tb01490.x.
Brennan, P. 2010. Sexual Selection. *Nature Education Knowledge* 1 (8):24.

Brennan, P. L. R., C. J. Clark, and R. O. Prum. 2010. Explosive Eversion and Functional Morphology of the Duck Penis Supports Sexual Conflict in Waterfowl Genitalia. *Proceedings of the Royal Society B: Biological Sciences* 277:1309-1314. doi:10.1098/rspb.2009.2139.

Brennan, P. L. R., R. O. Prum, K. G. McCracken, M. D. Sorenson, R. E. Wilson, *et al.* 2007. Coevolution of Male and Female Genital Morphology in Waterfowl. *PLoS ONE* 2 (5):e418.

Campanella, P. J., and L. L. Wolf. 1974. Temporal Leks as a Mating System in a Temperate Zone Dragonfly (Odonata: Anisoptera) I: *Plathemis lydia* (Drury). *Behavioural Brain Research* 51 (1-2):49-87.

Clutton-Brock, T. 1988. *Reproductive Success. Studies of Individual Variation in Contrasting Breeding Systems.* Chicago: University of Chicago Press.

Collias, N. E., and J. K. Victoria. 1978. Nest and Mate Selection in the Village Weaverbird (*Ploceus cucullatus*). *Animal Behaviour* 26 (2):470-479. doi:10.1016/0003-3472(78) 90064-7.

Darwin, C. 1859. *On the Origin of Species by Means of Natural Selection, or, the Preservation of Favoured Races in the Struggle for Life.* London: John Murray.

Darwin, C. 1871. *The Descent of Man, and Selection in Relation to Sex.* New York: Appleton.

Doucet, S. M., and R. Montgomerie. 2003. Multiple Sexual Ornaments in Satin Bowerbirds: Ultraviolet Plumage and Bowers Signal Different Aspects of Male Quality. *Behavioral Ecology* 14 (4):503-509. doi:10.1093/beheco/arg035.

Downhower, J. F., and L. Brown. 1980. Mate Preferences of Female Mottled Sculpins, *Cottus bairdi. Animal Behaviour* 28 (3):728-734. doi: https://doi.org/10.1016/S0003-3472(80)80132-1

Dussourd, D. E., C. A. Harvis, J. Meinwald, and T. Eisner. 1991. Pheromonal Advertisement of a Nuptial Gift by a Male Moth (*Utetheisaornatrix*). *Proceedings of the National Academy of Sciences* 88 (20): 9224-9227.

Eggert, A.-K., and S. K. Sakaluk. 1994. Sexual Cannibalism and Its Relation to Male Mating Success in Sagebrush Crickets, *Cyphoderris strepitans* (Haglidae: Orthoptera). *Animal Behaviour* 47 (5):1171-1177. doi:10.1006/anbe.1994.1155.

Emlen, D. J. 2001. Costs and the Diversification of Exaggerated Animal Structures. *Science* 291 (5508):1534-1536. doi:10.1126/science.1056607.

Fabiani, A., G. Filippo, S. Simona, and A. R. Hoelzel. 2004. Extreme Polygyny among Southern Elephant Seals on Sea Lion Island, Falkland Islands. *Behavioral Ecology* 15 (6):961-969. doi:10.1093/beheco/arh112.

Fisher, H. S., and H. E. Hoekstra. 2010. Competition Drives Cooperation among

Closely Related Sperm of Deer Mice. *Nature* 463 (7282):801–803. doi: https://doi.org/10.1038/nature08736

Fisher, R. A. 1930. *The Genetical Theory of Natural Selection.* Oxford: Clarendon Press.

Folstad, I., and A. J. Karter. 1992. Parasites, Bright Males, and the Immunocompetence Handicap. *American Naturalist* 139 (3):603–622. Stable URL: http://www.jstor.org/stable/2462500.

Gladyshev, E. A., M. Meselson, and I. R. Arkhipova. 2008. Massive Horizontal Gene Transfer in Bdelloid Rotifers. *Science* 320:1210–1213.doi:10.1126/science.1156407.

Grafen, A. 1990. Sexual Selection Unhandicapped by the Fisher Process. *Journal of Theoretical Biology* 144 (4):473–516. doi:10.1016/S0022-5193(05)80087-6.

Gwynne, D. T. 1984. Courtship Feeding Increases Female Reproductive Success in Bushcrickets. *Nature* 307: 361–363. doi:10.1038/307361a0.

Gwynne, D. T. 1988. Courtship Feeding and the Fitness of Female Katydids (Orthoptera: Tettigoniidae). *Evolution* 42 (3):545–555.

Hamilton, W. D., and M. Zuk. 1982. Heritable True Fitness and Bright Birds: A Role for Parasites? *Science* 218 (4570):384–387. doi:10.1126/science.7123238.

Harcourt, A. H., P. H. Harvey, S. G. Larson, and R. V. Short. 1981. Testis Weight, Body Weight and Breeding System in Primates. *Nature* 293 (5827):55–57. doi:10.1038/293055a0.

Hasselquist, D. 1998. Polygyny in Great Reed Warblers: A Long-Term Study of Factors Contributing to Male Fitness. *Ecology* 79:2376–2390. Stable URL: http://www.jstor.org/stable/176829.

Hill, G. E. 1990. Female House Finches Prefer Colourful Males: Sexual Selection for a Condition-Dependent Trait. *Animal Behaviour* 40 (3):563–572. doi:10.1016/S0003-3472(05)80537-8.

Hill, G. E. 2000. Energetic Constraints on Expression of Carotenoid-Based Plumage Coloration. *Journal of Avian Biology* 31 (4):559–566. Stable URL: http://www.jstor.org/stable/3677767.

Holland, B., and W. R. Rice. 1999. Experimental Removal of Sexual Selection Reverses Intersexual Antagonistic Coevolution and Removes a Reproductive Load. *Proceedings of the National Academy of Sciences* 96 (9):5083–5088. doi:10.1073/pnas.96.9.5083.

Hotzy, C., and G. Arnqvist. 2009. Sperm Competition Favors Harmful Males in Seed Beetles. *Current Biology* 19 (5):404–407. doi:10.1016/j.cub.2009.01.045.

Houde, A. E., and J. A. Endler. 1990. Correlated Evolution of Female Mating

Preferences and Male Color Patterns in the Guppy *Poecilia reticulata*. *Science* 248:1405–1408.

Howard, R. D. 1978. The Influence of Male-Defended Oviposition Sites on Early Embryo Mortality in Bullfrogs. *Ecology* 59 (4):789–798. doi:10.2307/1938783.

Iwasa, Y., and A. Pomiankowski. 1994. The Evolution of Mate Preferences for Multiple Sexual Ornaments. *Evolution* 48:853–867.

Iwasa, Y., and A. Pomiankowski. 1999. Good Parent and Good Genes Models of Handicap Evolution. *Journal of Theoretical Biology* 200 (1):97–109. doi:10.1006/jtbi.1999.0979.

Iwasa, Y., A. Pomiankowski, and S. Nee. 1991. The Evolution of Costly Mate Preferences: II. The "Handicap" Principle. *Evolution* 45 (6):1431–1442. Stable URL: http://www.jstor.org/stable/2409890.

Iyengar, V. K., and T. Eisner. 1999. Female Choice Increases Offspring Fitness in an Arctiid Moth (*Utetheisa ornatrix*). *Proceedings of the National Academy of Sciences* 96 (26):15013–15016. doi:10.1073/pnas.96.26.15013.

Kirkpatrick, M. 1982. Sexual Selection and the Evolution of Female Choice. *Evolution* 36 (1):1–12. Stable URL: http://www.jstor.org/stable/2407961.

Kodric-Brown, A., R. M. Sibly, and J. H. Brown. 2006. The Allometry of Ornaments and Weapons. *Proceedings of the National Academy of Sciences* 103 (23):8733–8738. doi:10.1073/pnas.0602994103.

Kokko, H., R. Brooks, J. M. McNamara, and A. I. Houston. 2002. The Sexual Selection Continuum. *Proceedings of the Royal Society B: Biological Sciences* 269:1331–1340. doi:10.1098/rspb.2002.2020.

Kokko, H., and M. D. Jennions. 2008. Parental Investment, Sexual Selection and Sex Ratios. *Journal of Evolutionary Biology* 21 (4):919–948. doi:10.1111/j.1420-9101.2008.01540.x.

Lande, R. 1981. Models of Speciation by Sexual Selection on Polygenic Traits. *Proceedings of the National Academy of Sciences* 78 (6):3721–3725.

Le Boeuf, B. J., and S. L. Mesnick. 1990. Sexual Behavior of Male Northern Elephant Seals: I. Lethal Injuries to Adult Females. *Behaviour* 116 (1-2):143–162. Stable URL: http://www.jstor.org/stable/4534913.

Le Boeuf, B. J., and J. Reiter. 1988. Lifetime Reproductive Success in Northern Elephant Seals. In *Reproductive Success: Studies of Individual Variation in Contrasting Breeding Systems*, ed. T. Clutton-Brock (pp. 344–362). Chicago: University of Chicago Press.

Lively, C. M. 1992. Parthenogenesis in a Freshwater Snail: Reproductive Assurance Versus Parasitic Release. *Evolution* 46 (4):907–913. Stable URL:

http://www.jstor.org/stable/2409745.

Mark Welch, J. L., D. B. Mark Welch, and M. Meselson. 2004. Cytogenetic Evidence for Asexual Evolution of Bdelloid Rotifers. *Proceedings of the National Academy of Sciences* 101 (6):1618-1621. doi:10.1073/pnas.0307677100.

Maynard Smith, J. 1976. Sexual Selection and the Handicap Principle. *Journal of Theoretical Biology* 57 (1):239-242. doi:10.1016/S0022-5193(76)80016-1.

Maynard Smith, J. 1985. Sexual Selection, Handicaps, and True Fitness. *Journal of Theoretical Biology* 115 (1):1-8. doi:10.1016/S0022-5193(85)80003-5.

Mead, L. S., and S. J. Arnold. 2004. Quantitative Genetic Models of Sexual Selection. *Trends in Ecology & Evolution* 19 (5):264-271. doi:10.1016/j.tree.2004.03.003.

Møller, A. P. 1994. Male Ornament Size as a Reliable Cue to Enhanced Offspring Viability in the Barn Swallow. *Proceedings of the National Academy of Sciences* 91 (15):6929-6932.

Norris, K. 1993. Heritable Variation in a Plumage Indicator of Viability in Male Great Tits *Parus major*. *Nature* 362:537-539. doi:10.1038/362537a0.

Nowicki, S., S. Peters, and J. Podos. 1998. Song Learning, Early Nutrition and Sexual Selection in Songbirds. *American Zoologist* 38 (1):179-190. doi:10.1093/icb/38.1.179.

Nur, N., and O. Hasson. 1984. Phenotypic Plasticity and the Handicap Principle. *Journal of Theoretical Biology* 110 (2):275-297. doi:10.1016/S0022-5193(84)80059-4.

O'Donald, P. 1962. The Theory of Sexual Selection. *Heredity* 17:541-552. doi:10.1038/hdy.1962.56.

Östlund, S., and I. Ahnesjö. 1998. Female Fifteen-Spined Sticklebacks Prefer Better Fathers. *Animal Behaviour* 56 (5):1177-1183. doi: https://doi.org/10.1006/anbe.1998.0878

Petrie, M. 1994. Improved Growth and Survival of Offspring of Peacocks with More Elaborate Trains. *Nature* 371:598-599. doi:10.1038/371598a0.

Pitnick, S., T. A. Markow, and G. S. Spicer. 1995. Delayed Male Maturity is a Cost of Producing Large Sperm in *Drosophila*. *Proceedings of the National Academy of Sciences* 92 (23):10614-10618.

Pomiankowski, A., and Y. Iwasa. 1998. Runaway Ornament Diversity Caused by Fisherian Sexual Selection. *Proceedings of the National Academy of Sciences* 95:5106-5111.

Price, T, D. Schluter, and N. E. Heckman. 1993. Sexual Selection When the

Female Directly Benefits. *Biological Journal of the Linnean Society* 48 (3):187-211. doi:10.1111/j.1095-8312.1993.tb00887.x.

Prum, R. O. 1997. Phylogenetic Tests of Alternative Intersexual Selection Mechanisms: Trait Macroevolution in a Polygynous Clade (Aves: Pipridae). *American Naturalist* 149 (4):668-692. Stable URL: http://www.jstor.org/stable/2463543.

Pryke, S. R., and S. Andersson. 2005. Experimental Evidence for Female Choice and Energetic Costs of Male Tail Elongation in Red-Collared Widowbirds. *Biological Journal of the Linnean Society* 86 (1):35-43. doi:10.1111/j.1095-8312.2005.00522.x.

Pryke, S. R., S. Andersson, and M. J. Lawes. 2001. Sexual Selection of Multiple Handicaps in the Red-Collared Widowbird: Female Choice of Tail Length but Not Carotenoid Display. *Evolution* 55 (7):1452-1463.

Rodd, F. H., K. A. Hughes, G. F. Grether, and C. T. Baril. 2002. A Possible Non-Sexual Origin of Mate Preference: Are Male Guppies Mimicking Fruit? *Proceedings of the Royal Society B: Biological Sciences* 269 (1490) :475-481. doi:10.1098/rspb.2001.1891.

Ryan, M. J. 1980. Female Mate Choice in a Neotropical Frog. *Science* 209 (4455):523-525. doi:10.1126/science.209.4455.523.

Ryan, M. J., and W. Wilczynski. 1988. Coevolution of Sender and Receiver: Effect on Local Mate Preference in Cricket Frogs. *Science* 240 (4860):1786-1788. doi:10.1126/science.240.4860.1786.

Saetre, G.P., T. Fossnes, and T. Slagsvold. 1995. Food Provisioning in the Pied Flycatcher: Do Females Gain Direct Benefits from Choosing Bright-Coloured Males? *Journal of Animal Ecology* 64 (1): 21-30. doi: https://www.jstor.org/stable/5824

Schluter, D. 1988. Estimating the Form of Natural Selection on a Quantitative Trait. *Evolution* 42: 849-861.

Schluter, D., and T. Price. 1993. Honesty, Perception and Population Divergence in Sexually Selected Traits. *Proceedings of the Royal Society B: Biological Sciences* 253 (1336):117-122. Stable URL: http://www.jstor.org/stable/49710.

Shuster, S. M., and M. J. Wade. 2003. *Mating Systems and Strategies*. Princeton, NJ: Princeton University Press.

Sigurjónsdóttir, H., and G. A. Parker. 1981. Dung Fly Struggles: Evidence for Assessment Strategy. *Behavioral Ecology and Sociobiology* 8 (3):219-230.

Stein, A. C., and J. A. C. Uy. 2005. Plumage Brightness Predicts Male Mating Success in the Lekking Golden-Collared Manakin, *Manacus vitellinus*.

Behavioral Ecology 17 (1):41–47. doi:10.1093/beheco/ari095.
Thornhill, R. 1976. Sexual Selection and Nuptial Feeding Behavior in *Bittacus apicadis* (Insecta: Mecoptera). *American Naturalist* 110 (974):529–548. Stable URL: http://www.jstor.org/stable/2459576.
Thornhill, R. 1983. Cryptic Female Choice and Its Implications in the Scorpionfly *Harpobittacus nigriceps*. *American Naturalist* 122 (6):765–788. Stable URL: http://www.jstor.org/stable/2460916.
Wedell, N., and A. Arak. 1989. The Wartbiter Spermatophore and Its Effect on Female Reproductive Output (Orthoptera: Tettigoniidae, *Dectieus verrucivorus*). *Behavioral Ecology and Sociobiology* 24 (2):117–125. Stable URL: http://www.jstor.org/slable/4600252.
Wilkinson, G. S., and P. R. Reillo. 1994. Female Choice Response to Artificial Selection on an Exaggerated Male Trait in a Stalk-Eyed Fly. *Proceedings of the Royal Society B: Biological Sciences* 255 (1342):1–6. doi:10.1098/rspb.1994.0001.
Yasukawa, K. 1981. Male Quality and Female Choice of Mate in the Red-Winged Blackbird (*Agelaius phoeniceus*). *Ecology Letters* 62 (4):922–929. Stable URL: http://www.jstor.org/stable/1936990.
Zahavi, A. 1975. Mate Selection—A Selection for a Handicap. *Journal of Theoretical Biology* 53 (1):205–214. doi:10.1016/0022-5193(75)90111-3.
Zeh, D. W., J. A. Zeh, and G. Tavakilian. 1992. Sexual Selection and Sexual Dimorphism in the Harlequin Beetle *Acrocinus longimanus*. *Biotropica* 24 (1):86–96. Stable URL: http://www.jstor.org/stable/2388476.
Zuk, M., and T. S. Johnsen. 1998. Seasonal Changes in the Relationship between Ornamentation and Immune Response in Red Jungle Fowl. *Proceedings of the Royal Society B: Biological Sciences* 265 (1406):1631–1635. doi:10.1098/rspb.1998.0481.
Zuk, M., R. Thornhill, K. Johnson, and J. D. Ligon. 1990. Parasites and Mate Choice in Red Jungle Fowl. *American Zoologist* 30 (2):235–244. doi:10.1093/icb/30.2.235.

さくいん

【な行】

【は行】

N.D.C.461　309p　18cm

ブルーバックス　B-1991

カラー図解 進化の教科書
第2巻 進化の理論

2017年1月20日　第1刷発行
2020年10月7日　第3刷発行

著者　カール・ジンマー
　　　ダグラス・J・エムレン
訳者　更科　功／石川牧子／国友良樹

発行者　渡瀬昌彦
発行所　株式会社講談社
　　　　〒112-8001 東京都文京区音羽2-12-21
電話　出版　03-5395-3524
　　　販売　03-5395-4415
　　　業務　03-5395-3615
印刷所　（本文印刷）豊国印刷株式会社
　　　　（カバー表紙印刷）信毎書籍印刷株式会社
本文データ制作　長谷川義行（ツクリモ・デザイン）
製本所　株式会社国宝社

定価はカバーに表示してあります。
Printed in Japan
落丁本・乱丁本は購入書店名を明記のうえ、小社業務宛にお送りください。送料小社負担にてお取替えします。なお、この本についてのお問い合わせは、ブルーバックス宛にお願いいたします。
本書のコピー、スキャン、デジタル化等の無断複製は著作権法上での例外を除き禁じられています。本書を代行業者等の第三者に依頼してスキャンやデジタル化することはたとえ個人や家庭内の利用でも著作権法違反です。
R〈日本複製権センター委託出版物〉複写を希望される場合は、日本複製権センター（電話03-6809-1281）にご連絡ください。

ISBN978-4-06-257991-9

発刊のことば

科学をあなたのポケットに

二十世紀最大の特色は、それが科学時代であるということです。科学は日に日に進歩を続け、止まるところを知りません。ひと昔前の夢物語もどんどん現実化しており、今やわれわれの生活のすべてが、科学によってゆり動かされているといっても過言ではないでしょう。

そのような背景を考えれば、学者や学生はもちろん、産業人も、セールスマンも、ジャーナリストも、家庭の主婦も、みんなが科学を知らなければ、時代の流れに逆らうことになるでしょう。

ブルーバックス発刊の意義と必然性はそこにあります。このシリーズは、読む人に科学的に物を考える習慣と、科学的に物を見る目を養っていただくことを最大の目標にしています。そのためには、単に原理や法則の解説に終始するのではなくて、政治や経済など、社会科学や人文科学にも関連させて、広い視野から問題を追究していきます。科学はむずかしいという先入観を改める表現と構成、それも類書にないブルーバックスの特色であると信じます。

一九六三年九月

野間省一

ブルーバックス　生物学関係書（I）

1032 フィールドガイド・アフリカ野生動物　小倉寛太郎
1073 へんな虫はすごい虫　安富和男
1176 考える血管　児玉龍彦／浜窪隆雄
1341 食べ物としての動物たち　伊藤 宏
1363 新・分子生物学入門　丸山工作
1365 植物はなぜ5000年も生きるのか　鈴木英治
1410 新しい発生生物学　木下 圭／浅島 誠
1427 筋肉はふしぎ　杉 晴夫
1439 味のなんでも小事典　日本味と匂学会＝編
1472 DNA（上）　ジェームス・D・ワトソン／アンドリュー・ベリー　青木 薫＝訳
1473 DNA（下）　ジェームス・D・ワトソン／アンドリュー・ベリー　青木 薫＝訳
1474 クイズ　植物入門　田中 修
1507 新しい高校生物の教科書　栃内 新／左巻健男＝編著
1513 猫のなるほど不思議学　岩崎るりは　小山秀一＝監修
1514 記憶と情動の脳科学　ジェームズ・L・マッガウ　大石高生／久保田競＝監訳
1528 新・細胞を読む　山科正平
1537 「退化」の進化学　犬塚則久
1538 進化しすぎた脳　池谷裕二
1539 入門　たのしい植物学　田中 修
1565 これでナットク！　植物の謎　日本植物生理学会＝編
1582 DVD&図解　見てわかるDNAのしくみ　JT生命誌研究館　工藤光子／中村桂子

1612 光合成とはなにか　園池公毅
1626 進化から見た病気　栃内 新
1637 分子進化のほぼ中立説　太田朋子
1662 老化はなぜ進むのか　近藤祥司
1670 森が消えれば海も死ぬ　第2版　松永勝彦
1672 カラー図解　アメリカ版　大学生物学の教科書　第1巻　細胞生物学　D・サダヴァ他　石崎泰樹／丸山 敬＝監訳・翻訳
1673 カラー図解　アメリカ版　大学生物学の教科書　第2巻　分子遺伝学　D・サダヴァ他　石崎泰樹／丸山 敬＝監訳・翻訳
1674 カラー図解　アメリカ版　大学生物学の教科書　第3巻　分子生物学　D・サダヴァ他　石崎泰樹／丸山 敬＝監訳・翻訳
1691 DVD-ROM&図解　動く！　深海生物図鑑　ビバマンボ／北村雄一　三宅裕志／佐藤孝子＝監修
1712 図解　感覚器の進化　岩堀修明
1725 魚の行動習性を利用する釣り入門　川村軍蔵
1727 iPS細胞とはなにか　朝日新聞大阪本社　科学医療グループ
1730 たんぱく質入門　武村政春
1767 巨大津波は生態系をどう変えたか　永幡嘉之
1775 地球外生命　9の論点　立花 隆／佐藤勝彦ほか　自然科学研究機構＝編
1792 二重らせん　ジェームス・D・ワトソン　江上不二夫／中村桂子＝訳
1800 ゲノムが語る生命像　本庶 佑
1801 新しいウイルス入門　武村政春

ブルーバックス　生物学関係書(II)

1821 これでナットク！　植物の謎Part2　日本植物生理学会＝編
1826 海に還った哺乳類　イルカのふしぎ　村山　司
1829 エピゲノムと生命　太田邦史
1842 記憶のしくみ（上）　ラリー・R・スクワイア／エリック・R・カンデル　小西史朗／桐野　豊＝監修
1843 記憶のしくみ（下）　ラリー・R・スクワイア／エリック・R・カンデル　小西史朗／桐野　豊＝監修
1844 死なないやつら　長沼　毅
1848 今さら聞けない科学の常識3　聞くなら今でしょ！　朝日新聞科学医療部＝編
1849 分子からみた生物進化　宮田　隆
1853 図解　内臓の進化　岩堀修明
1854 カラー図解　EURO版　バイオテクノロジーの教科書（上）　ラインハート・レンネバーグ　小林達彦＝監修　田中暉夫／奥原正國＝訳
1855 カラー図解　EURO版　バイオテクノロジーの教科書（下）　ラインハート・レンネバーグ　小林達彦＝監修　西山広子／奥原正國＝訳
1861 発展コラム式　中学理科の教科書　改訂版　生物・地球・宇宙編　石渡正志　滝川洋二＝編
1872 マンガ　生物学に強くなる　堂嶋大輔＝作　渡邊雄一郎＝監修
1874 もの忘れの脳科学　苧阪満里子
1875 カラー図解　アメリカ版　大学生物学の教科書　第4巻　進化生物学　D・サダヴァ他　石崎泰樹／斎藤成也＝監訳
1876 カラー図解　アメリカ版　大学生物学の教科書　第5巻　生態学　D・サダヴァ他　石崎泰樹／斎藤成也＝監訳
1884 驚異の小器官　耳の科学　杉浦彩子
1889 社会脳からみた認知症　伊古田俊夫
1892 「進撃の巨人」と解剖学　布施英利
1898 哺乳類誕生　乳の獲得と進化の謎　酒井仙吉
1902 巨大ウイルスと第4のドメイン　武村政春
1923 コミュ障　動物性を失った人類　正高信男
1929 心臓の力　柿沼由彦
1943 神経とシナプスの科学　杉　晴夫
1945 芸術脳の科学　塚田　稔
1944 細胞の中の分子生物学　森　和俊
1964 脳からみた自閉症　大隅典子
1990 カラー図解　進化の教科書　第1巻　進化の歴史　カール・ジンマー／ダグラス・J・エムレン　更科　功／石川牧子／国友良樹＝訳
1991 カラー図解　進化の教科書　第2巻　進化の理論　カール・ジンマー／ダグラス・J・エムレン　更科　功／石川牧子／国友良樹＝訳

ブルーバックス　化学関係書

920 イオンが好きになる本 米山正信
969 化学反応はなぜおこるか 上野景平
1152 酵素反応のしくみ 藤本大三郎
1188 金属なんでも小事典 増本 健＝監修 ウォーク＝編著
1240 ワインの科学 清水健一
1296 暗記しないで化学入門 平山令明
1334 マンガ 化学式に強くなる 高松正勝＝原作 鈴木みそ＝漫画
1375 実践 量子化学入門 CD-ROM付 平山令明
1508 新しい高校化学の教科書 左巻健男＝編著
1534 化学ぎらいをなくす本（新装版） 米山正信
1583 熱力学で理解する化学反応のしくみ 平山令明
1632 ビールの科学 サッポロビール価値創造フロンティア研究所＝編 渡 淳二＝監修
1646 水とはなにか（新装版） 上平 恒
1658 ウイスキーの科学 古賀邦正
1692 新・材料化学の最前線 首都大学東京 都市環境学部 分子応用化学研究会＝編
1710 マンガ おはなし化学史 松本 泉＝原作 佐々木ケン＝漫画
1729 有機化学が好きになる（新装版） 米山正信／安藤 宏
1751 低温「ふしぎ現象」小事典 低温工学・超電導学会＝編
1766 結晶とはなにか 平山令明
1805 元素111の新知識 第2版増補版 桜井 弘＝編
1816 大人のための高校化学復習帳 竹田淳一郎
1848 今さら聞けない科学の常識3 聞くなら今でしょ！ 朝日新聞科学医療部＝編
1849 分子からみた生物進化 宮田 隆
1860 発展コラム式 中学理科の教科書 改訂版 物理・化学編 滝川洋二＝編
1905 あっと驚く科学の数字 数から科学を読む研究会
1922 分子レベルで見た触媒の働き 松本吉泰
1940 すごいぞ！ 身のまわりの表面科学 日本表面科学会
1956 コーヒーの科学 旦部幸博
1957 日本海 その深層で起こっていること 蒲生俊敬
1980 夢の新エネルギー「人工光合成」とは何か 光化学協会＝編 井上晴夫＝監修

ブルーバックス12cm CD-ROM付

BC07 ChemSketchで書く簡単化学レポート 平山令明

ブルーバックス　地球科学関係書

ブルーバックス　宇宙・天文関係書

ブルーバックス12cm CD-ROM付

ブルーバックス　趣味・実用関係書(I)

35 計画の科学 加藤昭吉
733 紙ヒコーキで知る飛行の原理 小林昭夫
954 「超能力」と「気」の謎に挑む 天外伺朗
1032 フィールドガイド・アフリカ野生動物 小倉寛太郎
1063 自分がわかる心理テストPART2 芦原　睦＝監修
1073 へんな虫はすごい虫 安富和男
1083 格闘技「奥義」の科学 吉福康郎
1084 図解　わかる電子回路 加藤　肇／見城尚志／高橋　久
1112 頭を鍛えるディベート入門 松本　茂
1234 子どもにウケる科学手品77 後藤道夫
1245 「分かりやすい表現」の技術 藤沢晃治
1273 もっと子どもにウケる科学手品77 後藤道夫
1284 理系志望のための高校生活ガイド 鍵本　聡
1307 理系の女の生き方ガイド 宇野賀津子／坂東昌子
1346 図解　ヘリコプター 鈴木英夫
1352 確率・統計であばくギャンブルのからくり 谷岡一郎
1353 算数パズル「出しっこ問題」傑作選 仲田紀夫
1364 理系のための英語論文執筆ガイド 原田豊太郎
1366 数学版　これを英語で言えますか？ E・ネルソン＝監修 保江邦夫
1368 論理パズル「出しっこ問題」傑作選 小野田博一
1387 「分かりやすい説明」の技術 藤沢晃治

1396 制御工学の考え方 木村英紀
1413 『ネイチャー』を英語で読みこなす 竹内　薫
1420 理系のための英語便利帳 倉島保美／榎本智子 黒木　博＝絵
1430 Excelで遊ぶ手作り数学シミュレーション 田沼晴彦
1443 「分かりやすい文章」の技術 藤沢晃治
1448 間違いだらけの英語科学論文 原田豊太郎
1471 「日本語から考える英語表現」の技術 柳瀬和明
1478 「分かりやすい話し方」の技術 吉田たかよし
1488 大人もハマる週末面白実験 左巻健男／滝川洋二 こうのにしき＝編著
1493 計算力を強くする 鍵本　聡
1516 競走馬の科学 JRA競走馬総合研究所＝編
1520 図解　鉄道の科学 宮本昌幸
1552 「計画力」を強くする 加藤昭吉
1553 図解　つくる電子回路 加藤ただし
1567 音律と音階の科学 小方　厚
1573 手作りラジオ工作入門 西田和明
1574 怖いくらい通じるカタカナ英語の法則　CD-ROM付 池谷裕二
1579 図解　船の科学 池田良穂
1584 理系のための口頭発表術 ロバート・R・H・アンホルト 鈴木　炎／I・S・リー＝訳
1596 理系のための人生設計ガイド 坪田一男
1603 今さら聞けない科学の常識 朝日新聞科学グループ＝編

ブルーバックス　趣味・実用関係書（II）

1613 科学・考えもしなかった41の素朴な疑問　松森靖夫＝編著
1623 「分かりやすい教え方」の技術　藤沢晃治
1630 伝承農法を活かす家庭菜園の科学　木嶋利男
1653 理系のための英語「キー構文」46　原田豊太郎
1656 今さら聞けない科学の常識2　朝日新聞科学グループ＝編
1660 図解　電車のメカニズム　宮本昌幸＝編著
1665 動かしながら理解するCPUの仕組み　CD-ROM付　加藤ただし
1666 理系のための「即効！」卒業論文術　中田　亨
1667 太陽系シミュレーター　Windows7/Vista対応版　DVD-ROM付　SSSP＝編
1671 理系のための研究生活ガイド　第2版　坪田一男
1676 図解　橋の科学　土木学会関西支部＝編　田中輝彦／渡邊英一他
1682 入門者のExcel関数　リブロワークス
1683 図解　超高層ビルのしくみ　鹿島＝編
1688 武術「奥義」の科学　吉福康郎
1689 図解　旅客機運航のメカニズム　三澤慶洋
1693 10歳からの論理パズル「迷いの森」のパズル魔王に挑戦！　小野田博一
1695 ジムに通う前に読む本　桜井静香
1696 ジェット・エンジンの仕組み　吉中　司
1698 スパイスなんでも小事典　日本香辛料研究会＝編
1699 これから始めるクラウド入門　2010年度版　リブロワークス
1707 「交渉力」を強くする　藤沢晃治

1709 院生・ポスドクのための研究人生サバイバルガイド　菊地俊郎
1714 Wordのイライラ　根こそぎ解消術　長谷川裕行
1725 魚の行動習性を利用する釣り入門　川村軍蔵
1726 仕事がぐんぐん加速するパソコン即効冴えワザ82　トリプルウイン
1733 Excelのイライラ　根こそぎ解消術　長谷川裕行
1739 マンガで読む「分かりやすい表現」の技術　カノウ＝マンガ　銀杏社＝構成
1744 瞬間操作！　高速キーボード術　リブロワークス
1753 理系のためのクラウド知的生産術　堀　正岳
1755 振り回されないメール術　田村　仁
1763 エアバスA380を操縦する　キャプテン・ジブ・ヴォーゲル　水谷　淳＝訳
1773 「判断力」を強くする　藤沢晃治
1777 たのしい電子回路　西田和明
1783 知識ゼロからのExcelビジネスデータ分析入門　住中光夫
1791 卒論執筆のためのWord活用術　田中幸夫
1793 論理が伝わる　世界標準の「書く技術」　倉島保美
1794 いつか罹る病気に備える本　塚﨑朝子
1796 「魅せる声」のつくり方　篠原さなえ
1813 研究発表のためのスライドデザイン　宮野公樹
1817 東京鉄道遺産　小野田　滋
1835 ネットオーディオ入門　山之内　正
1837 理系のためのExcelグラフ入門　金丸隆志

ブルーバックス　趣味・実用関係書(Ⅲ)

1847 論理が伝わる　世界標準の「プレゼン術」　倉島保美
1858 プロに学ぶデジタルカメラ「ネイチャー」写真術　水口博也
1863 新幹線50年の技術史　曽根　悟
1864 科学検定公式問題集　5・6級　桑子　研／竹内　薫＝監修　竹田淳一郎
1868 基準値のからくり　村上道夫／永井孝志／小野恭子／岸本充生
1877 山に登る前に読む本　能勢　博
1882 「ネイティブ発音」科学的上達法　藤田佳信
1886 関西鉄道遺産　小野田　滋
1895 「育つ土」を作る家庭菜園の科学　木嶋利男
1900 科学検定公式問題集　3・4級　桑子　研／竹内　薫＝監修　竹田淳一郎
1904 デジタル・アーカイブの最前線　時実象一
1910 研究を深める5つの問い　宮野公樹
1914 論理が伝わる　世界標準の「議論の技術」　倉島保美
1915 理系のための英語最重要「キー動詞」43　原田豊太郎
1919 「説得力」を強くする　藤沢晃治
1920 理系のための研究ルールガイド　坪田一男
1926 SNSって面白いの？　草野真一
1934 世界で生きぬく理系のための英文メール術　吉形一樹
1938 門田先生の3Dプリンタ入門　門田和雄
1947 50ヵ国語習得法　新名美次
1948 すごい家電　西田宗千佳
1951 研究者としてうまくやっていくには　長谷川修司
1958 理系のための法律入門　第2版　井野邊　陽
1959 図解　燃料電池自動車のメカニズム　川辺謙一
1965 理系のための論理が伝わる文章術　成清弘和
1966 サッカー上達の科学　村松尚登
1967 世の中の真実がわかる「確率」入門　小林道正
1976 不妊治療を考えたら読む本　浅田義正／河合　蘭
1987 怖いくらい通じるカタカナ英語の法則　ネット対応版　池谷裕二
1999 カラー図解　Excel「超」効率化マニュアル　立山秀利
2005 ランニングをする前に読む本　田中宏暁